高职高专“十三五”规划教材·农业装备应用技术

农机底盘构造与维修

主　编　赵作伟
副主编　高超学　陈引生
主　审　周立元

北京航空航天大学出版社

内 容 简 介

本书以国内外广泛应用的 FIAT 系列轮式拖拉机底盘技术、中国一拖生产的东方红牌拖拉机底盘技术、上海纽荷兰系列拖拉机底盘技术、美国生产的大马力轮式拖拉机先进的底盘技术为实例，主要阐述了农机底盘的结构、功能、维修调整及故障排除等内容。全书共分 8 章，详细介绍了底盘技术和各项实践技能，实现了理论与实践的相互融合。通过学习，可使学生掌握底盘构造与维修的基本理论和操作技能，培养具有一定分析能力、能够正确处理和解决各种常见底盘故障的人才。

本书可作为高等职业院校农业装备应用技术及相关专业的教材，也可作为中等职业学校农机类专业课程的教材，还可作为维修企业的培训用书及农机维修技术人员的参考用书。

本书配有教学课件，如有需要，请发邮件至 goodtextbook@126.com 或致电 010－82317037 申请索取。

图书在版编目(CIP)数据

农机底盘构造与维修 / 赵作伟主编. --北京：北京航空航天大学出版社，2015.12

ISBN 978－7－5124－1951－3

Ⅰ.①农… Ⅱ.①赵… Ⅲ.①农业机械—底盘—结构②农业机械—底盘—维修 Ⅳ.①S220.3②S220.7

中国版本图书馆 CIP 数据核字(2015)第 275081 号

农机底盘构造与维修

主　编　赵作伟

副主编　高超学　陈引生

主　审　周立元

责任编辑　王　实

*

北京航空航天大学出版社出版发行

北京市海淀区学院路 37 号(邮编 100191)　http://www.buaapress.com.cn

发行部电话：(010)82317024　传真：(010)82328026

读者信箱：goodtextbook@126.com　邮购电话：(010)82316936

北京时代华都印刷有限公司印装　各地书店经销

*

开本：787×1 092　1/16　印张：10　字数：256 千字

2016 年 2 月第 1 版　2016 年 2 月第 1 次印刷　印数：3 000 册

ISBN 978－7－5124－1951－3　定价：24.00 元

前　言

本书对应理实一体化教学模式,依据农业装备应用技术专业的核心课程要求编写,教学项目贴近目前的生产岗位实际,能够达到教学任务与工作任务的统一,同时体现了工学结合的特点,实现了学习任务、教学任务、工作任务三者合一。可达到学中做、做中学的设计目标。

随着我国农机行业的迅速发展,农机保有量不断增加,现代农业装备相关技术新颖度高、技术含量大、装备操作比较复杂,因此我们应当提高人才培养要求,从知识、技术、装备的操作使用与维护等方面加强培训,以保证成果和产品能够尽快被相关从业者接受,使装备能够更好地发挥效用。本书的内容以国内外广泛应用的FIAT90系列轮式拖拉机底盘技术为主,适当介绍了中国一拖生产的东方红牌拖拉机底盘技术、上海纽荷兰系列拖拉机底盘技术、美国生产的大马力轮式拖拉机先进的底盘技术,主要阐述了农机底盘的结构、功能、维修调整及故障排除等内容。在实践上主要以拖拉机底盘的拆装、调整和故障诊断与维修等内容为主。

本书共分为8章。将传统的传动系统分为离合器、变速器和驱动桥3个部分,并在原行驶系统、转向系统和制动系统的基础上增添了拖拉机工作装置的使用和拖拉机底盘的保养与磨合等内容,详细介绍了底盘技术和各项实践技能,实现了理论与实践的相互融合。通过学习,可使学生掌握底盘构造与维修的基本理论和操作技能,培养学生分析问题、正确处理和解决各种常见底盘故障的能力。在本书内容设计上,注重合理的编排,降低学习这项技术的门槛,并提高学习的兴趣,从而达到较好的学习效果。在实践中对应主要技能,以工作过程为导向,在任务实施中传授知识,达到学以致用的目的。

本书由黑龙江农业工程职业学院赵作伟主编,江苏农林职业技术学院高超学和江苏农牧科技职业学院陈引生任副主编，黑龙江农业工程职业学院王庆伟、邹法毅和黑龙江省农垦总局赵永超参与了编写工作。赵作伟编写了第1、7、8章；高超学编写了第3～5章；陈引生编写了第2、6章。全书由赵作伟统稿，由周立元主审。

由于编者水平有限，书中难免存在不足和疏漏，恳请读者批评指正。

编　者

2015年7月

目　录

第1章　离合器

学习目标：

- 能描述离合器的概念；
- 能描述离合器的作用和工作原理；
- 能认知离合器组成部件；
- 能调整离合器自由间隙；
- 能选择适当的工具拆卸和安装离合器；
- 会诊断和排除离合器故障；
- 查阅有关资料，确定相关离合器的技术数据。

1.1　离合器的类型和工作原理

1.1.1　离合器的功用

广义的离合器是指机械设备中用于接合或断开两个部件之间动力传递的装置。在动力机械上的离合器一般是指用于接合或断开发动机至传动系统动力的传递机构。拖拉机上的离合器位于发动机与变速器之间（如图 1－1 所示），其功用是：

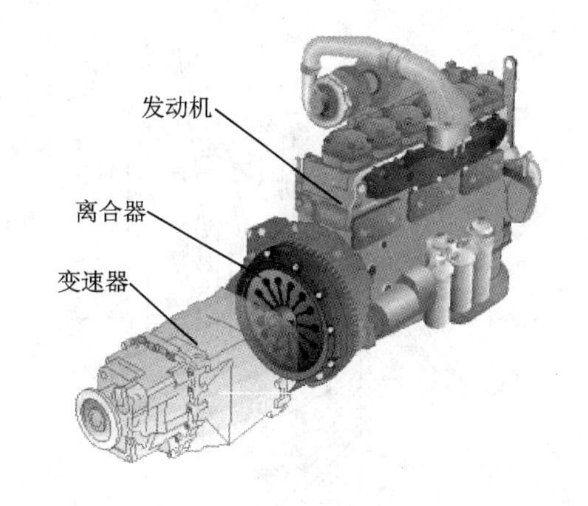

图 1－1　离合器所处的位置

① 拖拉机起步时，柔和接合发动机的动力，以保证拖拉机平稳起步；

② 临时切断动力，以防止在变速器换挡时齿轮产生冲击；

③ 在发动机转速突变或传动系统扭矩剧增时出现打滑，以防止传动系统过载，使零部件不致损坏。

1.1.2　离合器的类型

离合器根据其动力传递方式不同，可分为摩擦式、液力式和电磁式等多种类型。拖拉机广泛采用摩擦式离合器。摩擦式离合器按结构和工作特点分类如下：

① 按摩擦片的数目分为单片式、双片式（如图 1－2 所示）和多片式。单片式离合器分离彻底，从动部分转动惯量小，散热较好。双片式和多片式接合平顺，摩擦扭矩较大，但分离不易彻底，从动部分转动惯量较大，不易散热。

② 按压紧装置分为弹簧压紧式、杠杆压紧式和液压压紧式。按弹簧压紧的形式又分为周

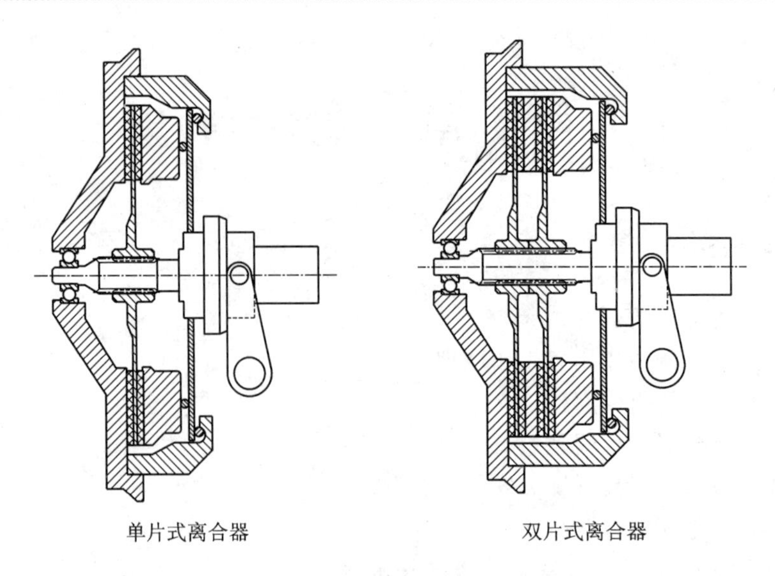

图 1－2　单片式/双片式离合器

布弹簧式(采用螺旋弹簧)和膜片弹簧式(又称蝶形弹簧)两种(如图 1－3 所示)。由于膜片弹簧的压缩特性优于螺旋弹簧,而且使离合器的结构简化和紧凑,一般大中型拖拉机普遍采用膜片弹簧式离合器。

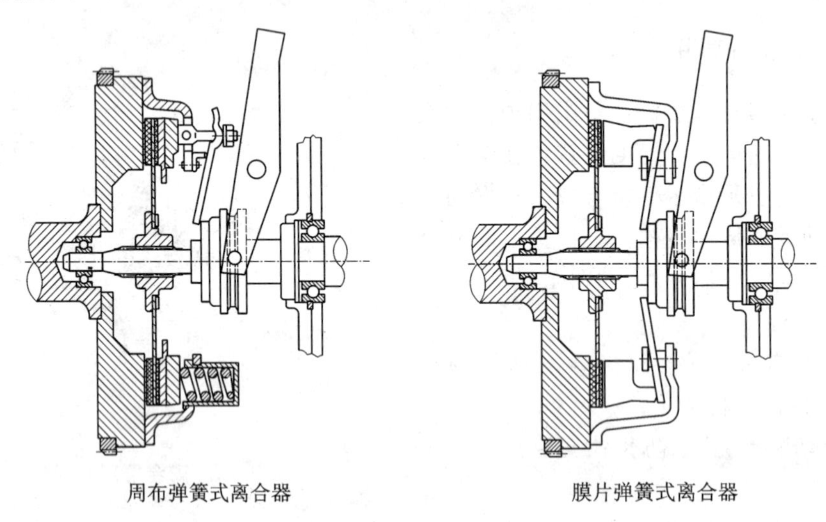

图 1－3　周布弹簧式离合器和膜片弹簧式离合器

③ 按摩擦表面的工作条件可分为干式和湿式两种。湿式离合器的摩擦片浸在油中,用油来冷却摩擦表面,带走热量和磨屑,提高了离合器的使用寿命。由于与油接触,降低了摩擦系数,因此必须用多个摩擦片。湿式离合器常用于大功率的拖拉机或动力换挡变速器上。干式离合器的摩擦片不能接触油,一般为单片或双片,散热效果差,但结构简单、摩擦系数高。

④ 按离合器在传动系统中的作用可分为单作用式和双作用式两种。单作用式离合器只控制一个动力传递,即传向变速器的发动机动力。双作用式离合器相当于两个离合器合为一体,控制两个动力传递。拖拉机常采用双作用式离合器来分别控制传向变速器和动力输出装置的发动机动力。

⑤ 按分离操纵方式分为机械操纵式、液压操纵式和气动操纵式。分离操纵机构将离合器踏板力和踏板运动传递到分离轴承和压盘上。机械操纵式又分为机械杠杆式和机械拉索式。液压操纵式和气动操纵式分别是利用液体和气体作为传动介质来传递踏板动力的。由于液压操纵式离合器便于布置且工作可靠，目前在拖拉机上得到普遍采用。

1.1.3　摩擦式离合器的组成和结构

摩擦式离合器结构简单、性能可靠、维修方便，目前在绝大部分拖拉机上使用。它由主动部分、从动部分、压紧机构和分离操纵机构四部分组成，如图1-4所示。

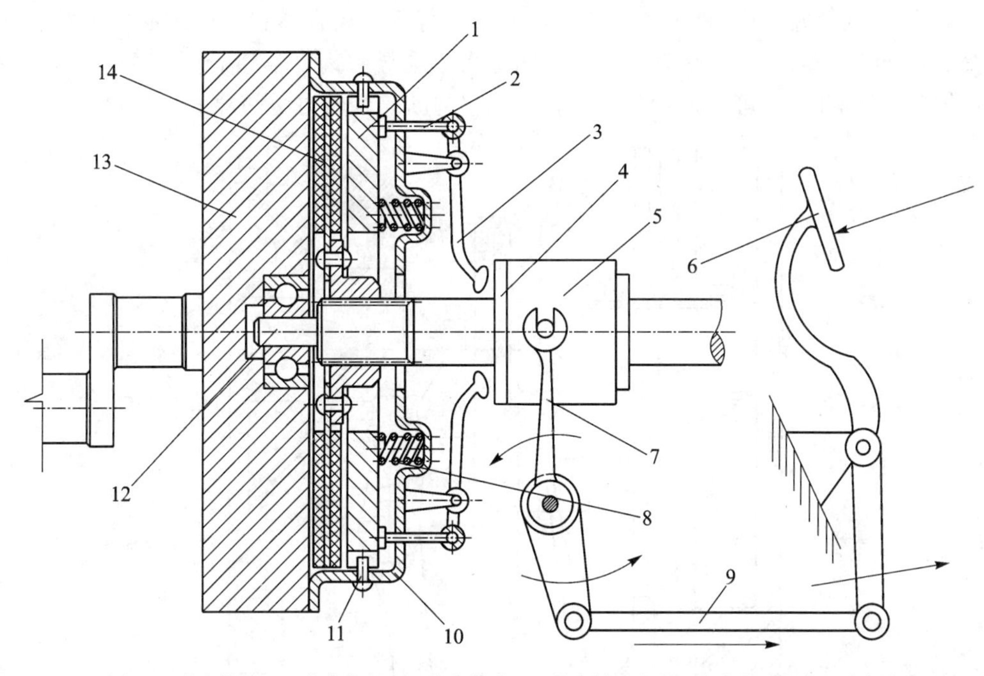

1—压盘；2—分离拉杆；3—分离杠杆；4—分离轴承；5—分离轴承座；6—离合器踏板；7—分离拨叉；8—压紧弹簧；9—操纵拉杆；10—离合器盖；11—传力销；12—离合器轴；13—飞轮；14—从动盘

图1-4　摩擦式离合器的基本组成和结构

① 主动部分　是动力输入部件，由飞轮、离合器盖和压盘等组成。离合器盖固定在飞轮后端面上，同曲轴一起旋转。压盘外缘的轴向槽与固定在离合器盖上的传动销相连接，使压盘既能随曲轴一起转动，又可以在操纵机构或压紧弹簧作用下做轴向移动。

② 从动部分　是动力输出部件，由两边铆有或粘接摩擦衬片的从动盘和离合器轴（变速器输入轴）组成。从动盘处在飞轮与压盘之间，并套在离合器轴的花键上，既能带离合器轴旋转，又可沿轴做轴向移动。

③ 压紧机构　是使主、从动两部分接触表面间压紧而产生摩擦作用的部件，由装在压盘与离合器盖间圆周均布的数个离合器压紧弹簧（螺旋弹簧式）或1个膜片压紧弹簧等组成。压紧弹簧的伸张力将压盘、从动盘和飞轮的接触面相互压紧。

④ 分离操纵机构　是使离合器分离的装置，由分离杠杆、分离轴承、分离轴承座、分离拨叉、传动杆件（机械操纵式）或液压、气压传动部件（液压操纵式、气动操纵式）和离合器踏板等组成。

⑤ 压盘的传动、导向和定心方式　离合器在工作中既要接受离合器盖传来的动力，还要在离合器分离和接合过程中轴向移动。为了将离合器盖的动力顺利传给压盘，并使压盘在移动时只做轴线方向的平动而不发生歪斜，压盘应采用合适的传动、导向和定心方式。目前，根据不同车型，压盘的传动、导向和定心方式有传动片式、凸台窗口式、传动销式和传动块式。

⑥ 离合器自由间隙与踏板自由行程　离合器处于正常接合状态时，在分离杠杆内端与分离轴承之间所预留的间隙称为离合器自由间隙(见图 1-5)。离合器自由间隙的作用是防止从动盘摩擦片磨损变薄后，压盘不能前移而造成离合器打滑。在有些拖拉机上使用自调节离合器或液压离合器，这种离合器不需要留出自由间隙。为了消除离合器自由间隙及机件弹性变形所需的离合器踏板行程称为离合器踏板的自由行程。离合器自由间隙必须调整合适，自由间隙太大会导致离合器分离不彻底，自由间隙太小会导致离合器接合不完全(打滑)。在机车技术状态完好情况下，可以通过踏板的自由行程判断离合器自由间隙的变化状况。

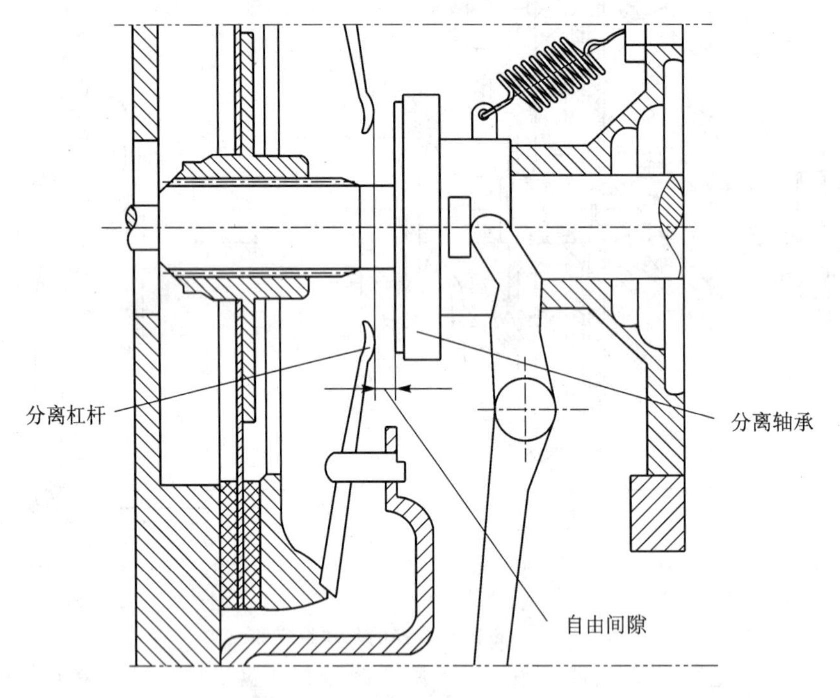

图 1-5　离合器自由间隙与踏板的自由行程

1.1.4　摩擦式离合器的工作原理

不同形式的摩擦式离合器的作用原理基本相同，即主、从动部分互相压紧靠摩擦表面的摩擦力来传递扭矩。当离合器接合时，离合器从动盘被紧紧地夹在飞轮与压盘之间，使得发动机转矩得以传递到变速器上；当离合器分离时，压盘后移，解除了作用在从动盘上的压力，经离合器传递的动力中断，如图 1-6 所示。

1. 接合状态

离合器踏板未踏下时，离合器处于接合状态，此时压紧弹簧使压盘、飞轮及从动盘互相压紧。发动机工作时，飞轮带动离合器主动部分旋转。由于从动盘接合面与飞轮、压盘都产生摩擦力矩，从动盘便带动离合器轴(变速器输入轴)一起旋转。这样，发动机的动力便传给了变

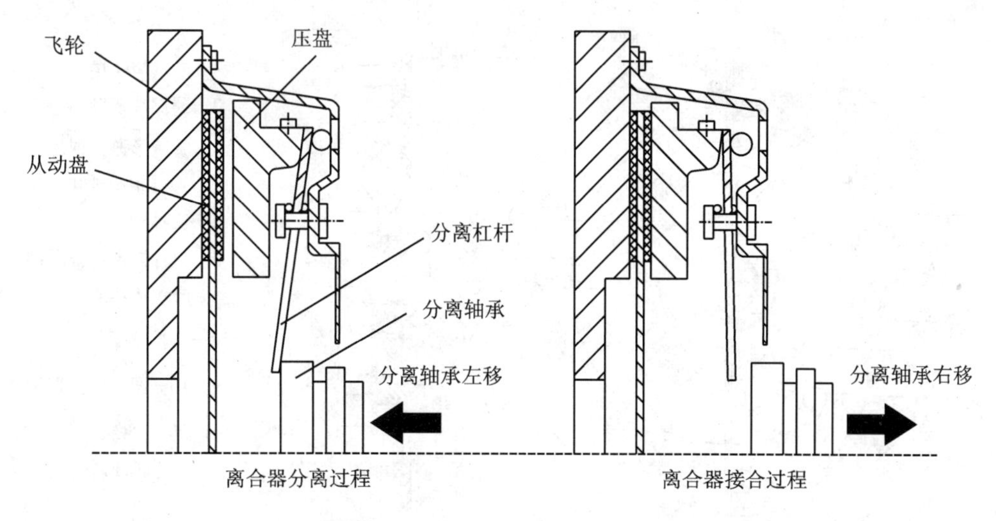

图1-6　离合器的分离与接合过程

速器。

2. 分离过程

踏下离合器踏板时，通过拉杆、分离拨叉等使分离轴承前移，并通过分离杠杆拉动分离拉杆使压盘克服压紧弹簧预紧力而后移，此时从动盘与飞轮及压盘间的接触面相互分离，摩擦力消失，动力被切断，离合器处于分离状态。

3. 接合过程

若要从分离状态重新恢复到接合状态，驾驶员应松开离合器踏板，控制操纵机械使分离拨叉带动分离轴承向后移动，压盘弹簧的张力迫使压盘和从动盘压向飞轮。发动机转矩再次通过摩擦力作用在离合器从动盘上，从而驱动离合器轴（变速器输入轴）将动力传给变速器。

知识链接：

下列公式用于计算离合器转矩传递能力：

$$T=n\times f\times F\times r$$

式中：T——转矩，N·m；

n——摩擦表面数量（每个从动盘为2）；

f——摩擦片的摩擦系数（平均为0.25）；

F——总有效压力，N；

r——平均有效摩擦衬片半径，$r=[(内半径+外半径)/2]$，m。

由上述公式可知，转矩会随摩擦表面的增加（通常使用2或3个从动盘离合器）、摩擦系数的增加及弹簧压力和平均半径的增加而增加。

1.1.5　摩擦式离合器的主要部件

1. 离合器从动盘

图1-7所示为摩擦式离合器从动盘的基本结构，主要由摩擦片、从动盘钢片、从动盘毂和扭转减振器等部件组成。

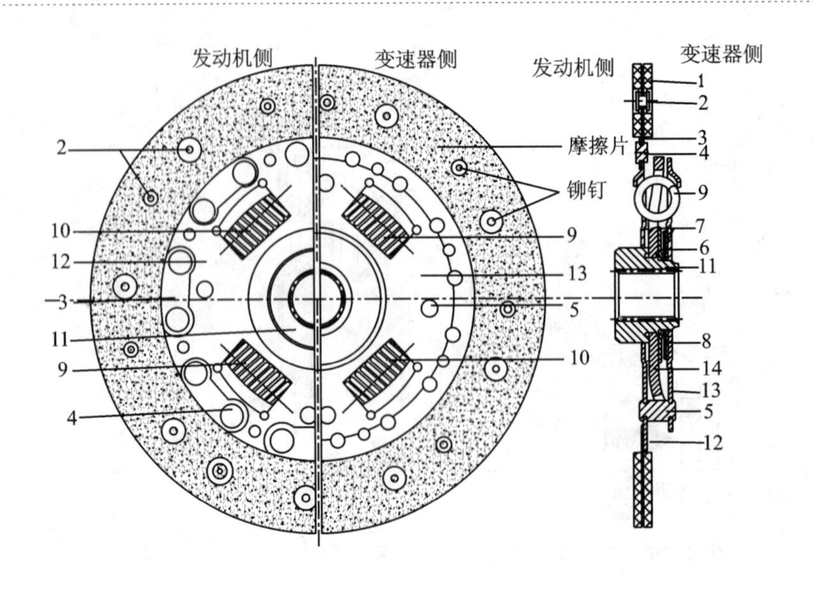

1—离合器摩擦片；
2—摩擦片铆钉；
3—波浪形弹簧钢片；
4—波浪形弹簧钢片铆钉；
5—支撑销；
6—膜片弹簧及垫圈；
7—摩擦片垫圈；
8—支撑垫圈；
9、10—扭转减振器弹簧；
11—从动盘毂；
12—从动盘钢片；
13—减振盘；
14—从动盘毂凸缘

图 1-7　摩擦式离合器从动盘的结构

离合器摩擦片一般为编织或模压而成，常优先采用模压衬面。因为它可以承受很高的压盘压紧力而不会损坏。当要求离合器接合过程特别柔顺时，常采用编织衬面，摩擦衬片的表面刻有沟槽，可使离合器接合平稳，提高散热性能，并在离合器从动盘发生磨损时存放表面磨屑。石棉材料是制动器和离合器摩擦片的理想材料，因为它具有很好的摩擦系数、优良的热性能和较低的成本等特点。然而，吸入石棉纤维会危害健康，目前替代石棉的新型摩擦片材料正逐渐推广使用，最常用的为纸基和陶瓷材料，其中加入棉花和黄铜粒子及金属丝进行加强，从而提高了摩擦片的抗扭强度，延长了离合器从动盘的寿命。

从动盘钢片通常用薄钢板制成，并与从动盘毂铆接在一起。衬片与从动盘钢片之间一般用铜铆钉铆合在一起，每边单独与波形钢片铆接，其中一边损毁而另一边不会马上掉落。此外，也可用树脂将摩擦片粘接在从动盘钢片上。为了使离合器接合柔和，起步平稳，从动盘应具有轴向弹性。轴向弹性主要靠铆接在从动盘钢片周边的波形弹簧片来实现。波形弹簧片位于前后两块摩擦片之间，铆接时留有一定的压缩余量，当离合器接合时，波形弹簧片被压缩，这会引起微小的接合时间滞后，使离合器工作更平顺（见图 1-8）。

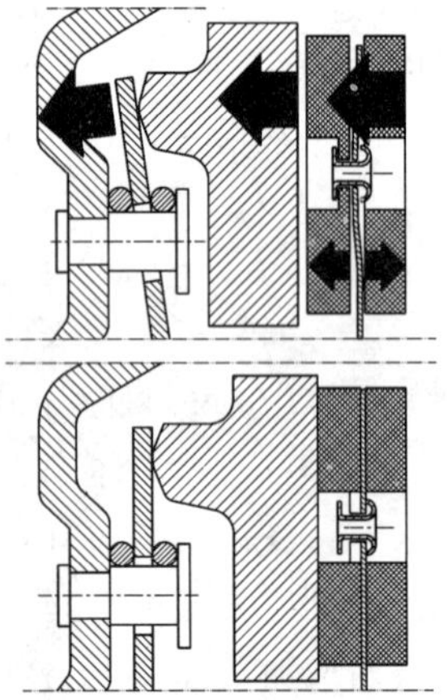

图 1-8　在离合器接合时，波形弹簧片被压缩，使得接合有一些延迟，以改善接合过程

离合器从动盘有两种类型：柔性和刚性（见图 1-9）。刚性从动盘为整体圆形盘，直接固定于花键毂上。柔性从动盘，在盘片和花键毂之间安装有扭转减振器（见图 1-10）。其从动盘本体与从动盘毂之间通过减振器传递转矩。

在这种结构中，从动盘本体、从动盘毂和减振盘都开有相对应的几个矩形窗孔，在每个窗孔中装有一个减振器弹簧，借以实现从动盘本体与从动盘毂之间在圆周方向上的弹性连接。减振盘与从动盘本体用铆钉铆成一个整体，并将从动盘毂及其两侧的阻尼片夹在中间，从动盘本体及减振器盘上的窗孔有翻边，使6个弹簧不致脱出。在从动盘毂上开有与铆钉隔套相对的缺口，在缺口与隔套之间留有间隙，允许从动盘本体与从动盘毂之间相对转动一个角度。

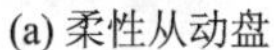
(a) 柔性从动盘

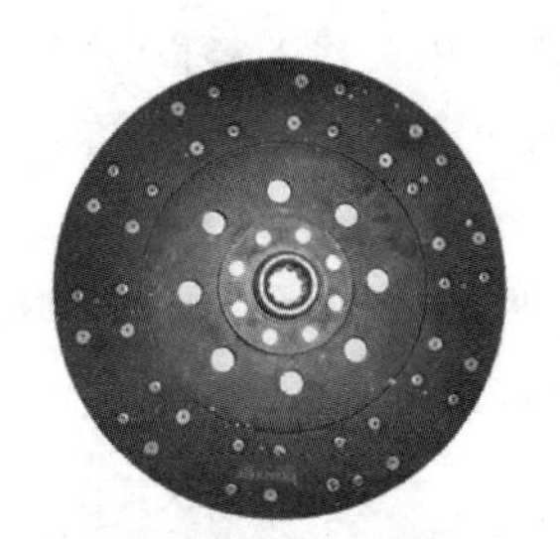

(b) 刚性从动盘

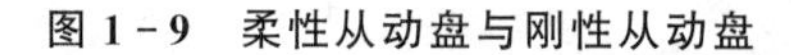
图1-9　柔性从动盘与刚性从动盘

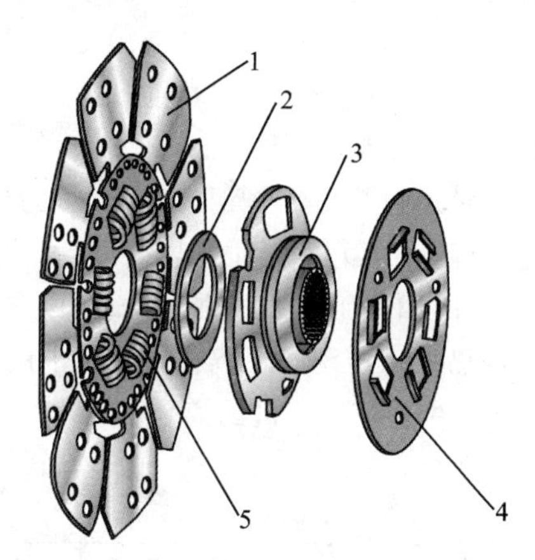

1—波浪型刚片；2—减振阻尼片；
3—从动盘毂；4—减振盘；5—减振弹簧

图1-10　扭转减振器

扭转减振器具有吸振特性，其主要作用是吸收来自发动机的扭转振动，防止这些振动直接传至变速器的齿轮上，避免传动系零部件因周期性冲击载荷而疲劳破坏，影响使用寿命。当离合器分离时，从动盘处于如图1-11(a)所示的状态。当离合器接合时，两侧摩擦片所受的摩擦力矩首先传到从动盘本体和减振盘上，再经6个弹簧传给从动盘毂。这时，弹簧被压缩，借此吸收传动系所受的冲击，从动盘处于如图1-11(b)所示的状态。

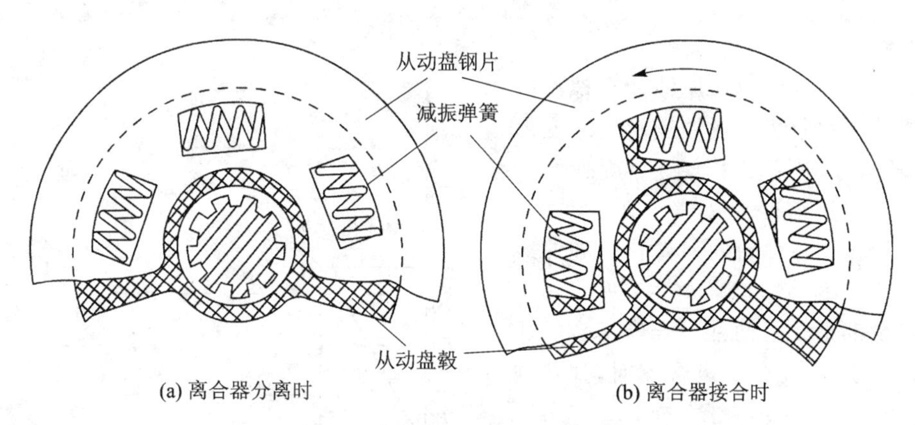

(a) 离合器分离时　　(b) 离合器接合时

图1-11　扭转减振器的工作

2. 压　盘

压盘是个普通平直、大质量的金属环，一般由铸铁或铸钢制造。大质量有利于散热，同时要有足够的热容以防止热变形。另外，压盘要有足够的强度，这样弹簧力才能均匀地分布到离合器从动盘上。

转矩可通过传力销、传动片或凸台从离合器盖传递给压盘，分离杠杆则从离合器盖孔内延伸到凸台上。压盘上的转矩通过压盘与从动盘摩擦片的摩擦接触而传递到从动盘上。压盘直径是在压盘环外缘处测量得到的，通常等于或稍大于离合器从动盘的尺寸。

3. 压紧弹簧

膜片弹簧或一组螺旋弹簧产生压紧力，使得离合器能传递转矩。螺旋弹簧采用具有优质耐高温特性的弹簧钢绕成，弹簧强度或等级由簧丝直径、弹簧直径、总长度和弹簧数量决定。螺旋弹簧的尺寸和数量必须满足压紧力的需求，一般采用12个弹簧均布的形式，而且必须确保弹力在轴向分布均匀，以防止离合器打滑。为了防止弹簧高温失效，通常在螺旋弹簧的支撑端加装隔热垫。

膜片弹簧由弹簧钢制成，形状为碟形，其上开有若干径向切槽，切槽的内端开通，外端为圆边孔（防止应力集中而产生裂纹）。有两种形式的膜片弹簧：一种是由切槽之间的钢板充当分离杠杆，如图1-12(a)所示，这种结构多用于单片离合器上，其特点是结构简单、空间紧凑；另一种仍采用传统的分离杠杆，如图1-12(b)所示，这种结构主要用于多片或双作用离合器，如FIAT90系列拖拉机的离合器。

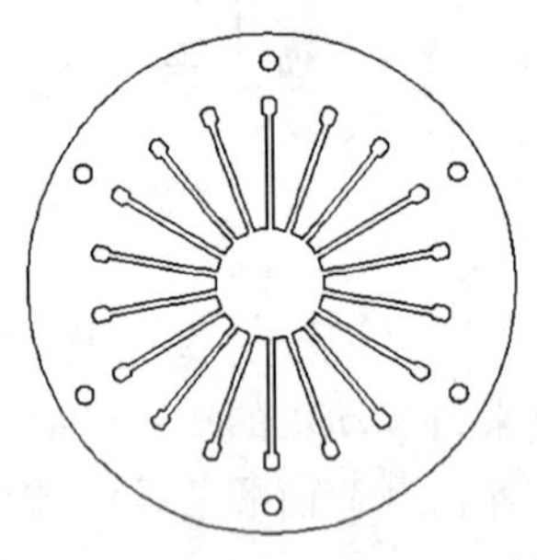

(a) 带分离合指的膜片弹簧

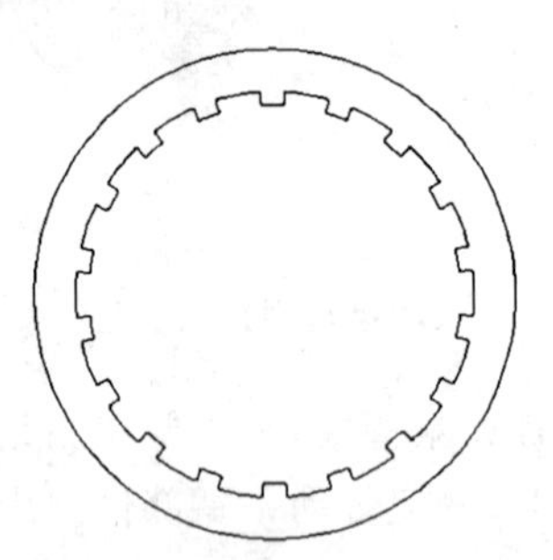

(b) 不带分离指的膜片弹簧

图1-12　两种膜片弹簧

知识链接：

图1-13所示为膜片弹簧和螺旋弹簧的弹性特性曲线。横轴表示压缩变形量，纵轴表示弹簧作用力。螺旋弹簧的作用力与其压缩变形量成正比关系（直线2所示），膜片弹簧的弹性特性如曲线1所示。设离合器新装好时，两种弹簧的压缩量都是λ_A，两种离合器接合的压紧力都是F_A。在分离离合器时，弹簧被进一步压缩变形，若最大变形量为λ_C，则螺旋弹簧的作用力将达到F_{C_2}，而膜片弹簧的作用力只达到F_{C_1}。这说明膜片弹簧离合器比螺旋弹簧离合器操纵起来要轻便。

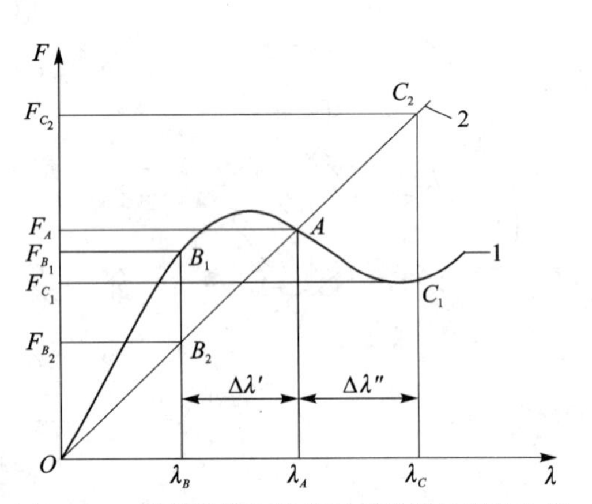

图1-13　膜片弹簧和螺旋弹簧的弹性特性曲线

当摩擦衬片磨损至极限时，弹簧的压缩量减小到λ_B，则螺旋弹簧的作用力将减小到F_{B_2}，而膜片弹簧的作用力仍达到F_{B_1}，与工作压紧力F_A相差很小。这说明在摩擦衬片磨损后，膜片弹簧离合器比螺旋弹簧离合器能更可靠地传递转矩。

1.1.6　典型离合器的构造与工作

1. 东方红-802 型拖拉机离合器

图 1-14 所示为东方红-802 型拖拉机离合器。该离合器是干式、单片式、周布弹簧离合器，并配有内置的盘式小制动器。离合器从动盘位于压盘与飞轮之间，通过花键与离合器轴(变速器一轴)连接。离合器压盘是用方头传力销传递动力的，方头销的长度尺寸大于压盘切槽底面厚度尺寸，在离合器分离或接合过程中，压盘外缘切槽表面磨损后不出台肩，保证离合器分离彻底。分离杠杆与分离杠杆螺栓孔加工有倒角，让出足够的空间，避免在离合器分离或接合过程中，发生分离杠杆与杠杆螺栓相碰，产生运动干涉使杠杆螺栓弯曲折断等。离合器操纵形式为机械杠杆式操纵。

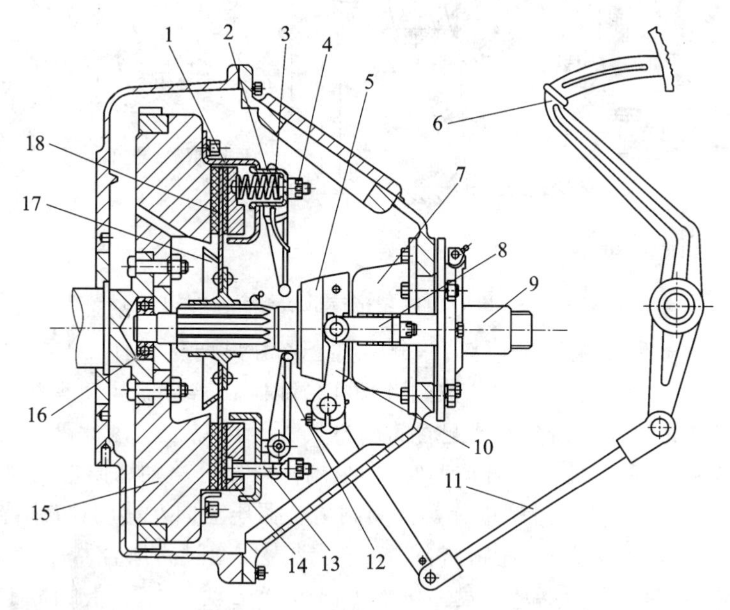

1—离合器盖；2—弹簧座；3—压紧弹簧；4—调整螺母；5—分离轴承；6—离合器踏板；7—小制动器；8—耳环；9—离合器轴；10—分离拨叉；11—操纵拉杆；12—分离杠杆；13—分离拉杆；14—压盘；15—飞轮；16—前轴承；17—甩油盘；18—从动盘

图 1-14　东方红-802 型拖拉机离合器的构造

未踏下离合器操纵踏板时，离合器从动盘在压紧弹簧力的作用下被压紧在压盘与飞轮之间，离合器处于接合状态，发动机的动力通过离合器从动盘传递到离合器轴；当踏下离合器操纵踏板时，操纵分离轴承左移，压下分离杠杆。分离杠杆拉动压盘向右移动，进一步压缩压紧弹簧，使从动盘在压盘与飞轮之间出现间隙，离合器分离。在离合器分离的同时，离合器操纵机构同时操纵内置在离合器中的盘式小制动器，使离合器轴被制动，以防止变速器换挡打齿。

2. FIANT 系列拖拉机离合器

东方红-X700/X750/X800/X850/X900/1004/1204 系列拖拉机和上海纽荷兰 SNH 系列拖拉机均采用 FIANT 系列拖拉机离合器，如图 1-15 所示。

SNH1004 型拖拉机离合器为干式、单片式、双作用式独立操纵、膜片弹簧离合器。主、副两个离合器安装在离合器壳体内，主离合器用于控制变速器，副离合器用于控制动力输出轴，并由两套分离机构分别进行操纵。1 个膜片弹簧 2 位于主、副离合器压盘之间，由 6 块月牙形压板将膜片弹簧固定在主离合器压盘左侧端面上。副离合器从动盘 13 位于副离合器压盘与

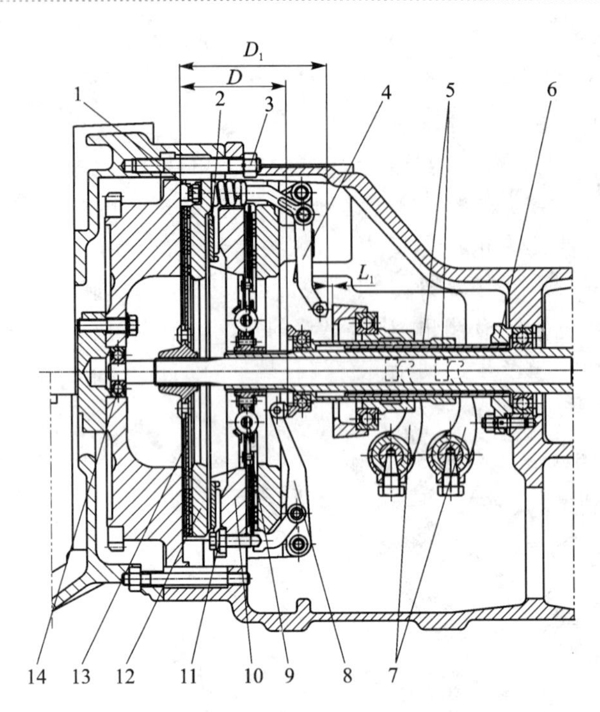

1—副离合器分离调整拉杆、调整螺母；
2—膜片弹簧；
3—离合壳体与发动机连接螺柱；
4—副离合器分离杠杆；
5—分离轴套；
6—分离轴套座；
7—分离轴承拨叉；
8—主离合器分离杠杆；
9—主离合器从动盘；
10—后压盘；
11—主离合器分离调整拉杆、调整螺钉及锁紧螺母；
12—前压盘；
13—副离合器从动盘；
14—飞轮轴承；
D—主离合器分离杠杆与飞轮表面间的公称距离，D=103 mm；
D_1—副离合器分离杠杆与飞轮表面间的公称距离，D_1=145 mm；
L_1—副离合器自由间隙

图 1－15　SNH1004 型拖拉机的离合器的构造

飞轮之间，通过花键与动力输出轴连接。3 个副离合器分离调整拉杆 1 与 3 个副离合器分离杠杆 4 分别铰接。动力输出轴操纵手柄处于分离位置时，副离合器从动盘在副离合器压盘与飞轮之间留有间隙(此间隙由离合器装配时的调整尺寸予以保证)，因此副离合器处于分离状态。当动力输出轴操纵手柄处于接合位置时，操纵副离合器分离轴承向左推动分离杠杆，分离杠杆压下分离调整拉杆 1，并通过螺旋弹簧推动副离合器压盘向左移动，将副离合器从动盘 13 压紧在副离合器压盘与飞轮之间，使副离合器结合，动力便通过副离合器从动盘传递给动力输出轴。带扭转减振器的主离合器从动盘 9 位于主离合器压盘与离合器壳体内端面之间，通过花键与离合器轴连接。离合器轴为空心轴，动力输出轴从中穿过，两轴为间隙配合。未踏下主离合器操纵踏板时，在膜片弹簧力的作用下将主离合器从动盘压紧在主离合器压盘与离合器壳体内端面之间，主离合器处于接合状态。主离合器压盘的 3 个径向凸缘通过螺纹连接了 3 个接合调整压杆，并与主离合器分离杠杆伸出的推杆球面连接，当踏下主离合器操纵踏板时，操纵主离合器分离轴承向左推动分离杠杆，主离合器分离杠杆通过推杆推动接合调整压杆带动主离合器压盘向左移动，压缩膜片弹簧，使主离合器压盘、主离合器从动盘和离合器壳体内端面之间出现间隙，主离合器分离。该离合器压盘是通过压盘径向 3 个凸缘与离合器壳体径向切槽配合来传递动力的。该离合器的操纵机构采用机械拉索式，主离合采用踏板操纵，副离合器采用手柄操纵。

3. 纽荷兰 M 系列拖拉机换挡离合器

纽荷兰 M 系列的传动系统中没有传统拖拉机的主离合器，在发动机与变速器结合部位通过飞轮与变速器之间的缓冲器将发动机曲轴的转速和扭矩传递给变速器的输入轴。其离合传动机构是位于变速器内的用于实现全动力换挡的 9 个液压压紧式多片湿式离合器。其中，变速器内的每个离合器都通过一个位于液压机构顶盖内的电磁阀控制。

(1) 离合器的结构

离合器A的结构如图1-16所示,由主动部分:离合器壳7、钢制驱动圆盘13;从动部分:摩擦盘14、从动盘毂21;压紧机构:活塞8、碟形垫圈10,以及一些附属机构组成。该离合器属于非常压式,即只有当离合器结合时,才有相应的电磁阀控制压力油驱动活塞使离合器的主、从动部分压紧在一起。当离合器分离时,活塞在碟形弹簧的作用下,离开离合器的主、从动片,此时夹装在每两个主动盘和从动盘之间的摩擦盘分离弹簧15将主、从动盘分开,使离合器彻底分离。

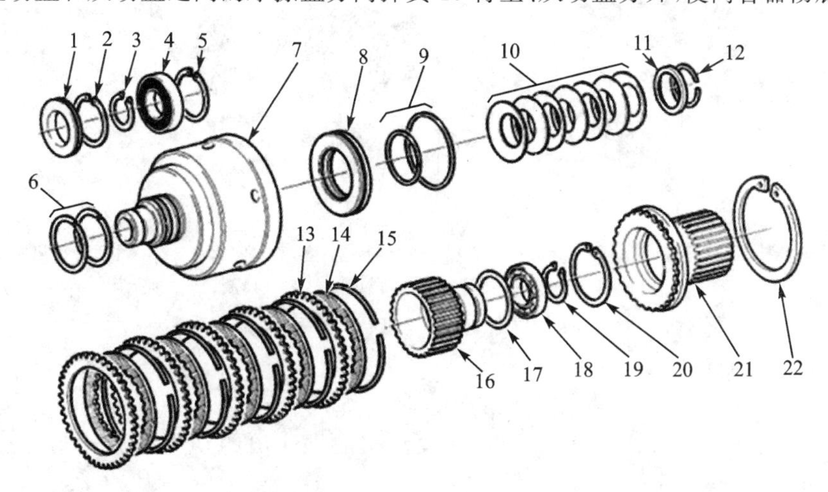

1—油封;2—轴承外侧弹性挡圈;3—壳体轴用弹性挡圈;4—轴承;5—轴承孔用弹性挡圈;6—密封环;7—离合器壳;8—活塞;9—活塞内外侧密封;10—碟形垫圈;11—弹性挡圈涨圈;12—弹性挡圈;13—钢制驱动圆盘;14—摩擦盘;15—摩擦盘分离弹簧;16—毂;17—垫片;18—轴承;19—弹性挡圈;20—弹性挡圈;21—从动盘毂;22—弹性挡圈

图1-16　离合器A总成

离合器B的结构与离合器A相似,其主动部分由离合器壳体驱动的毂、主动摩擦盘组成;从动部分由从动盘、变速器的齿轮组成;压紧机构由活塞和碟形垫圈组成。

离合器C、F的结构如图1-17和图1-18所示。

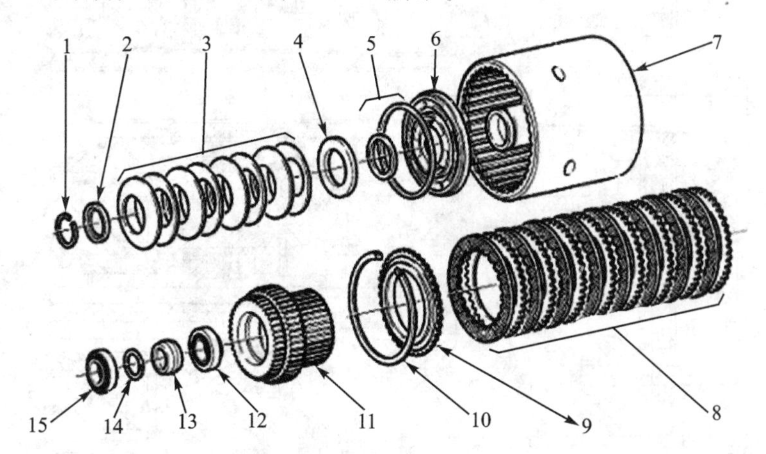

1—弹性挡圈;2—涨圈;3—碟形垫圈;4—平垫圈;5—密封圈;6—活塞;7—壳体;8—离合器片;9—端板;10—弹性挡圈;11—毂;12—轴承;13—隔套;14—轴承预载垫片;15—轴承

图1-17　离合器C总成

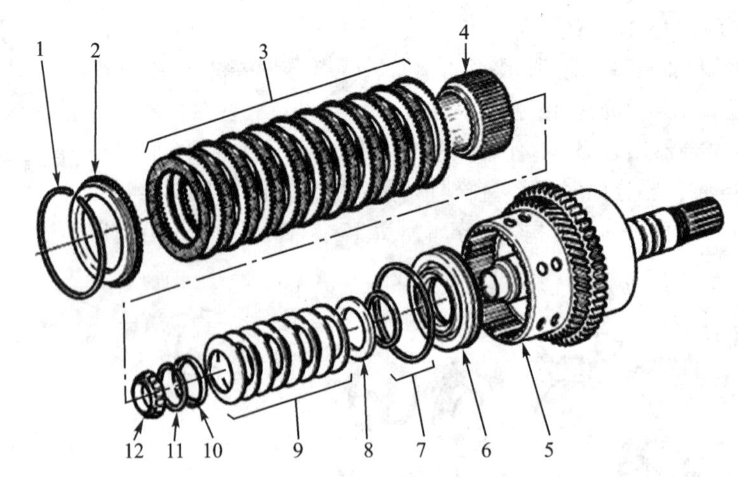

1—弹性挡圈；2—端板；3—离合器片；4—毂；5—壳体；6—活塞；7—活塞内外侧密封；8—平垫圈；
9—8个分离碟形垫圈；10—弹性挡圈涨圈；11—弹性挡圈；12—轴承

图1-18 高挡(F_3)离合器总成

(2) 离合器的工作

离合器A的工作过程如图1-19所示。发动机曲轴输出的动力由飞轮与变速器之间的

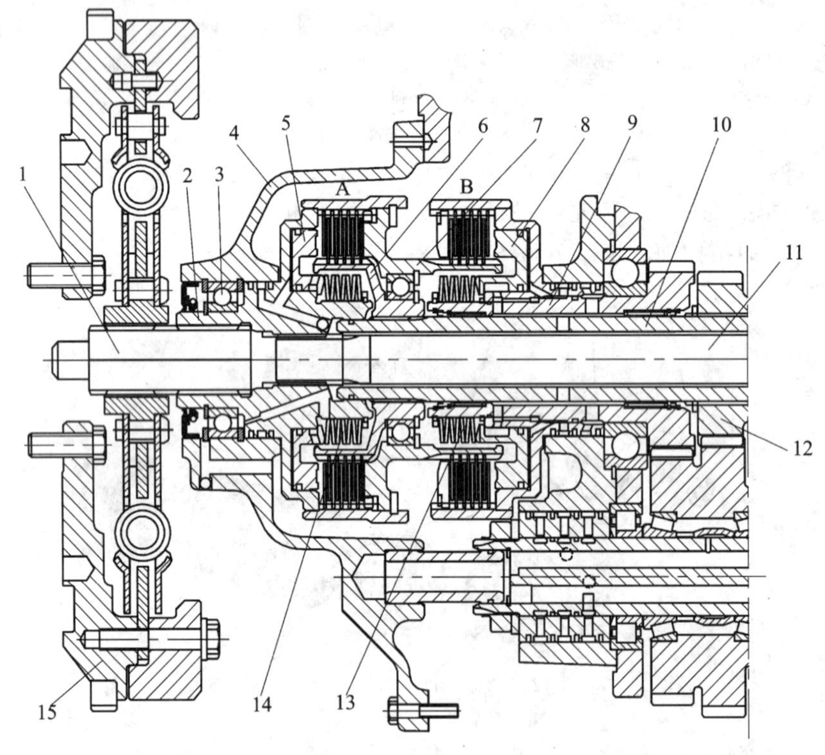

1—轴；2—离合器A壳体；3—轴承；4—外壳；5—离合器A活塞；6—离合器A从动盘毂；
7—离合器B驱动毂；8—离合器B活塞；9—离合器B从动部分；10—空心轴；11—PTO输入轴；
12—齿轮；13—离合器B碟形垫圈；14—离合器A碟形垫圈；15—发动机飞轮

图1-19 离合器A、B的结构及工作过程

缓冲器传给轴1,轴1通过外花键将动力传递给离合器A壳体2。离合器A壳体2的左侧带有内花键,离合器A壳体2的右侧内腔加工有齿槽,用来安装带有外齿的离合器驱动圆盘,共为5片,每两片驱动圆盘之间夹装有一片从动的摩擦盘,也为5片。从动摩擦片带有内齿,套装在离合器A从动盘毂6的外齿槽上。主、从动盘之间还安装有摩擦盘分离弹簧,其作用是保证离合器处在分离状态时,主、从动盘互相分开,使离合器分离彻底。离合器B驱动毂7左侧通过外齿与离合器A壳体2的内齿连接,并由弹性挡圈定位,7个离合器A碟形垫圈14用来保证活塞5在离合器分离状态时不压紧主、从动盘,从而切断离合器的动力传递。

当离合器A接合时,液压油驱动活塞5从左向右移动使离合器A的主、从动盘紧紧地压在一起,发动机的动力由离合器A传递至空心轴10,在空心轴10上固定有3个齿轮,这3个齿轮分别与离合器C、D、E所控制的齿轮相啮合得到3种传动比。离合器接合通过来自各种传感器和开关的输入来控制。

1.2　离合器的拆装与调整

提示:

1. 采用合适吨位的吊装设备吊装和移动所有重型部件。确保起吊的重物下无人。
2. 许多车辆曾将石棉作为离合器摩擦片,所以要小心不要把石棉粉粒吸入肺中。
3. 在安装离合器时要注意不要将手指放在零件与壳体之间以免被夹伤。

准备工作:

① 待修拖拉机;

② 常用拆装工具;

③ 离合器专用拆装工具;

④ 吊装设备及吊索;

⑤ 专用支撑台架;

⑥ 零件摆放台和盛油盆。

1.2.1　车上拆下离合器总成

提示:

1. 不同车型离合器都有不同的拆装程序,拆装和维修时应参照相应的维修手册进行。
2. 在拆卸时,为了确保装配时不会出现错装、漏装、装配不当等问题,标记方向记号、按顺序摆放、成组件原位套挂、紧固件原位拧回等是很好的拆卸习惯。
3. 在拆卸时,对关键部位进行拍照将会非常有助于装配。因为对一个人来讲很难准确记住每一个零件的安装位置,包括支架、导线和管路。借助照片可以帮助你把车辆恢复到原车的安装状态。

有些离合器故障可以通过调整操纵机构予以排除,而不必拆卸离合器。但是,如果离合器操纵机构已经正确调整,而离合器仍然存在故障,则必须拆下离合器进行维修,必要时更换新件。下面以 SNH1004 型拖拉机为例介绍拆卸和安装离合器及相关零件的关键步骤和程序。必须将带前桥的发动机与变速器分开，这样才可拆下离合器。关键步骤如下：

① 拆开蓄电池负极电缆(见图 1-20)。

② 拧下手制动器上的放油堵塞 1，放出变速器—后桥壳体内的油(见图 1-21)。

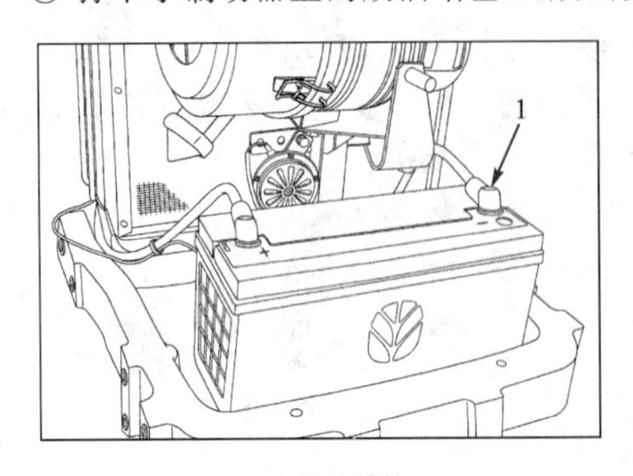

1—负极连接桩

图 1-20　拆下蓄电池负极电缆

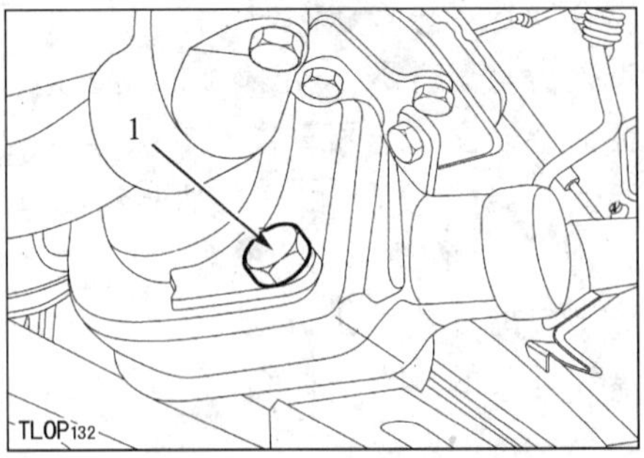

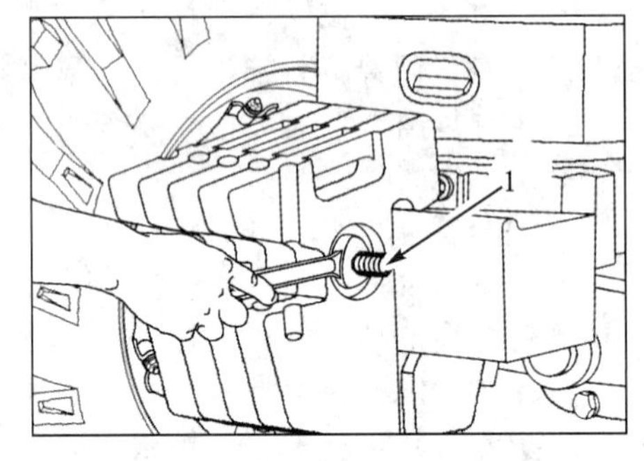

1—放油堵塞

图 1-21　放出变速器—后桥壳体内的油

③ 拧开放水阀门 1，排净发动机冷却系统中的冷却液(见图 1-22)。

④ 拧下固定前配重的螺母和螺栓 1，用吊装工具取下前配重(见图 1-23)。

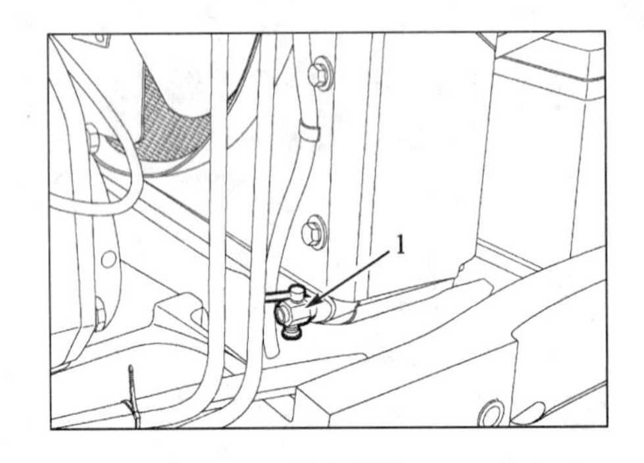

1—放水阀门

图 1-22　排净发动机冷却液

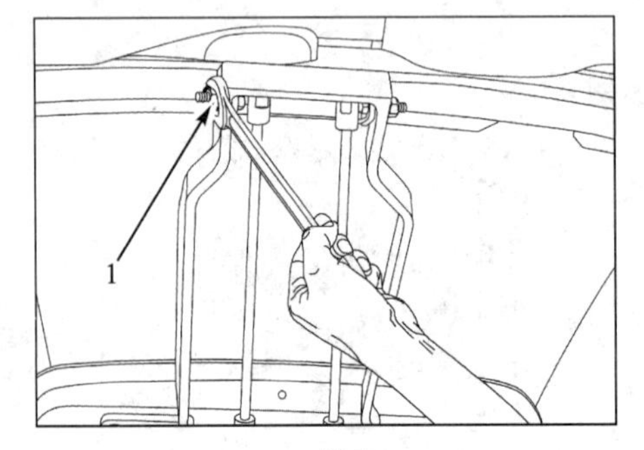

1—固定螺母和螺栓

图 1-23　拆下前配重

⑤ 抬起发动机罩，拆开前大灯 1 的接线 2(见图 1-24)。

⑥ 从发动机罩上拆下螺母 1 和气压弹簧(见图 1-25)。

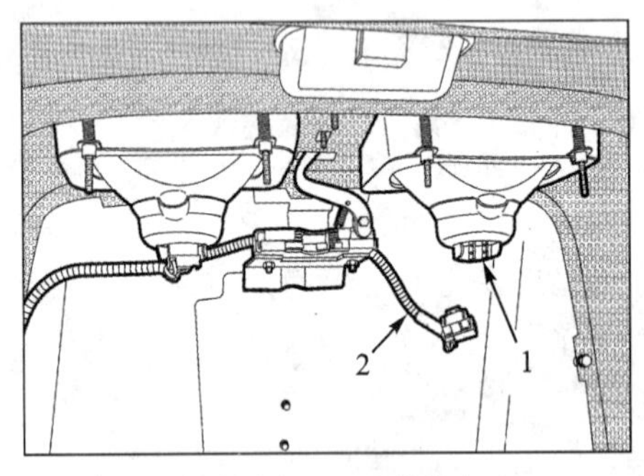

1—前大灯；2—连接线束

图 1-24　拆下前大灯接线

1—螺母

图 1-25　拆下支承发动机罩的气压弹簧

⑦ 拆下制动油罐上的金属夹子(见图 1-26)。

⑧ 拧松 4 条枢轴螺栓 1，拆下发动机罩(见图 1-27)。

1—金属夹子

图 1－26　拆下制动油罐连接

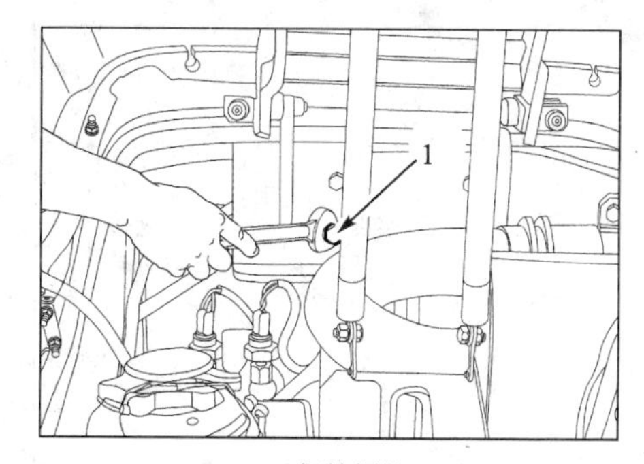

1—枢轴螺栓

图 1－27　拆下发动机罩

⑨ 拆下转向液压油输送管路油管接头 1(见图 1－28)。

⑩ 拧松金属夹子 1,拆下液压泵上的进油管(见图 1－29)。

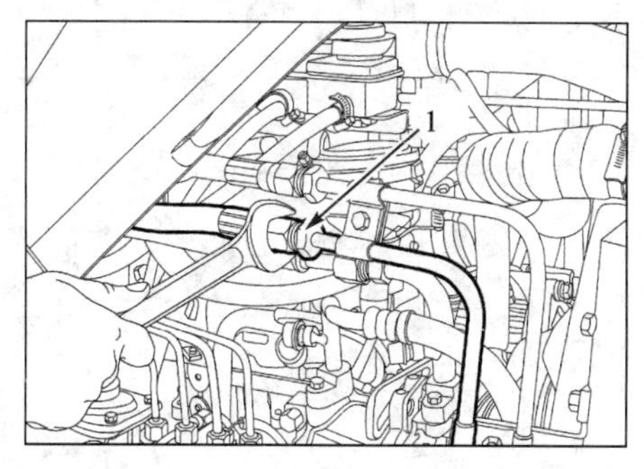

1—油管接头

图 1－28　拆下转向液压油输送管路

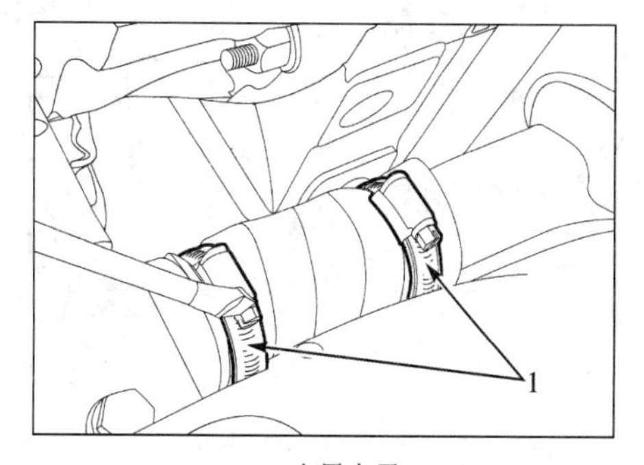

1—金属夹子

图 1－29　拆下液压泵进油管

⑪ 拆下固定转向油罐的金属夹子 1(见图 1－30)。

⑫ 拆下转向油泵输油管路 1,松开暖气进水软管 2 和回水软管 3 上的金属夹子(见图 1－31)。

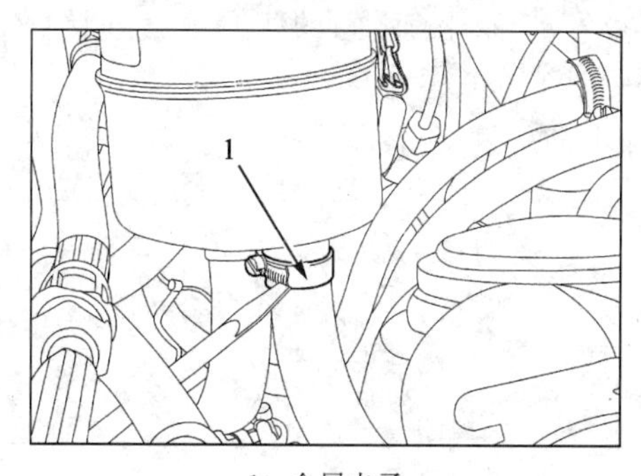

1—金属夹子

图 1－30　拆下转向油罐

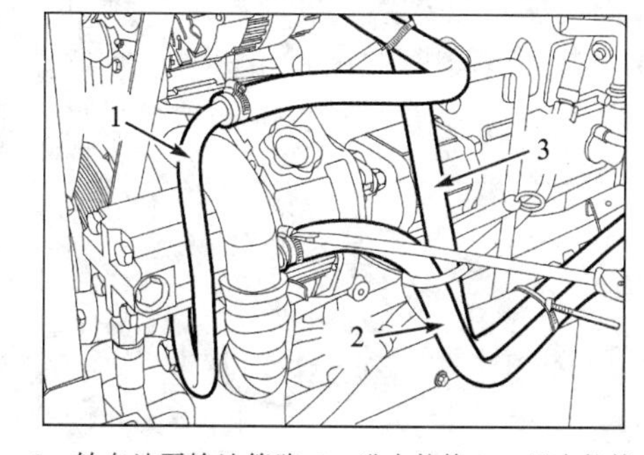

1—转向油泵输油管路;2—进水软管;3—回水软管

图 1－31　拆下转向油泵输油管路及暖气进/回水软管

⑬ 拆下燃油输送管路接头 1 和电热塞(见图 1－32)。

⑭ 拆下液压管路(见图 1－33)。

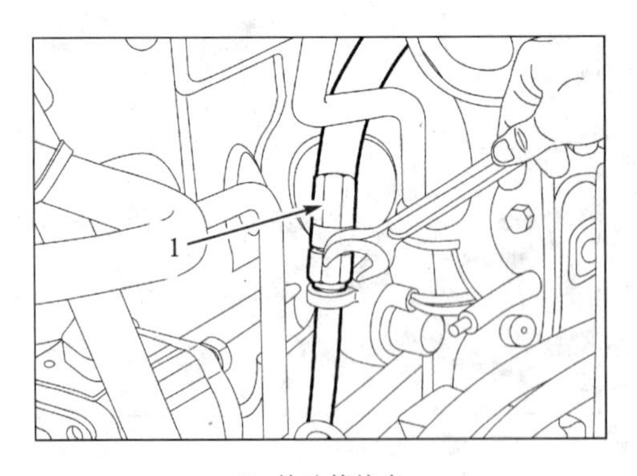

1—输油管接头

图1-32　拆下燃油输送管路和电热塞

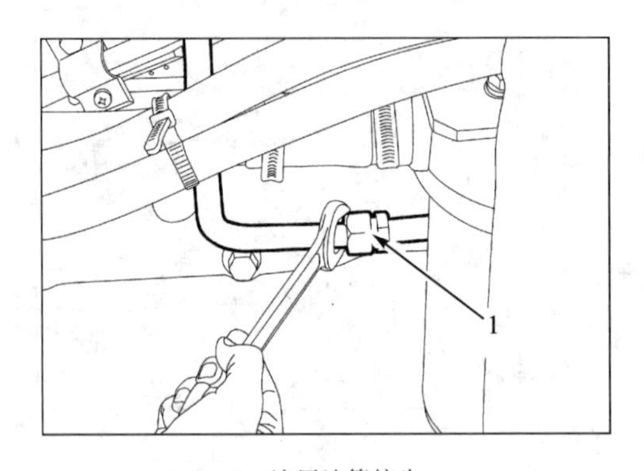

1—液压油管接头

图1-33　拆下液压管路

⑮ 拆下喷油器燃油回油管路1(见图1-34)。

⑯ 拆下制动泵1压力传感器(用于控制制动信号灯)接线(见图1-35)。

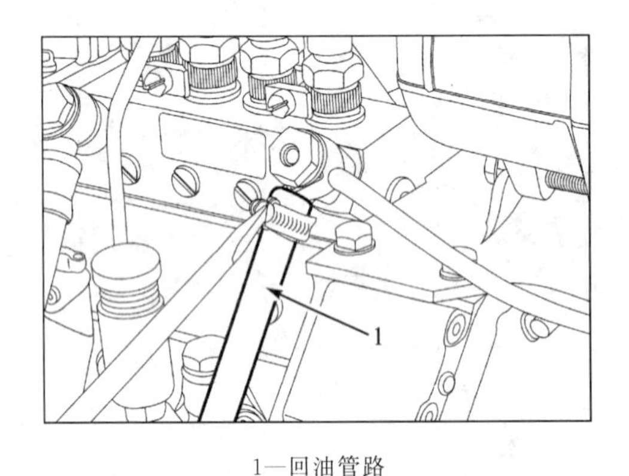

1—回油管路

图1-34　拆下喷油器燃油回油管路

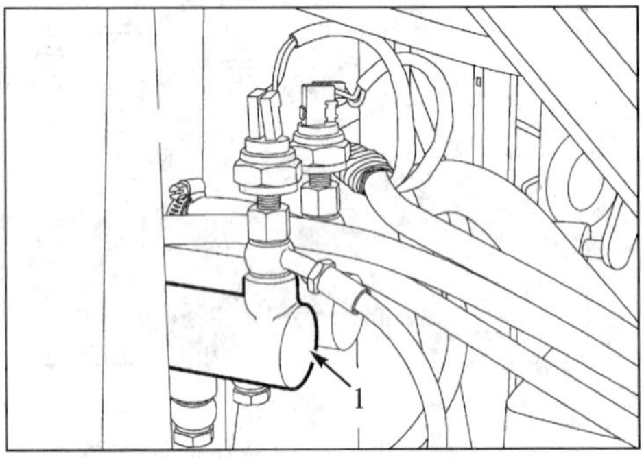

1—制动泵

图1-35　拆下制动泵压力传感器接线

⑰ 拆开电气连接。发动机左右两侧及驾驶室和发动机端子之间的所有电气连接(例如:冷却液传感器、喇叭接插件和转速传感器端子等)(见图1-36)。

⑱ 拆开油管接头1,拆下两根液压转向油缸进/出油软管(见图1-37)。

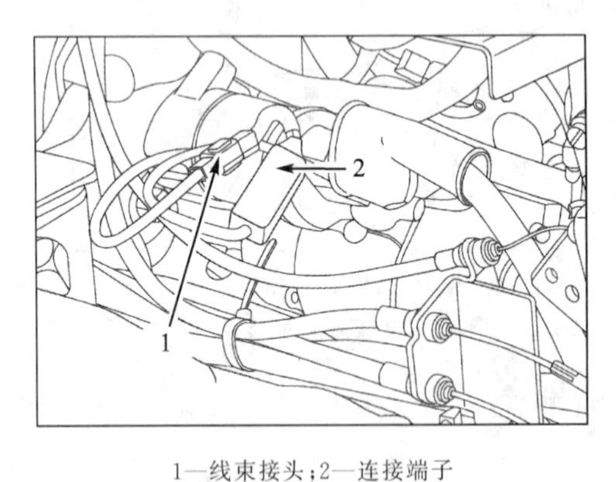

1—线束接头;2—连接端子

图1-36　拆开电气连接

1—油管接头

图1-37　拆开液压转向油缸进/出油软管

⑲ 拆下驾驶室暖气管和支承托架2(见图1-38)。

⑳ 拧下前传动轴护罩前后的固定螺栓,然后拆下护罩(适用于四轮驱动)(见图1-39)。

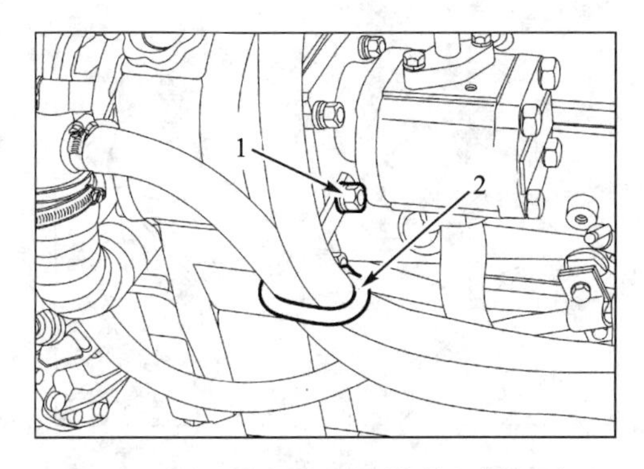

1—支承托架固定螺栓；2—暖气管和支撑托架

图 1-38　拆下驾驶室暖气管及支承托架

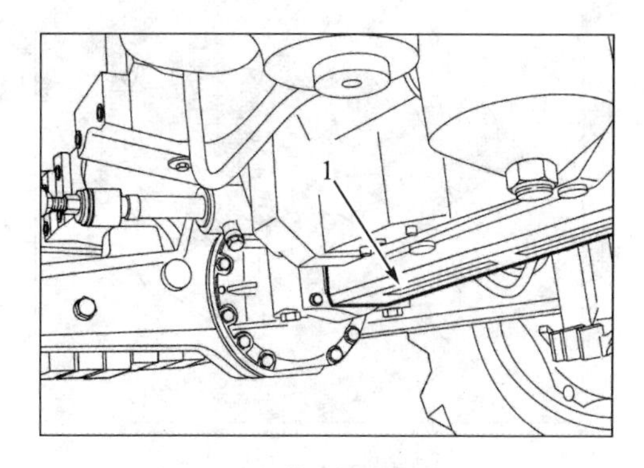

1—传动轴护罩

图 1-39　拆下前传动轴护罩

㉑ 拆下卡环 1，沿箭头方向移动连接套筒 2 直至其从分动器上的凹槽中脱出（适用于四轮驱动）（见图 1-40）。

㉒ 拆下卡环 2，向后移动连接套筒 2 直至其从前桥支座的凹槽中脱出（适用于四轮驱动）（见图 1-41）。

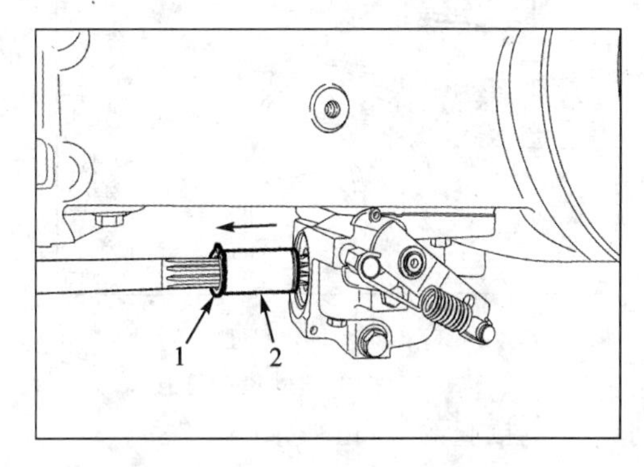

1—卡环；2—连接套筒

图 1-40　拆卸传动轴/分动器连接

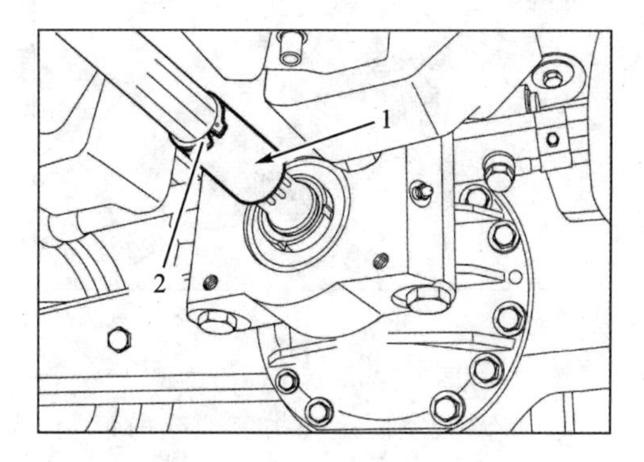

1—连接套筒；2—卡环

图 1-41　拆卸传动轴/前驱动桥连接

㉓ 拆下传动轴中心架 1 的固定螺栓，将轴和中心架一起抽出（适用于四轮驱动）（见图 1-42）。

㉔ 拆下 4 个捏手 1，拆下两块仪表板面板 2（见图 1-43）。

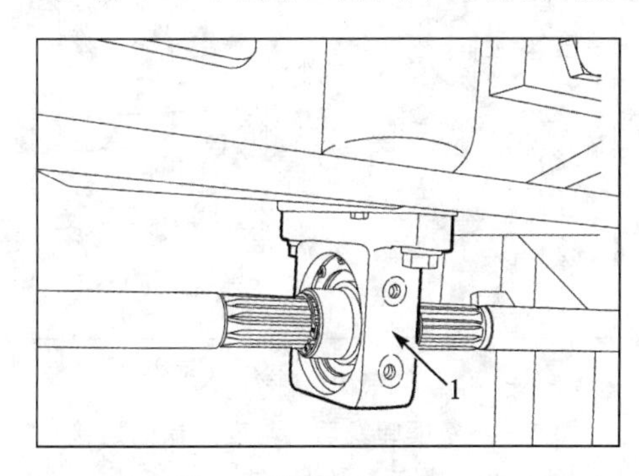

1—传动轴中心架

图 1-42　拆下传动轴中心架及传动轴

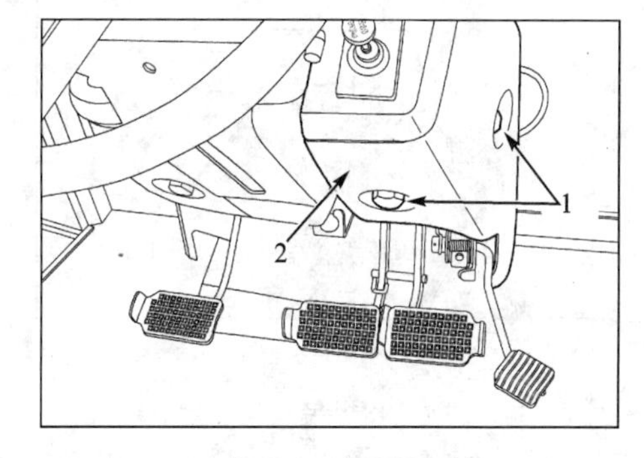

1—捏手；2—仪表板面板

图 1-43　拆下两块仪表板面板

㉕ 抽出差速锁踏板锁止销，拆下差速锁踏板 1，并抽出驾驶平台地板 2（见图 1-44）。

㉖ 拆下盖子 1 以靠近发动机上部的固定螺栓（见图 1-45）。

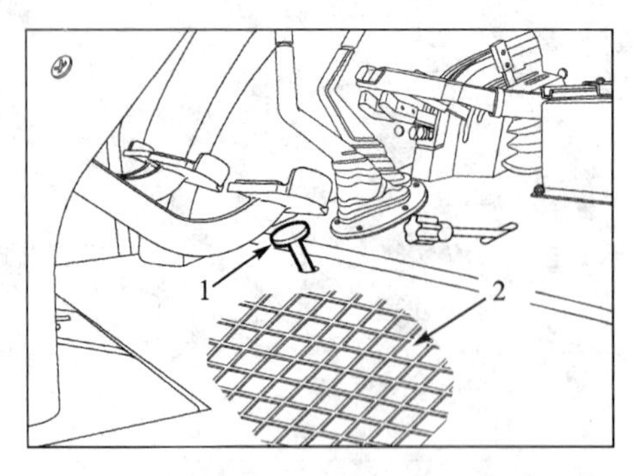

1—差速锁踏板;2—驾驶平台地板

图 1-44　拆下差速锁踏板和驾驶平台地板

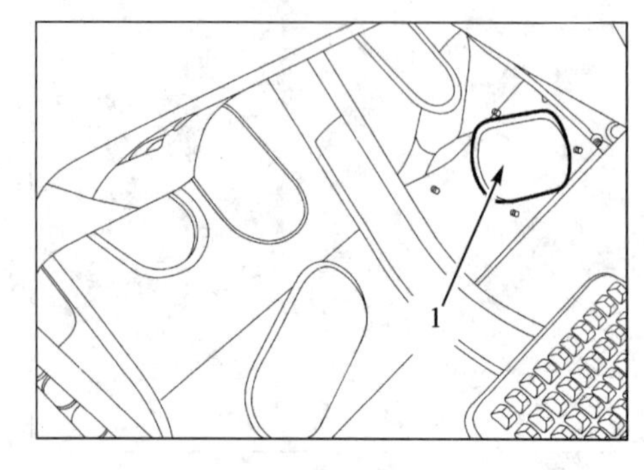

1—盖子

图 1-45　拆下盖子以靠近发动机上部固定螺栓

㉗ 从油门踏板 1 上拆下油门拉线(见图 1-46)。

㉘ 拆下两个驾驶室固定螺母 1(一边一个)(见图 1-47)。

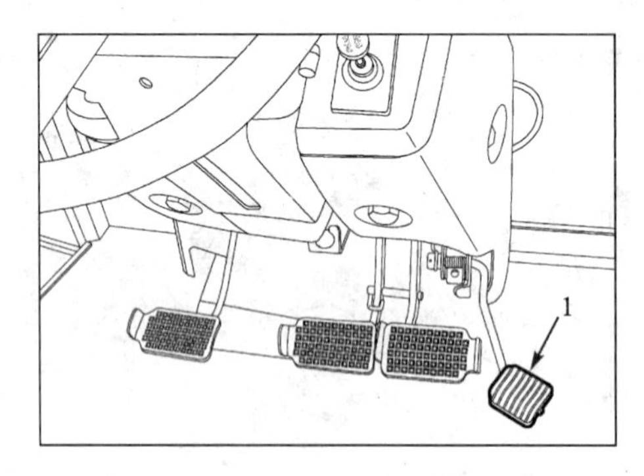

1—油门踏板

图 1-46　拆下油门拉线

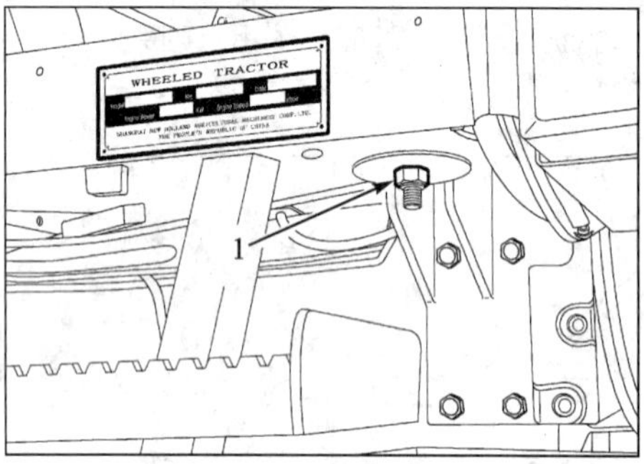

1—驾驶室固定螺母

图 1-47　拆下驾驶室的连接

㉙ 将驾驶室固定在吊装架或吊带上,从前部将驾驶室抬起约 6 cm(见图 1-48)。

㉚ 穿过拆掉盖子 1(见图 1-45)后露出的狭槽,拧松发动机与变速器的两个固定螺母。

㉛ 拧松靠下的发动机与变速器连接的 4 个固定螺栓 1(见图 1-49)。

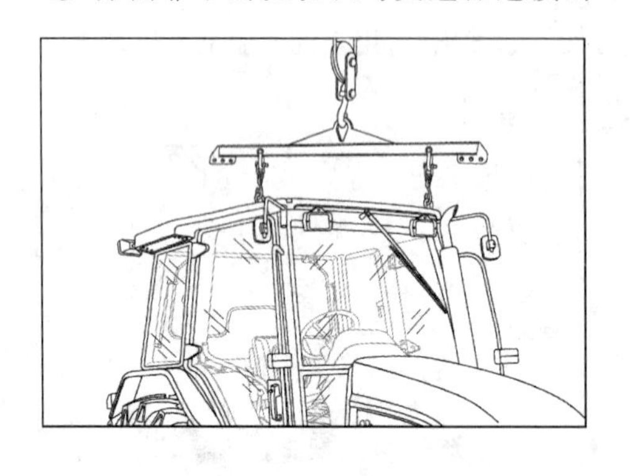

图 1-48　吊起驾驶室

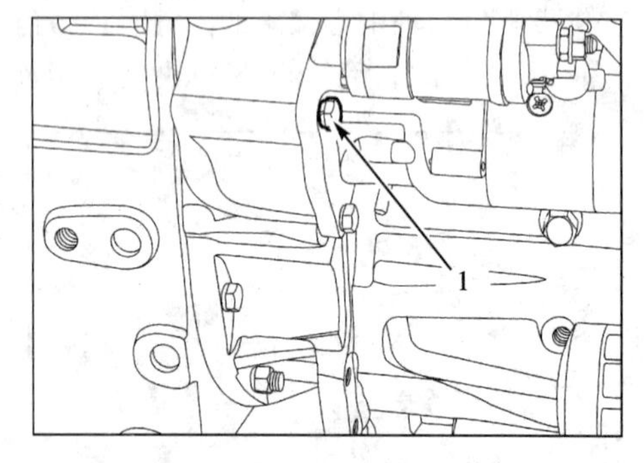

1—固定螺栓

图 1-49　拆卸发动机与变速器的连接

㉜ 将两个楔块 3 放在前桥上以防止发动机在车轴枢轴上摆动,放好拖拉机拆装台架,将固定支座 1 装到后变速器下靠近发动机法兰的地方,并将移动支座 2 装到发动机下靠近变速器法兰的地方(见图 1-50)。

㉝ 将另一个移动支座放到前配重支架下,以防止拆除变速器时发动机发生旋转或向前倾覆。

㉞ 用木楔1楔住后轮(见图1-51)。

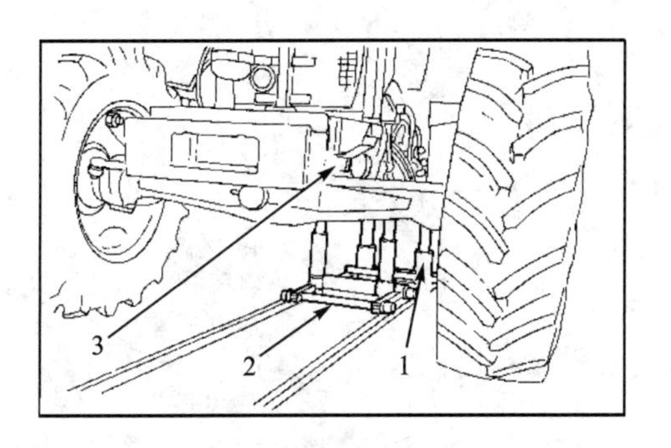

1—固定支座;2—移动支座;3—楔块

图1-50　放好支架及拆装台

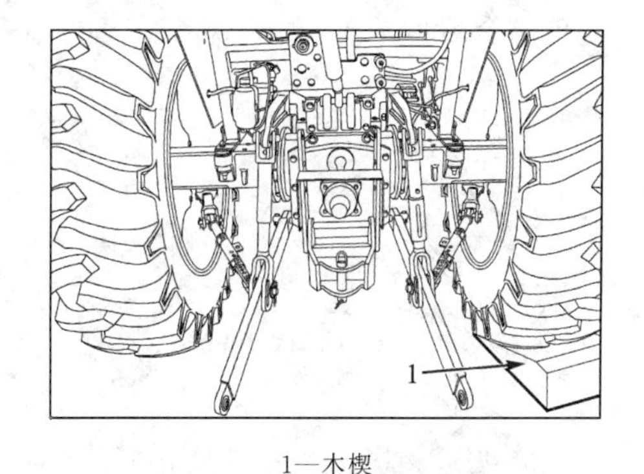

1—木楔

图1-51　用木楔楔住后轮

㉟ 将木块1放到台架和拖拉机之间,用螺钉调整台架的高度使木块1与拖拉机接触(见图1-52)。

㊱ 将固定台架1放到牵引杆下(见图1-53),拉起驻车制动器(手制动)手柄至制动位置,使车可靠制动。

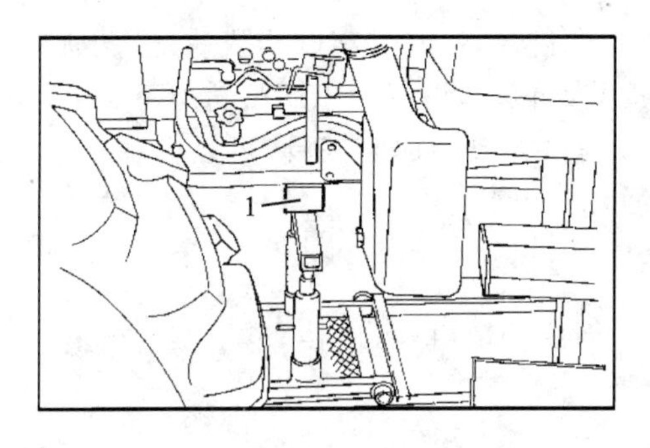

1—木块

图1-52　将木块放在台架与拖拉机之间

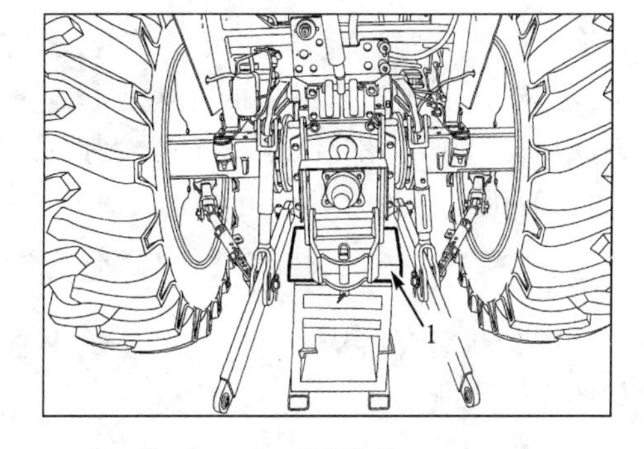

1—固定台架

图1-53　在牵引杆下安放固定台架

㊲ 拆下剩下的4个发动机与变速器固定螺栓,将发动机和变速器分开(见图1-54)。

㊳ 将固定台架1放在配重支架下,用木楔2楔住前轮(见图1-55)。

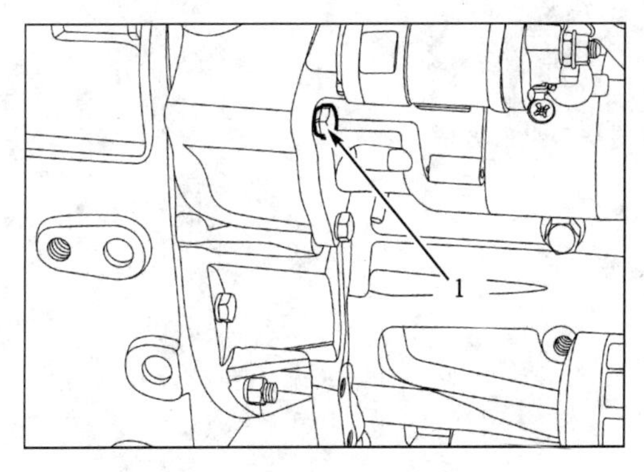

1—固定螺栓

图1-54　拆除剩余的发动机与变速器固定螺栓

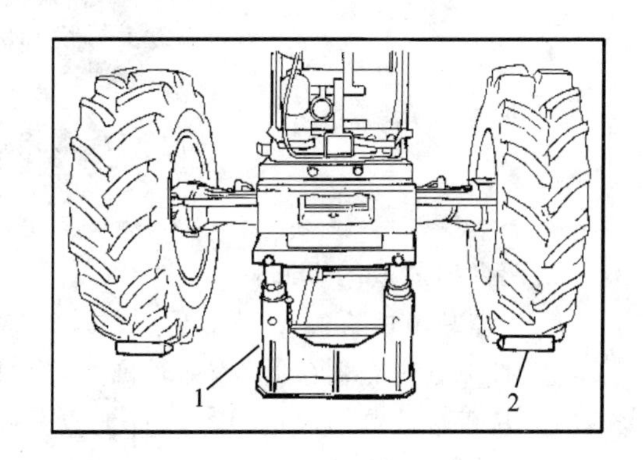

1—固定台架;2—木楔

图1-55　在配重支架下安放固定台架

㊴ 松开离合器与发动机飞轮之间的紧固螺栓，并用离合器从动盘定位工具将从动盘定位，避免离合器拆下后，从动盘滑脱（见图 1 - 56）。

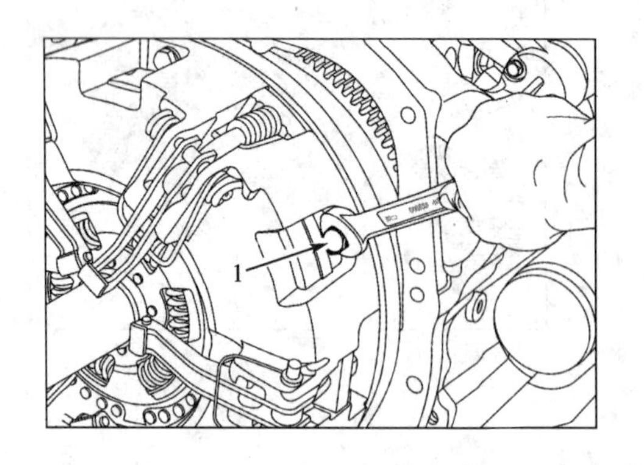

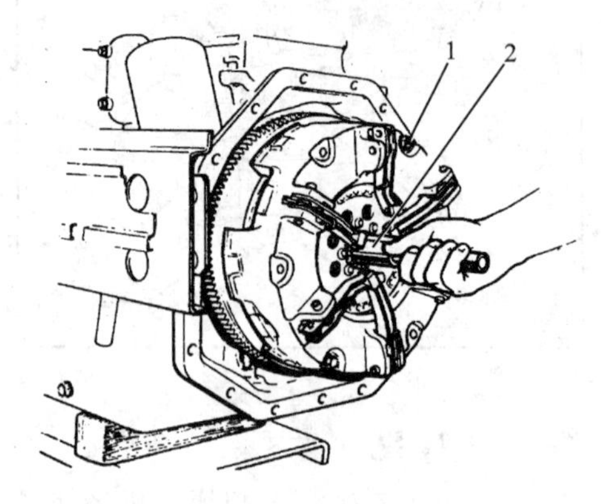

1—离合器壳体与飞轮连接螺钉；2—从动盘定位工具（厂家工具号 380000292）

图 1 - 56　离合器的拆卸

1.2.2　离合器总成的拆装

拖拉机离合器的拆装，其要点是离合器膜片弹簧的拆装，以及主离合器从动盘的中心花键孔定位。建议使用厂家提供的万用成套工具进行拆装。该工具集拆装、调整功能于一体，而且能确保从动盘中心花键孔准确定位。如果没有厂家提供的万用成套工具，可以自制一个定中心工具，使用适当的拔具也可以完成离合器总成的拆装。

提示：

拿起新离合器从动盘时从外缘或中心孔处着手，不要触摸摩擦片，以免污染摩擦片，如图 1 - 57 所示。

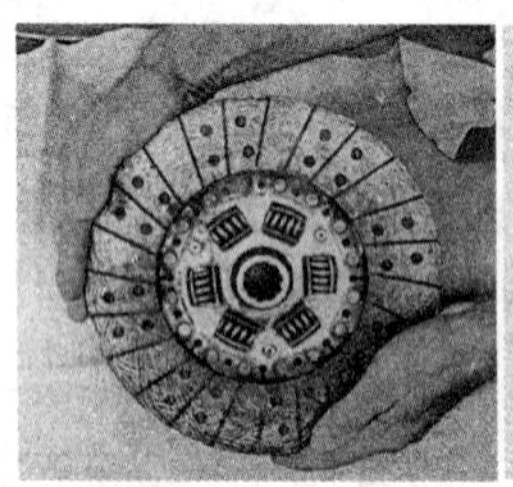
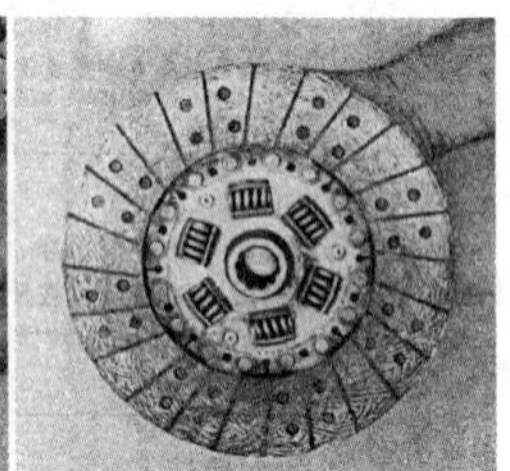

图 1 - 57　拿起新离合器从动盘的方法

1. 离合器总成的拆卸

离合器总成的拆卸步骤如下：

① 拧下副离合器（动力输出轴离合器）分离杠杆的 3 个调整螺母 1（见图 1 - 58）。

② 从带螺旋弹簧 2 的分离杠杆上取下前压盘（副离合器压盘）1（见图 1 - 59）。

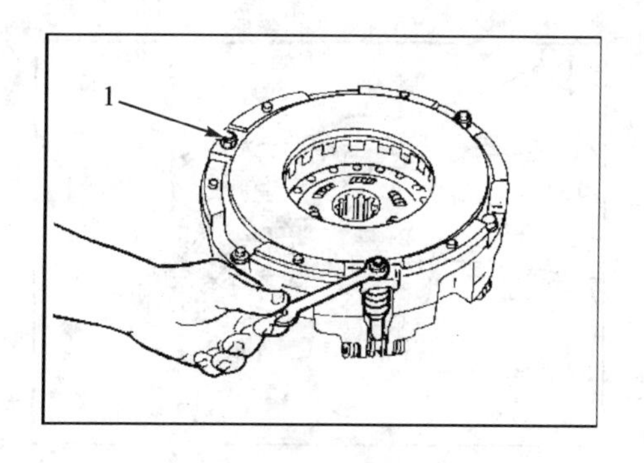

1—调整螺母

图 1-58　拧下副离合器分离杠杆的 3 个调整螺母

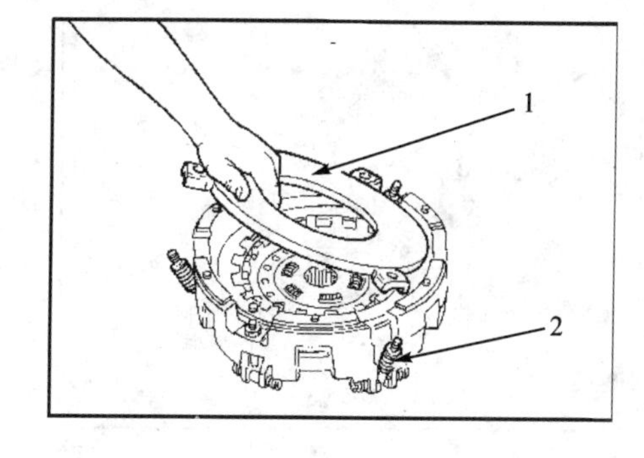

1—前压盘；2—螺旋弹簧

图 1-59　取下前压盘

③ 将 3 个夹具 1 间隔 120°安放到离合器壳体上，并且逐步小心地挤压膜片弹簧片（见图 1-60）。

④ 将 6 片月牙形弹簧止动片 1 从其底座上抽出（见图 1-61）。

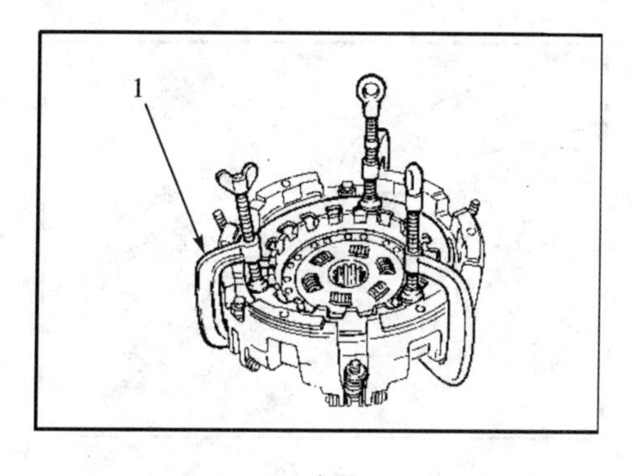

1—夹具

图 1-60　安装夹具

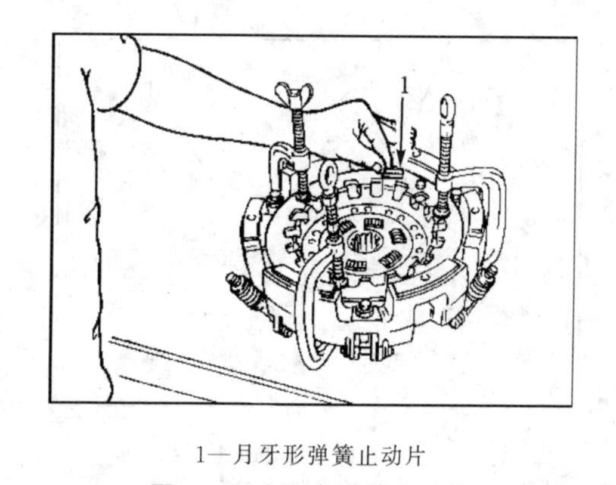

1—月牙形弹簧止动片

图 1-61　取出弹簧止动片

⑤ 拆下 3 个夹具，取出膜片弹簧压圈和膜片弹簧 1（见图 1-62）。

⑥ 松开主离合器分离杠杆调整螺钉上的 3 个锁紧螺母 1（见图 1-63）。

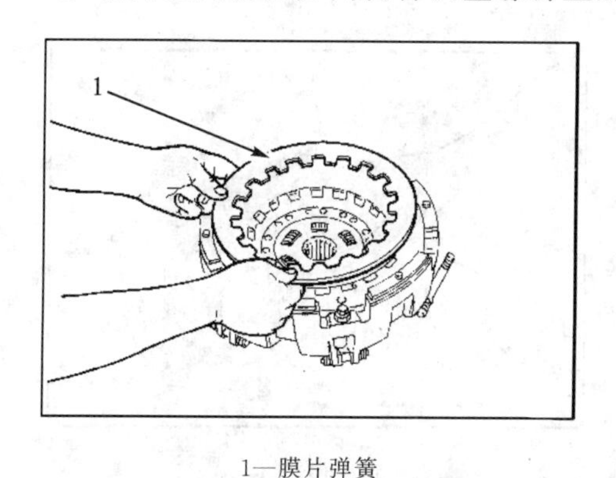

1—膜片弹簧

图 1-62　取出膜片弹簧

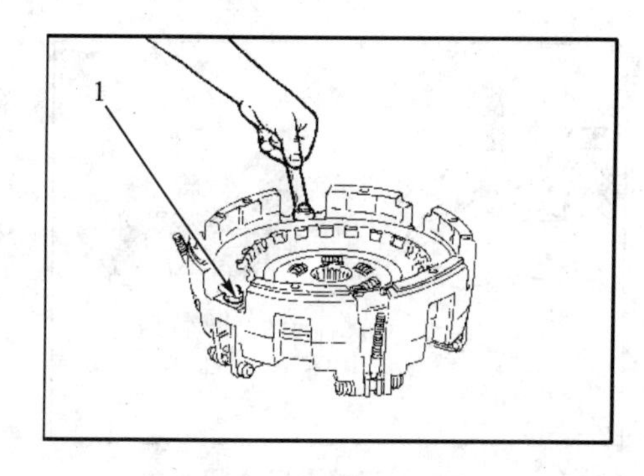

1—锁紧螺母

图 1-63　拧松主离合器分离杠杆调整螺钉的螺母

⑦ 拆下主离合器分离杠杆的 3 个调整螺钉 1（见图 1-64）。

⑧ 抽出后压盘（主离合器压盘）1（见图 1-65）。

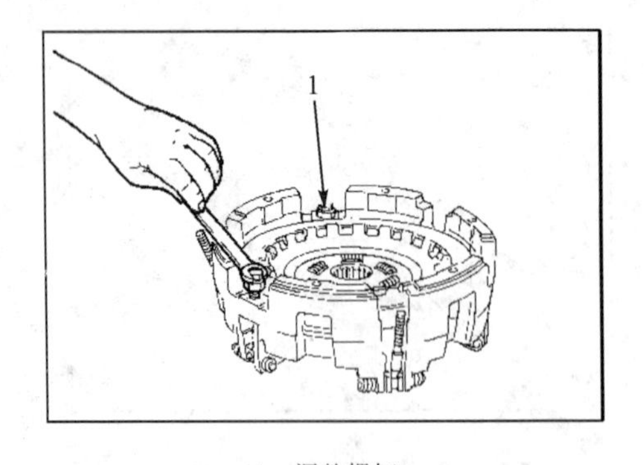

1—调整螺钉

图 1-64　拆下主离合器分离杠杆调整螺钉

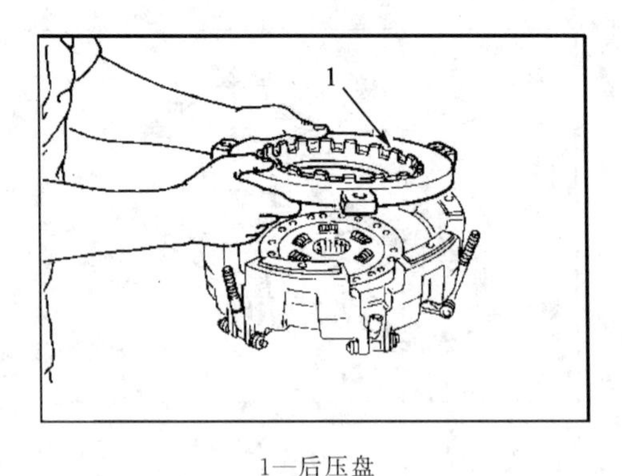

1—后压盘

图 1-65　取下后压盘

⑨ 抽出主离合器从动盘 1(见图 1-66)。

⑩ 拆下副离合器分离杠杆上的扭力弹簧 1(见图 1-67)。

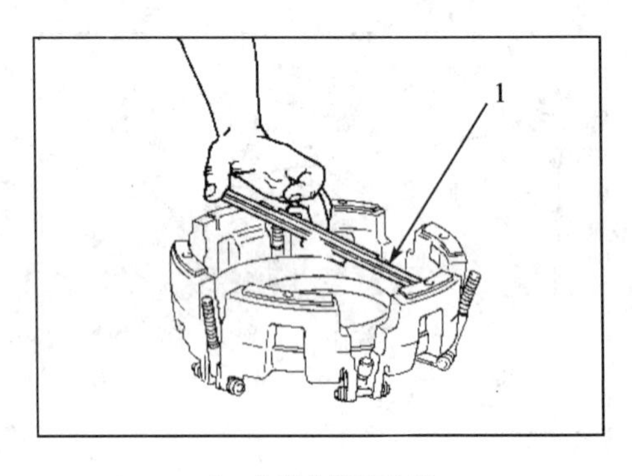

1—主离合器从动盘

图 1-66　取出主离合器从动盘

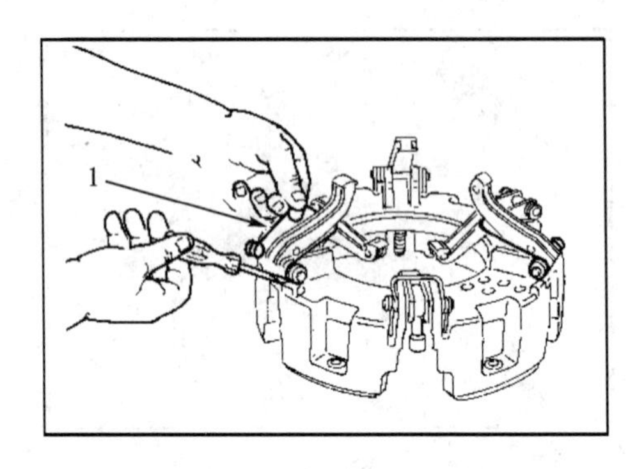

1—扭力弹簧

图 1-67　拆下副离合器分离杠杆上的扭力弹簧

⑪ 抽出副离合器分离杠杆上的枢销 1(见图 1-68)。

⑫ 拆下主离合器杠杆上的扭力弹簧 1(见图 1-69)。

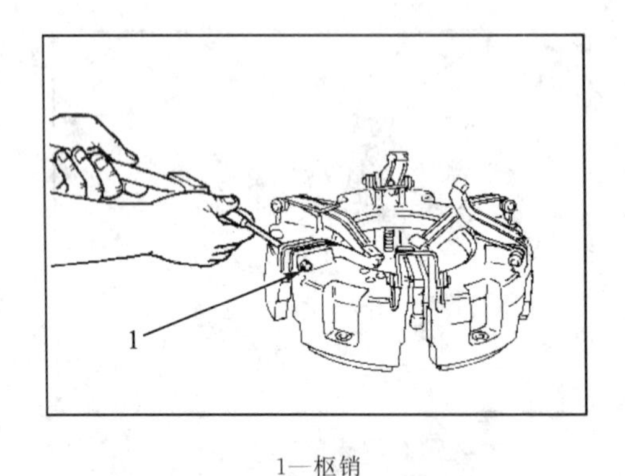

1—枢销

图 1-68　抽出副离合器分离杠杆上的枢销

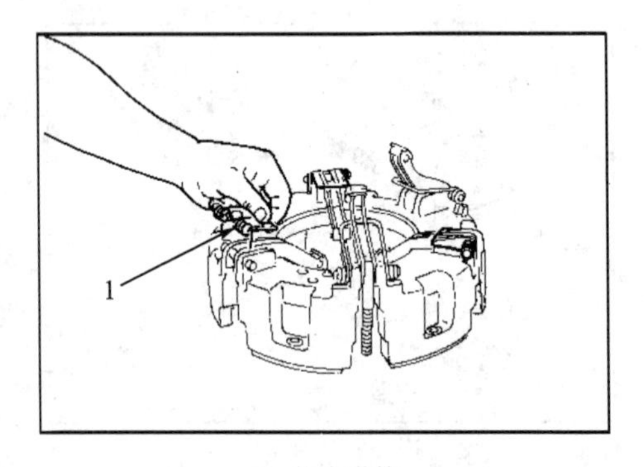

1—扭力弹簧

图 1-69　拆下主离合器分离杠杆上的扭力弹簧

⑬ 抽出主离合器分离杠杆上的枢销 1(见图 1-70)。

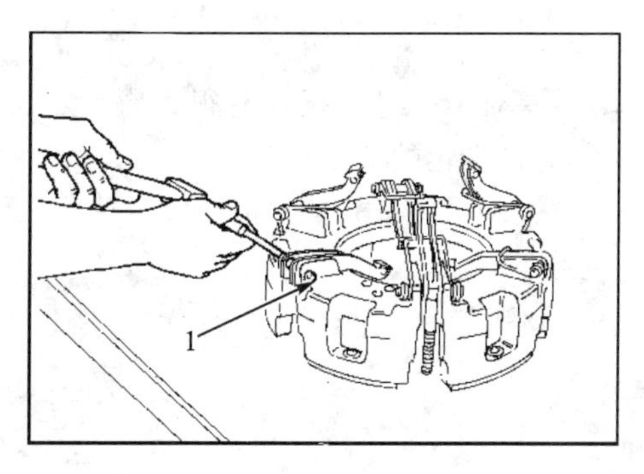

1—枢销

图1-70　抽出主离合器分离杠杆上的枢销

2. 离合器总成的装配

离合器总成的装配步骤与拆卸时相反，装配时应使用定中心工具确保从动盘中心准确定位。装配完成后应进行离合器分离杠杆高度的调整。离合器总成的装配步骤如下：

① 重新装配分离杠杆枢销以及相关弹簧。

② 重新装配离合器壳内的主离合器从动盘。

③ 安装主离合器压盘，并用螺栓将其固定到销子上。

④ 安装膜片弹簧，仔细定位3个夹子并均匀而渐进地压缩弹簧。插入3片膜片弹簧止动片，确信它们被牢固地插入各自的销座，然后拆下夹子。

⑤ 安装副离合器压盘，将3个垫圈和螺旋弹簧装到销子上并用3个螺母固定。

注意：

对准固定孔时，应始终使用适当的工具。决不能用手指或手。

1.2.3　离合器零件的检查与修复

故障离合器在分解总成后要检查每个零件，以确定零件是否已经失效。这样做是为了确定在重装离合器前哪些零件需要进行修复或更换。下面介绍离合器维修过程中的常规检查。

1. 飞轮和压盘

(1)外观检查

如果飞轮和压盘摩擦表面有凹槽、刻痕和热裂纹等现象，就需要对其进行重新修整或更换(见图1-71)。比较严重的刻痕需要在研磨机上进行修复。如果未被严重刮伤，也可以使用打磨盘来打磨(见图1-72)。

图1-71　新飞轮(左)和典型磨损飞轮(右)

图1-72　使用打磨盘打磨飞轮表面

（2）飞轮和压盘翘曲检查

飞轮和压盘表面径向跳动误差对于平稳和振动有很大影响。跳动为 0.1 mm 时会引起抖振。如图 1－73 所示，用百分表检查飞轮的表面径向跳动。如图 1－74 所示，用直尺和塞尺检查压盘的翘曲方法。

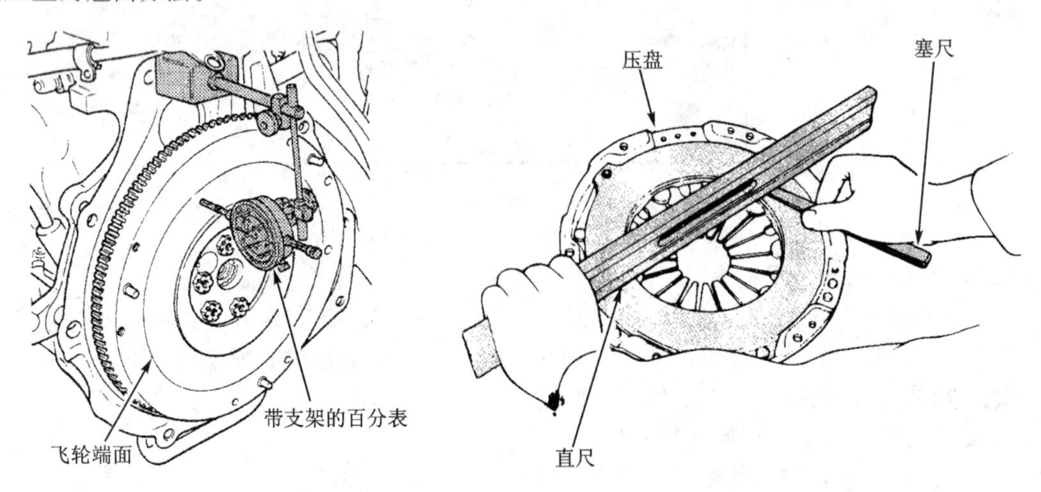

图 1－73　用百分表检查飞轮表面径向跳动　　**图 1－74　用直尺检查压盘翘曲**

2. 从动盘

（1）从动盘磨损检查

用游标卡尺检查从动盘厚度或用深度尺测量两侧铆钉深度，如图 1－75 所示。如果厚度小于极限值，应更换从动盘。

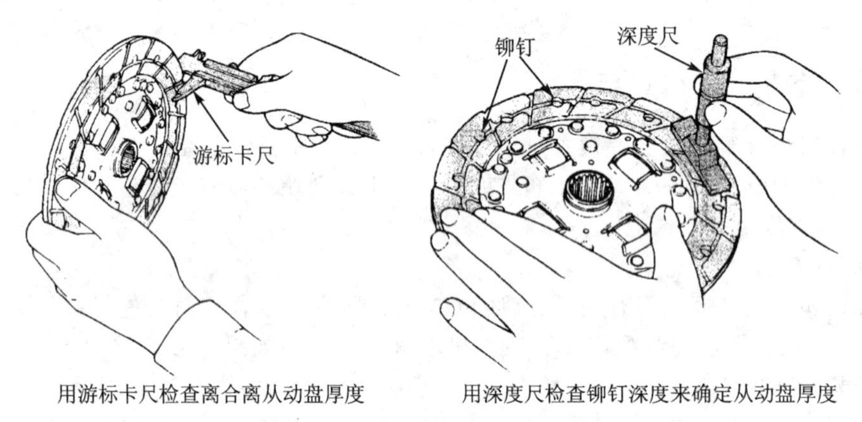

用游标卡尺检查离合离从动盘厚度　　用深度尺检查铆钉深度来确定从动盘厚度

图 1－75　离合器从动盘的检查

（2）从动盘翘曲检查

将从动盘安装在专用支架上，转动离合器从动盘，观察摩擦片表面的径向跳动，跳动超过 0.5 mm 即为过度，应更换离合器从动盘。

3. 分离杠杆和分离轴承

观察分离杠杆和分离轴承接触端面，是否存在明显磨损。分离杠杆与分离轴承的磨损，是由于分离轴承因润滑不良或高温烧蚀而无法灵活转动引起的，磨损严重时应同时更换。

1.2.4　离合器的调整

离合器安装到车上后，在离合器处于接合状态下应按厂家维修手册的规定将两个尺寸调整合适：一个是分离杠杆端部至飞轮端面的距离，即分离杠杆高度；另一个是分离杠杆端部至分离轴承端面之间的距离，即离合器自由间隙。以 SNH1004 型拖拉机离合器的调整为例（见图 1－8）。由于该离合器为双作用离合器，有两个分离杠杆至飞轮端面的调整尺寸，即 D 为主离合器调整尺寸，D_1 为副离合器调整尺寸，L_1 为副离合器自由间隙。

1. 分离杠杆高度的调整

调整时应确保各分离杠杆与分离轴承接触端面位于同一平面上。该尺寸有两种调整方法，即车上调整和车下调整。

（1）车上调整

在车上调整时，应使用厂家的专用调整工具　（见图 1－76），这样可以确保 3 个分离杠杆高度一致。

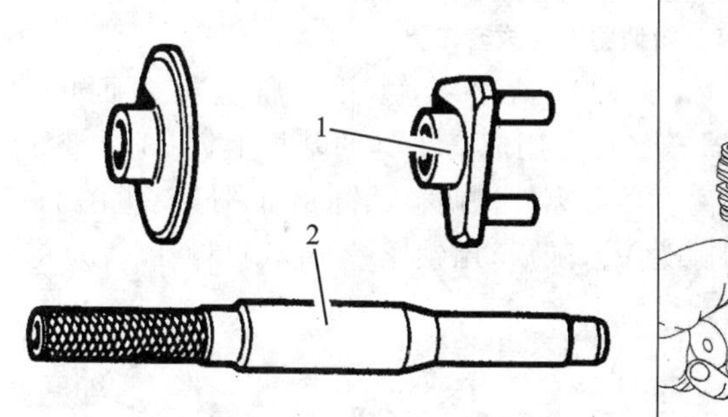

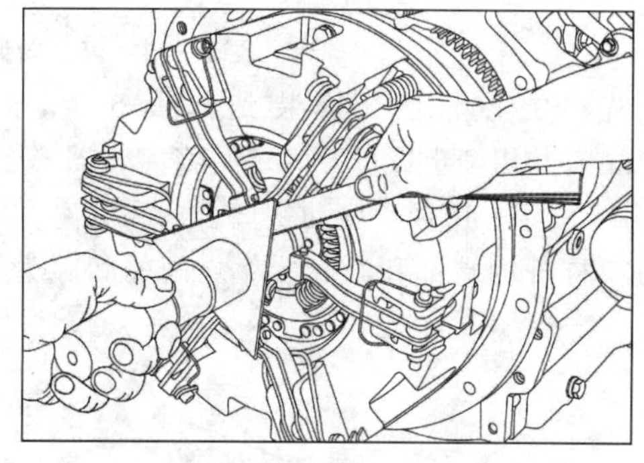

1—调准器；2—定中心器

图 1－76　离合器车上调整专用工具

如图 1－77 所示，将定中心器插入离合器从动盘轴座中，确定其端部接触到飞轮轴承后，压下调准器。旋松主离合器分离杠杆调整螺钉的锁定螺母，顺序旋动 3 个分离杠杆调整螺钉改变主离合器分离杠杆高度，直至用塞尺测量分离杠杆端部与调准器定位之间的间隙为 0.1 mm。副离合器分离杠杆高度也照此方法调整即可。

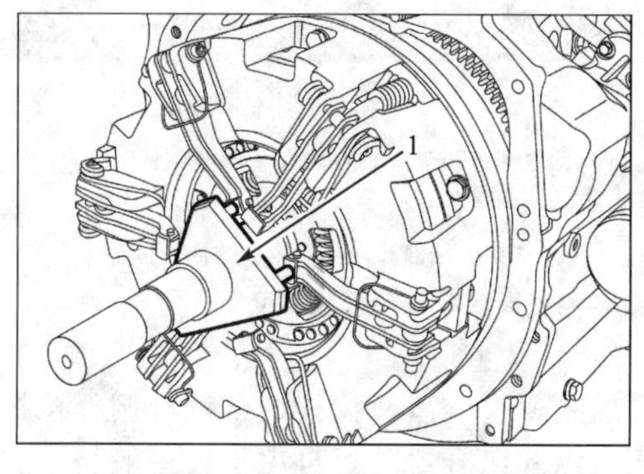

(a) 主离合器分离杠杆高度的调整

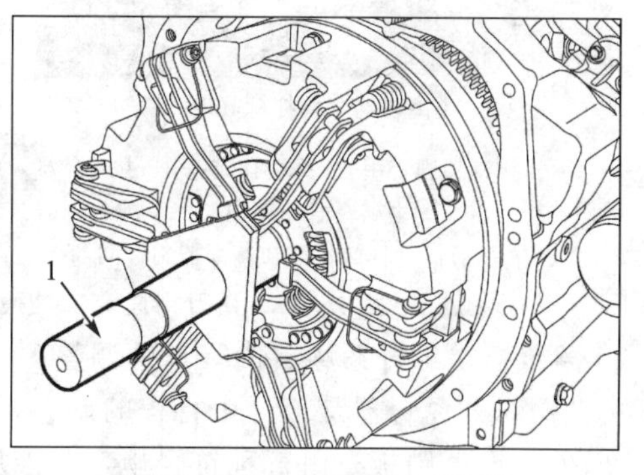

(b) 副离合器分离杠杆高度的调整

1—离合器车上调整专用工具

图 1－77　离合器的车上检查与调整

(2) 车下调整

在车下调整时,必须使用厂家的万用成套工具,如图 1-78 所示。

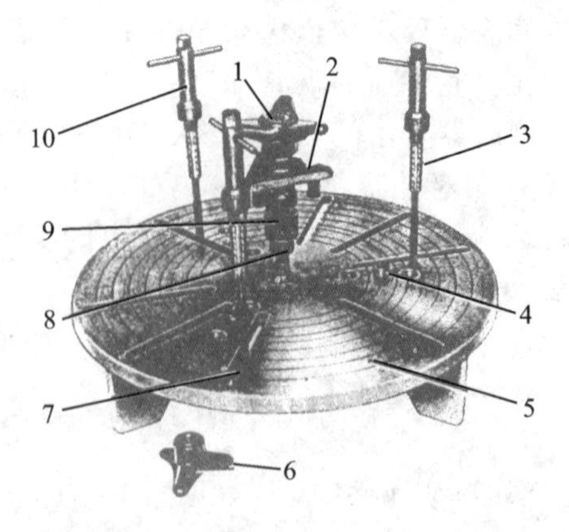

1—调准器固定手轮;2—调准器;3—紧固器隔套;4—定位器;5—基板;
6—定位器手轮;7—垫块;8—中心隔套锁定螺母;9—中心隔套;10—紧固器

图 1-78 离合器调整万用成套工具

首先将中心隔套 9 安装到基板 5 上,使调准器 2 接触表面离基板表面的高度为 137.5 mm,并用锁定螺母 8 固定。将离合器安装在万用成套工具的基板上,用 3 个带导轴套的紧固器 10 固定。用扳手旋动主离合器和副离合器分离杠杆调整螺钉 3 和螺母 6(见图 1-79),使各个分离杠杆的端部和调准器 2 之间的间隙为 V_1,随后,用锁紧螺母 4(见图 1-79)将调整螺钉定位。

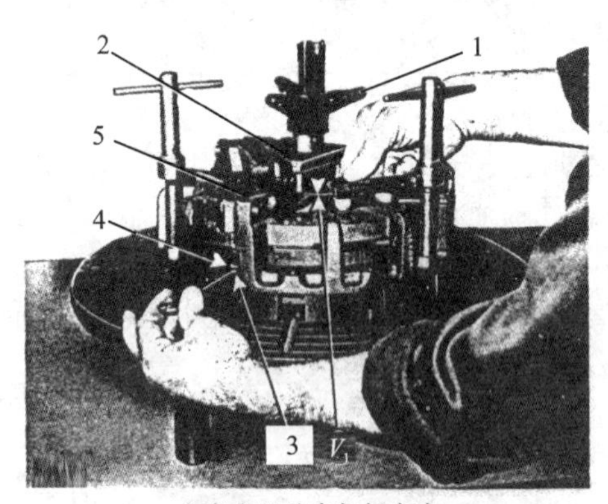

主离合器分离杠杆高度

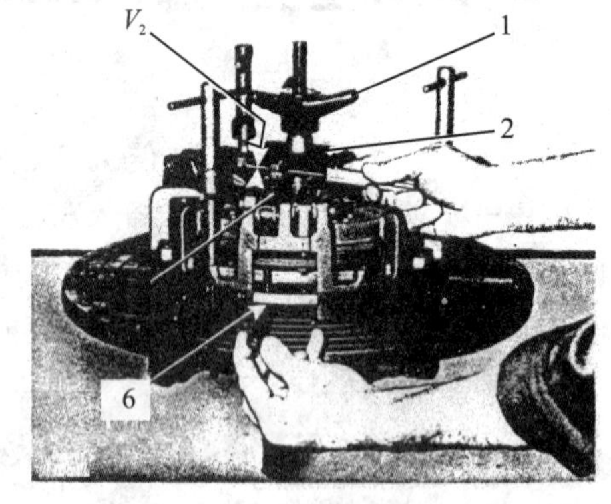

副离合器分离杠杆高度

1—调准器固定手轮;2—调准器;3—主离合器分离杠杆调整螺钉;4—主离合器分离杠杆锁紧螺母;
5—主离合器分离杠杆;6—副离合器分离杠杆调整螺母;7—副离合器分离杠杆;
V_1—分离杠杆的端部和调准器销之间的间隙;V_2—分离杠杆的端部和调准器表面之间的间隙

图 1-79 用万用成套工具检查和调整离合器分离杠杆高度

2. 离合器操纵杆系和自由行程的调整

机械操纵式离合器踏板自由行程的调整,一般是通过分离叉拉杆调整螺母调整拉杆或钢索长度,使离合器踏板自由行程符合规定。液压操纵式离合器踏板自由行程一般是主缸活塞与其推杆之间和分离杠杆内端与分离轴承之间两部分间隙之和在踏板上的反映。因此,踏板自由行程的调整实际上就是这两处间隙的调整。

(1) 离合器自由行程的检查

当踏板移动时，首先会感到回位弹簧的阻力较小。经过小段行程后，阻力会明显增大，此时分离轴承刚好接触到了分离杠杆。用直尺或带尺测量踏板的位移，将测量结果与厂家规定的标准值比较。如果自由行程偏离标准值较大说明需要调整。一般离合器自由行程的经验调整值为 15～30 mm。

注：有些机型拖拉机技术手册以规定离合器自由间隙大小(参见图 1-15，尺寸 L_1)来代替离合器自由行程。

(2) 主离合器操纵杆系的调整

以 SNH1004 型拖拉机为例，调整步骤如下：

① 拧下仪表板上的捏手 1，拆下两块侧面板。测量主离合器踏板至地板间的距离 A(带驾驶室为 185 mm，不带驾驶室为 162 mm)，如图 1-80 所示。

② 如检查高度不合适，按图 1-81 所示，拧松锁紧螺母 1，逆时针方向旋转调整螺母 2，螺母每旋转一圈相当于踏板位移 9 mm。

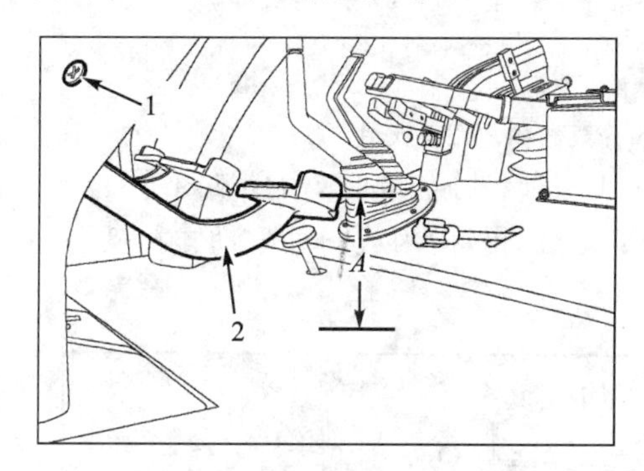

1—仪表板固定捏手；2—离合器踏板

图 1-80　检查主离合器操纵踏板高度

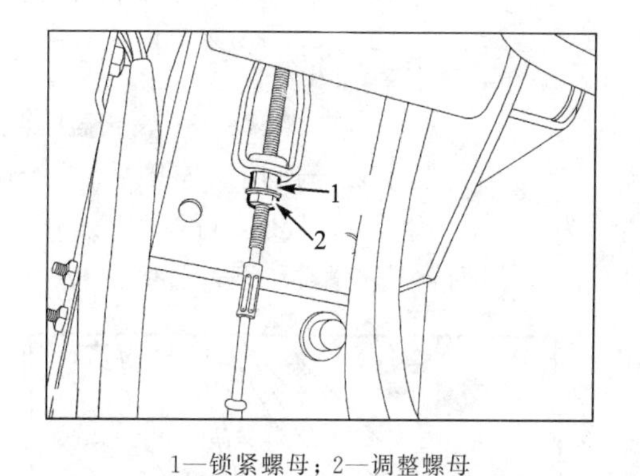

1—锁紧螺母；2—调整螺母

图 1-81　调整主离合器操纵踏板高度

(3) 副离合器自由行程的调整

以 SNH1004 型拖拉机为例，调整步骤如下(如图 1-82 所示)：

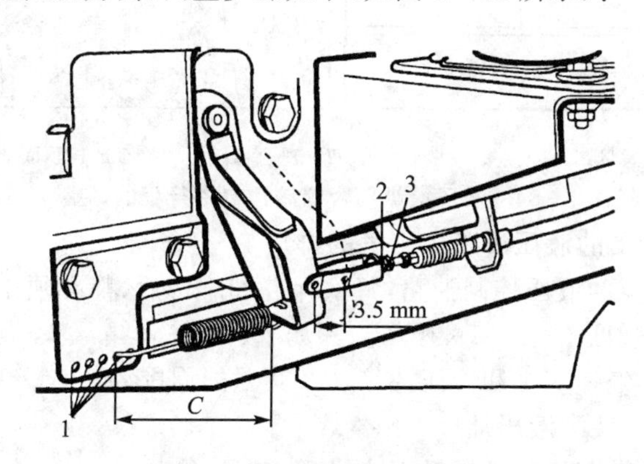

1—弹簧安装孔；2—调整螺母；3—锁紧螺母；C—弹簧长度

图 1-82　副离合器自由行程的调整

① 该离合器的自由行程在操纵拉杆处测量时应为 3.5 mm(反映在手柄握持处测量时为 55～

60 mm)。调整时逆时针松开锁紧螺母3和调整螺母2(螺母每转一圈相当于手柄移动1 mm)。

② 拧紧锁紧螺母。调整之后,检查回位弹簧的长度,其值约为140 mm。可改变弹簧安装孔1的位置调整弹簧长度。

(4) 液压操纵式离合器踏板自由行程的调整

以纽荷兰M系列拖拉机离合器为例,调整步骤如下:

① 装配主泵前,调整主泵推杆连接叉的位置,即尺寸D(见图1-83)。

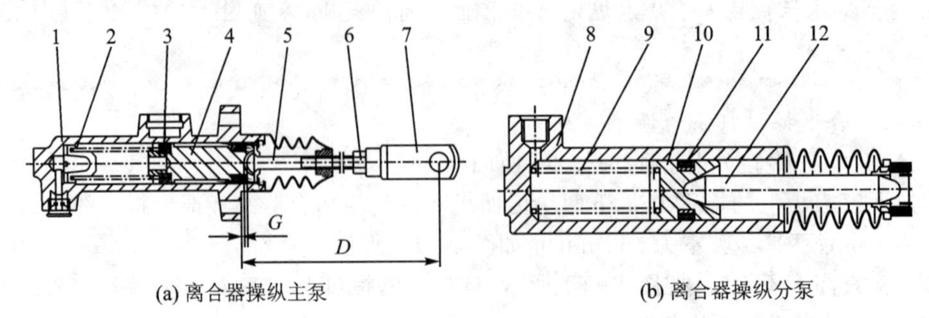

1—主泵壳体;2—弹簧;3—密封圈;4—主泵活塞;5—主泵推杆;6—锁紧螺母;
7—连接叉;8—分泵壳体;9—弹簧;10—分泵活塞;11—密封圈;12—分泵推杆;
D—叉中心至泵壳体安装板距离,137.5~138 mm;G—离合器踏板松开时的推杆间隙,0.1~1.4 mm

图1-83 离合器操纵主泵和分泵结构与调整尺寸

② 将离合器踏板与连接叉连接后,检查踏板中央至地板顶面的距离H(见图1-84),该距离约为190 mm。若有必要进行调整,松开锁紧螺母,拆卸销,向内或向外拧动连接叉,使距离H合适。然后再检查踏板行程是否为170 mm。

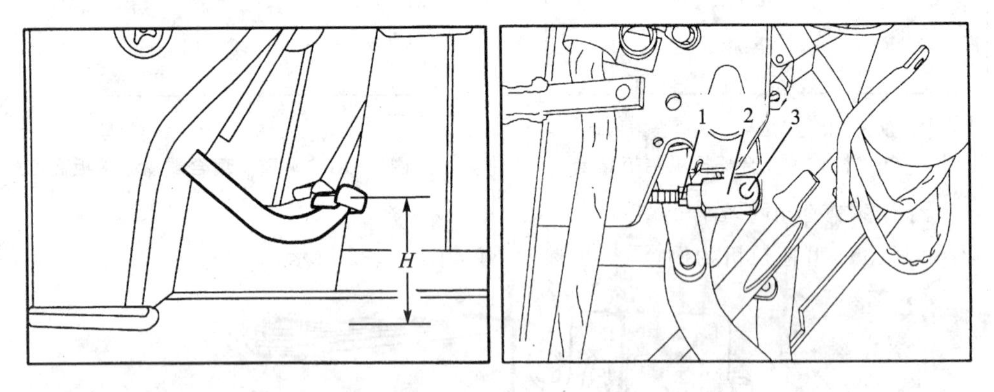

1—调整螺母;2—连接叉;3—连接销;H—离合器踏板中央至地板顶面的距离

图1-84 液压操纵离合器踏板自由行程的调整

3. 液压操纵式离合器的液压油路中空气的排放

对液压操纵式离合器的液压控制油路,每次保养和维修后,都必须排放其中的空气。以纽荷兰M系列拖拉机为例(见图1-85),操作步骤如下:

① 清理总成外部放气螺塞1和液压油箱2及其盖的周围。

② 放气前,确保油箱装满液压油。

③ 全程缓慢踩离合器踏板使油压升上来。

④ 踩住离合器踏板并松开放气螺塞1半圈,使油随气泡排出。

⑤ 紧固螺塞,抬起离合器踏板,并重复上述步骤,直接排出的油液中没有气泡为止。

⑥ 放气后添加离合器液压油至规定高度。

⑦ 液压分泵的排气过程与此相同。

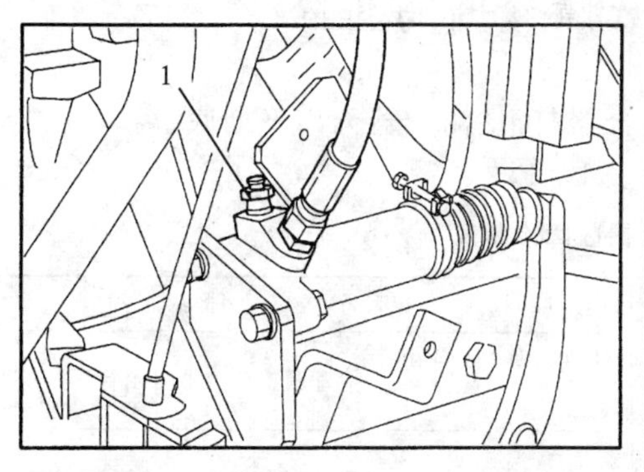

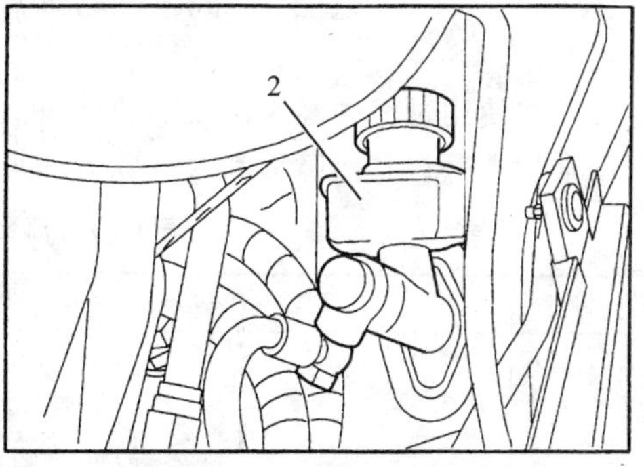

1—放气螺塞；2—液压油箱

图1-85　排放液压操纵离合器液压油中的空气

> **注意：**
>
> 应将排放出的液压油进行可靠收集，不要滴落地面，以防维修人员不小心踩踏而滑倒。

1.2.5　离合器总成车上安装

离合器重新往车上安装之前，应确保已经按厂家维修手册规定要求调整合适。按与车上拆下离合器相反的步骤重新安装离合器，但必须牢记下列几点：

① 检查压入飞轮中的轴承状况，如果有过大的噪声或卡滞现象应废弃该轴承并更换。安装新轴承时，应在轴承座上涂一层钙基润滑脂。

② 使用从动盘定位工具将从动盘准备定位，确保从动盘花键孔与离合器轴同心(参见图1-76)。

> **注意：**
>
> 不得用手或手指进行对中。

③ 必须按厂家维修手册规定的扭矩以交叉、分次方式上紧离合器与发动机之间的连接螺栓(SNH1004型拖拉机规定扭矩值参阅本书的附录B)。

④ 安装分离轴承、分离拨叉等离合器操纵机构。安装分离轴承时，在分离轴承内孔的槽上注入润滑脂，在分离拨叉接触区内涂上一薄层润滑脂，然后将分离轴承滑到变速器分离套筒上，确保轴承座能平滑移动。

⑤ 彻底清洗和清除配合面上的润滑脂，重新装配壳体、支架和罩盖前在配合面涂上密封剂(乐泰密封胶)。

> **提示：**
>
> 1. 将离合器从动盘安装在离合器轴上时，应确保从动盘能沿花键轴自由移动。同时，应注意从动盘的安装方向，通常其上标有“飞轮侧”，应将此面朝向飞轮。如果没有标识，将从动盘毂较长一侧朝向飞轮(参见图1-7)。最好拆卸时标好记号。
> 2. 如果有同车型的废旧离合器轴，可以用来代替从动盘定位工具。

1.3 离合器的故障诊断与排除

离合器在使用过程中经常出现的故障有离合器打滑、离合器分离不彻底、离合器抖动、离合器不正常响声等。其故障诊断及排除方法见表1-1。

表1-1 离合器故障诊断表

故 障	故障现象	可能的原因	排除方法
离合器打滑	拖拉机起步时，离合器踏板完全放松后，发动机的动力不能全部输出，造成起步困难。有时由于摩擦片长期打滑而产生高温烧损，可嗅到焦臭味	1. 离合器自由行程（或自由间隙）过小	检查调整离合器自由行程
		2. 压紧弹簧因高温退火、疲劳、折断等原因使弹力减弱，致使压盘上的压力降低	更换离合器压紧弹簧或更换离合器总成
		3. 离合器从动盘、压盘或飞轮磨损翘曲	校正从动盘，磨修压盘和飞轮表面，必要时更换离合器总成
		4. 摩擦片上粘有机油或黄油	修复离合器壳体漏油，彻底清洗摩擦片表面
离合器分离不彻底	发动机在怠速运转时，离合器踏板完全踏到底，挂挡困难，并有变速器齿轮撞击声。若勉强挂上挡后，不等抬起离合器踏板，拖拉机有前冲起步或立即熄火现象	1. 离合器自由行程过大	检查调整离合器自由行程
		2. 液压系统中有空气或油量不足，油液泄漏	排放液压系统中的空气，必要时更换主泵或分泵
		3. 分离杠杆高度不一致或内端面磨损严重	调整分离杠杆高度，必要时更换分离杠杆或膜片弹簧
		4. 离合器从动盘在离合器轴上滑动阻力过大	重新装配从动盘或更换
离合器发抖（接合不平顺）	拖拉机起步时，离合器接合不平稳产生抖振，严重时会使整个车身发生抖振现象	1. 分离杠杆高度不一致	调整分离杠杆高度
		2. 压紧弹簧弹力不均、衰损、破裂或折断、扭转减振弹簧弹力衰损或折断	更换压紧弹簧或离合器从动盘
		3. 离合器从动盘摩擦表面不平、硬化或粘上胶状物，铆钉松动、露头或折断	修整离合器从动盘，必要时更换离合器从动盘
		4. 飞轮、压盘或从动盘钢片翘曲变形	磨修飞轮、压盘，校正离合器从动盘，必要时更换离合器从动盘
		5. 摩擦片上粘有油污	彻底清洗摩擦片表面
离合器异响	离合器在接合或分离时，出现不正常的响声	1. 离合器从动盘翘曲	校正离合器从动盘或更换
		2. 离合器减振弹簧折断	更换
		3. 离合器从动盘与轮毂啮合花键之间的间隙过大	更换离合器从动盘，必要时更换离合器从动盘或离合器轴
		4. 离合器踏板回位弹簧过软、折断或脱落	更换回位弹簧
		5. 分离轴承或导向轴承润滑不良、磨损松旷或烧毁卡滞	更换分离轴承和分离轴承座

维修案例：

故障一：一台纽荷兰M系列拖拉机，其离合器为液压操纵，在急速踏下离合器踏板时，离合器可以分离，但踩住离合器踏板一段时间后或慢慢踏下离合器踏板时，离合器无法分离。

诊断与排除：造成此故障的原因是液压主缸皮碗老化、磨损，并有纵向沟槽，主缸筒内壁磨损严重，致使液压油从主缸皮碗口及沟槽部位泄漏。进行换件修复后，故障排除。

故障二：一台旧拖拉机，驾驶员诉说当松开离合器踏板时会听到一种金属刮擦声。

诊断与排除：此故障为离合器从动盘摩擦片过度磨损后，固定摩擦片的铆钉外露刮擦到飞轮或压盘的表面并磨损表面。这时应拆解离合器，视飞轮或压盘磨损程度磨修其表面或更换新件，同时更换离合器从动盘。

故障三：一台SNH拖拉机，刚换过离合器，使用一段时间后出现离合器不能分离的故障。更换压盘和离合器从动盘后，离合器可以分离，但却有抖振故障，踏板感觉不良。

诊断与排除：仔细检查发现与分离轴承相连的回位弹簧连接不正常。将分离轴承工作区域的损坏部分磨光，更换分离轴承和回位弹簧，问题得到解决。

维修提示：

判断离合器异响故障的方法是：

离合器异响可以通过观察在踩下离合器踏板时异响发生改变的现象，并结合响声的不同来查明故障产生的原因。在检查时，发动机应以怠速运转，并且离合器操纵机构必须被调整到正确的自由行程。

1. 踩下离合器踏板少许，使分离轴承刚与分离杠杆接触，若听到“沙、沙、沙”的响声，则可能是分离轴承缺油或损坏。
2. 改变发动机转速，并反复踩动离合器踏板，若发出“吭”或“咔”的响声，则故障可能是减振弹簧疲劳或断裂、从动盘与花键套铆接松动或是从动盘花键孔与轴配合松旷所致。
3. 将离合器踏板踩到底，发出连续“克啦、克啦”声，分离不彻底时尤为严重，放松踏板后响声消失。

提示：

判断离合器是否存在打滑故障的方法是：

1. 在维修车间里判断。挂上最高挡，让离合器踏板以平滑、正常方式接合。如果发动机立即熄火，说明离合器不打滑。如果不能马上熄火则说明离合器接合缓慢，存在打滑现象。
2. 通过道路试验可以检查得更彻底。在一段坡度较大的路上，让拖拉机以低速挡行驶，当加速时发动机转速迅速升高，但车速确无明显增加，甚至停车，而且发动机也无冒黑烟的现象，在排除发动机本身故障的情况下，可断定为离合器打滑。

第2章 变速器

2.1 变速器的认知

学习目标:

- 能描述变速器的工作原理;
- 能描述同步器的用途和工作原理;
- 能认知变速器的组成部件,并说出它们之间的装配关系;
- 能描述变速器不同挡位的动力传递路线;
- 能选择适当的工具拆卸和装配变速器;
- 能调整变速传动装置轴类零件的间隙;
- 会诊断和排除变速器的故障。

2.1.1 变速器的功用和工作原理

1. 变速器的功用

拖拉机使用的动力装置是往复活塞式内燃机,其转矩和转速变化范围较小,而拖拉机在行驶和作业时需要较大范围的行驶速度和扭矩输出,因此必须在拖拉机的传动系统中装上变速器,以适应这一要求。变速器的具体功用如下:

① 实现变速变矩。变速器通过改变传动比,扩大驱动轮转矩和转速的变化范围,以适应拖拉机经常变化的工况需要,同时使发动机在最佳工况下工作(动力性和经济性)。

② 实现拖拉机倒驶。由于内燃机无法实现反向旋转,因此必须利用变速器齿轮传动的特性,通过变速器的倒挡来实现拖拉机反向行驶。

③ 必要时中断动力传输。利用变速器的空挡中断动力传递,使在发动机不熄火的状态下拖拉机停驶和中断动力输出。

④ 实现动力输出,驱动农具和其他机构。通过与变速器连接的动力输出轴为农具或液压系统等提供动力。

2. 拖拉机变速器的类型

拖拉机多采用有级式齿轮变速器,按操纵控制类型分为:机械换挡式(又称人力换挡式)变速器、半动力换挡变速器和动力换挡变速器三大类。本书以介绍机械换挡式变速器为主。按变速器的结构和传动特点分为二轴式、三轴式和组成式三种。二轴和三轴式变速器统称为简单式变速器,两个简单式变速器串联在一起构成组成式变速器。

二轴式变速器如图2-1所示,其前进挡由输入轴(也称为变速器一轴或离合器轴)和输出轴(也称为变速器二轴)及其齿轮组成。前进挡由输入轴齿轮与输出轴齿轮形成的单级齿轮传动来完成。这种变速器传动齿轮对数少,效率高,但传动比不宜太大。

三轴式变速器由输入轴、输出轴、中间轴及其齿轮组成,输入轴与输出轴在同一条轴线上。

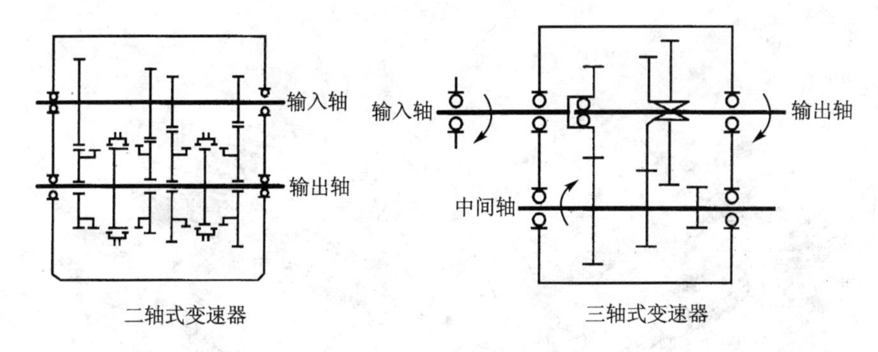

图 2-1　简单式变速器

前进挡由输入轴齿轮与中间轴齿轮、中间轴齿轮与输出轴齿轮两级齿轮传动来完成。将输入轴与输出轴直接连接可以实现直接挡(即传动比为 1∶1)。这种变速器传动齿轮对数多(除直接挡外),可以实现较大传动比,但效率低。

一个简单变速器挡位设置过多会使变速器的结构过于复杂。拖拉机为满足农艺要求,扩大使用范围,需要较多排挡,简单变速器很难满足要求。因此,农用拖拉机大多采用组成式变速器,即采用主、副两个变速器串联的方式,分别用两套换挡装置。例如,主变速器有 4 个挡位,副变速器有 4 个挡位,这样就可以实现 4×4=16 个挡位。

3. 机械式变速器的工作原理

(1) 变速变矩原理

由机械原理可知,一对齿数不同的齿轮啮合传动可以变速变矩,两个齿轮的转速与其齿数成反比,在不考虑摩擦阻力的情况下,两齿轮的转矩与其齿数成正比。

如图 2-2 所示,设主动齿轮转速为 n_1,齿数为 z_1,转矩为 M_1;从动齿轮转速为 n_2,齿数为 z_2,转矩为 M_2,则两齿轮的传动比(主动齿轮转速与从动齿轮转速之比)i_{12} 为

$$i_{12} = \frac{n_1}{n_2} = \frac{z_2}{z_1} = \frac{M_2}{M_1}$$

$$n_2 = \frac{n_1}{i_{12}}, M_2 = M_1 i_{12}$$

由上式可总结如下:

当 $z_1 < z_2$ 时,即 $i_{12} > 1$,则有 $n_2 < n_1$,$M_2 > M_1$,这种传动称为降速增矩传动;

当 $z_1 > z_2$ 时,即 $i_{12} < 1$,则有 $n_2 > n_1$,$M_2 < M_1$,这种传动称为增速降矩传动;

当 $z_1 = z_2$ 时,即 $i_{12} = 1$,则有 $n_2 = n_1$,$M_2 = M_1$,这种传动称为等速等矩传动。

由此可知,当传动比不等于 1 时,即可实现变速和变矩。

一对齿轮传动可以获得一个固定的传动比,变速器往往需要由多对齿轮构成多级齿轮传动。由齿轮传动的原理可知,这样的多级齿轮传动的传动比按下式计算:

$$i = \text{各级齿轮传动比的连乘积} = (-1)^m \frac{\text{所有各级从动齿轮齿数的连乘积}}{\text{所有各级主动齿轮齿数的连乘积}}$$

式中:m 为外啮合齿轮对数,传动比为"+"表示输入与输出同向,为"−"表示输入与输出反相。

(2) 换挡原理

通过选择变速器齿轮传动的不同传递路线,获得不同的传动比来得到不同的挡位。把传动比较大的称为低速挡,传动比较小的称为高速挡。

变速器的换挡,通常采用滑动齿轮、接合套或同步器等装置使齿轮或齿圈啮合或脱开来实

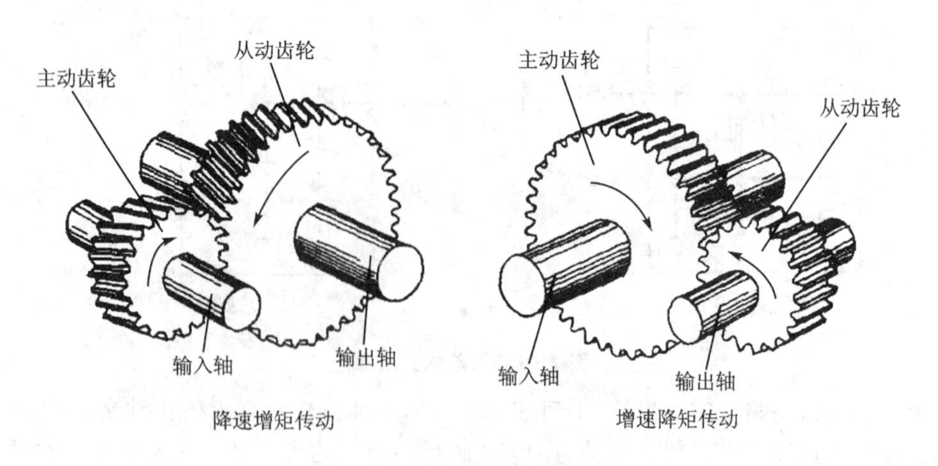

图 2-2 齿轮传动的基本原理

现。如图 2-3 所示，通过滑动齿轮改变挡位，当将 1 挡齿轮向左滑动与 1 挡中间齿轮啮合，动力传递路线为：输入轴→常啮合齿轮→1 挡传动齿轮→输出轴，实现 1 挡；当将 2 挡和 3 挡齿轮向右滑动与 2 挡中间齿轮啮合，动力传递路线为：输入轴→常啮合齿轮→2 挡传动齿轮→输出轴，实现 2 挡；当将 2 挡和 3 挡齿轮(左端为花键轴)向左滑动，使其左端花键轴与输入轴齿轮的内花键接合，动力直接从输入轴传递到输出轴，实现 3 挡(直接挡)。

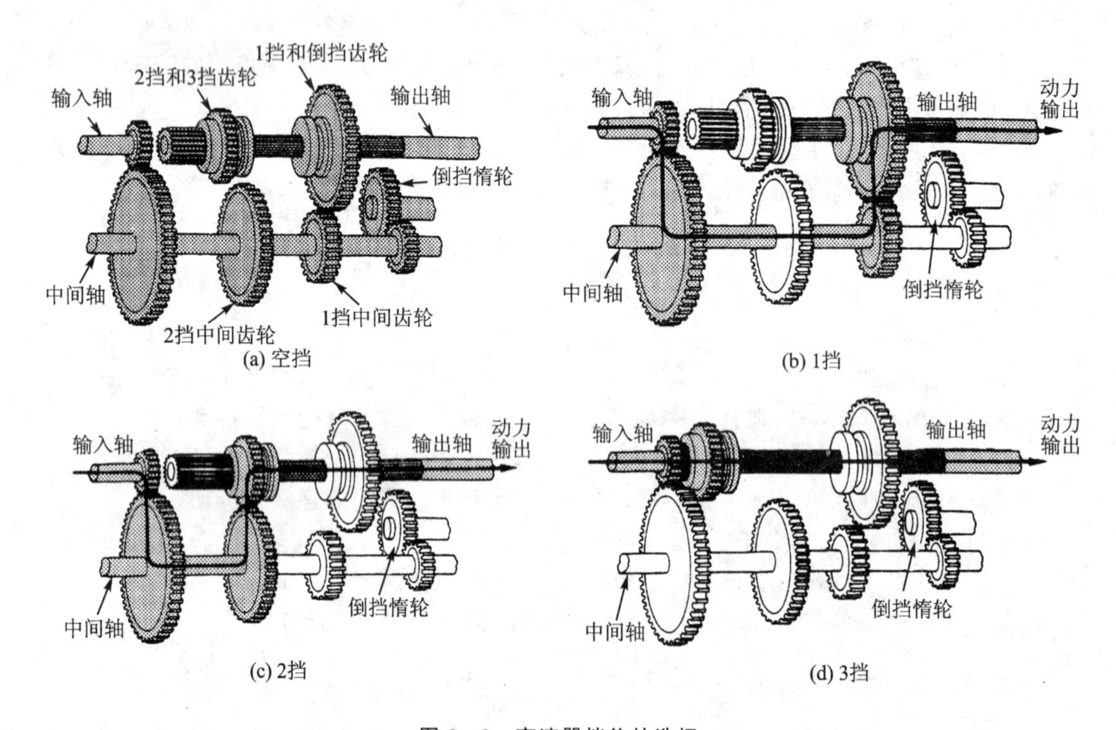

图 2-3 变速器挡位的选择

(3) 倒挡原理

变速器的倒挡是根据齿轮传动的方向特性来实现的。由齿轮传动原理可知，一对相啮合的圆柱齿轮形成外啮合齿轮传动，圆柱齿轮与齿圈啮合形成内啮合齿轮传动。外啮合齿轮传动两个齿轮的旋向相反，内啮合齿轮传动两个齿轮的旋向相同。因此，可以利用外啮合齿轮传动改变旋向的特点来实现倒挡。在实际变速器中,一般是通过在输入轴与输出轴之间加装一倒挡轴和倒挡惰轮,使倒挡比前进挡多一对(或少一对)外啮合齿轮,从而使倒挡的输出轴旋向与前进挡的输出轴旋向相反,实现拖拉机倒驶(见图 2-4)。

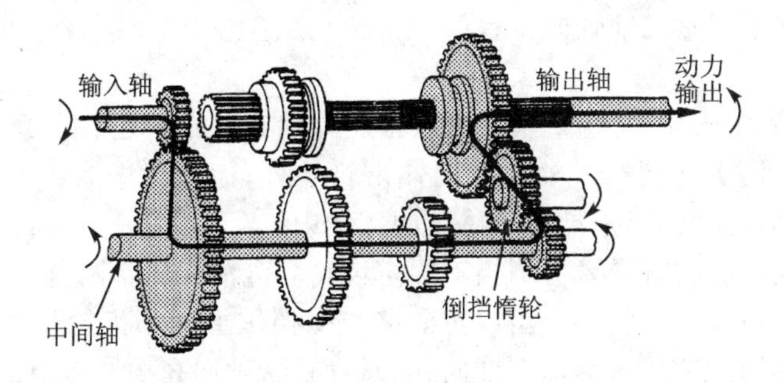

图 2-4　倒挡原理

2.1.2　典型变速器的构造与工作

1. 东方红-802 型履带式拖拉机的变速器

(1) 变速器的结构

该变速器如图 2-5 所示,属于二轴式、滑动齿轮换挡变速器,有 5+1(5 个前进挡,1 个倒挡)个排挡,由传动部分和操纵机构组成。

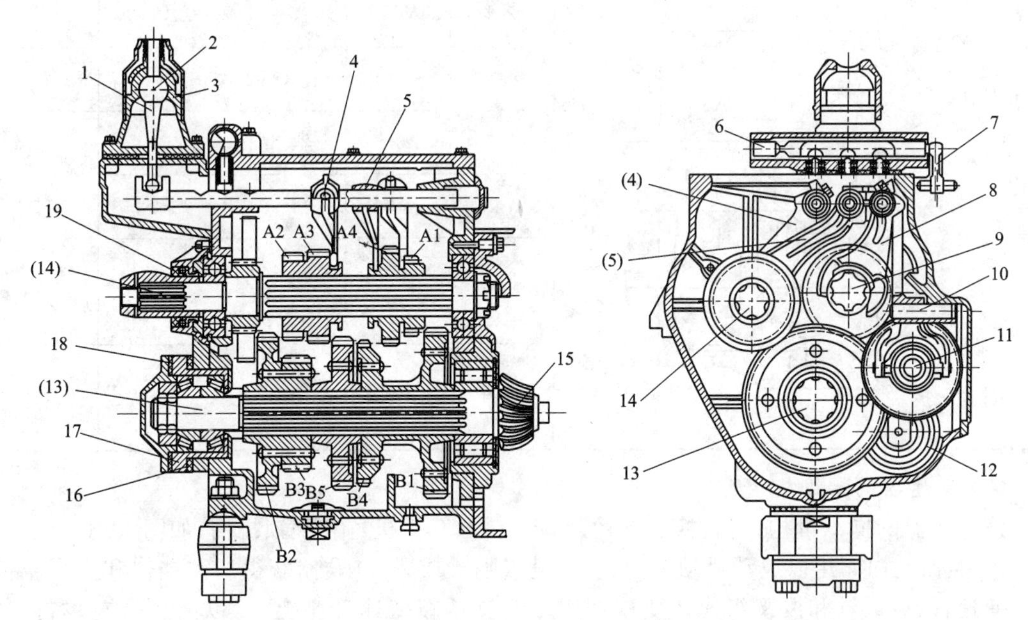

1—变速杆;2—球头;3—变速杆座;4—Ⅱ、Ⅲ挡拨叉;5—Ⅰ、Ⅳ挡拨叉;6—联锁轴;7—联锁轴臂;8—倒挡拨叉;9—倒挡轴;10—Ⅴ挡拨叉销;11—Ⅴ挡中间轴;12—溅油齿轮;13—二轴;14——轴;15—小锥齿轮;16—调整垫片;17—轴承座;18—调整垫片;19—油封

图 2-5　东方红-802 型拖拉机的变速器

变速器有一轴(输入轴)、二轴(输出轴)、Ⅴ挡轴和倒挡轴共 4 根轴。一轴前端伸出箱体,通过联轴节传动轴与离合器轴相连。轴上装有固定的常啮合齿轮和Ⅰ、Ⅳ挡及Ⅱ、Ⅲ挡双联滑动齿轮。轴的两端用向心球轴承支承在壳体上。为防止漏油,前轴承盖中装有甩油盘和油封。

二轴为输出轴，它与中央传动小锥齿轮制成一体。轴上固装Ⅰ～Ⅴ挡从动齿轮，从动齿轮采用铆接结构。二轴前端由装在轴承杯中的两口锥轴承，后端由滚柱轴承支承在变速器壳体座孔中。轴承杯与前盖间装有一组调整垫片，用于调整轴承间隙。轴承杯与壳体之间装有一组开口调整垫片，用于调整二轴轴向位置的。为防止从垫片开口处渗油，轴承杯与变速器座孔配合处装有O形密封圈。

倒挡轴上装有固定齿轮，它与一轴常啮合齿轮常啮合。轴上还装有倒挡滑动齿轮，它与二轴和Ⅳ挡齿轮啮合时，实现倒挡。轴的后端伸出箱体外，通过牙嵌离合器与动力输出轴相连接。该轴通过两个向心球轴承支承在箱体壁的座孔中。

Ⅴ挡轴前端制有常啮合齿轮，与倒挡轴固定齿轮和溅油齿轮常啮合。轴上套装Ⅴ挡齿轮，其内、外齿与二轴Ⅴ挡齿轮常啮合。当齿轮前移与Ⅴ挡轴上的小齿轮相啮合时，便获得Ⅴ挡。为了润滑Ⅴ挡轴与衬套，轴的后端钻有轴向孔和径向孔，轴向孔中装有引油管并插入箱壁铸的集油槽中。Ⅴ挡轴用两个向心球轴承支承在箱体前壁和后隔壁的座孔中。

(2) 各挡传递路线

该变速器各挡传递路线如表2-1所列。

表2-1　东方红-802型拖拉机的变速器各挡传递路线图

结构示意图	挡　位	滑动方向	传动路线	传动比
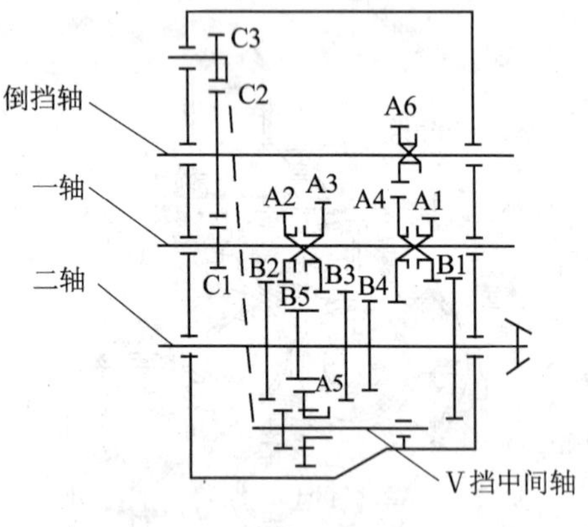 C3 C2 A6 A2 A3 A4 A1 B2 B3 B1 C1 B5 B4 A5 倒挡轴 一轴 二轴 Ⅴ挡中间轴	Ⅰ挡	A1→	一轴→A1/B1→二轴	2.647
	Ⅱ挡	←A2	一轴→A2/B2→二轴	2.263
	Ⅲ挡	A3→	一轴→A3/B3→二轴	1.82
	Ⅳ挡	←A4	一轴→A4/B4→二轴	1.52
	Ⅴ挡	←A5	一轴→C1/C2→C2/C3→A5/B5→二轴	1.154
	倒挡	←A6	一轴→C1/C2→A6/B4→二轴	4.295

(3) 变速器的操纵机构

该变速器的操纵机构包括：换挡机构、锁定机构、互锁机构和联锁机构，如图2-6所示。

① 换挡机构　用以拨动滑动齿轮，使其进入啮合或脱开啮合，获得所需挡位和实现空挡。它由变速杆、拨叉轴和拨叉组成。变速杆用球头支承在变速杆座上，可以前、后、左、右摆动。弹簧使变速杆球头紧压在球座表面上，球座上置可以减少磨损。为防止变速杆绕自身轴线旋转，球头开有纵向切槽，止转销插入槽中。变速杆下端伸入拨叉轴的凹槽中。当操纵变速杆前、后运动时，便拨动拨叉轴和固定在拨叉轴上的拨叉，使滑动齿轮挂上或脱开相应挡位。

② 锁定机构　用以保证全齿长啮合、不自动挂挡和脱挡，使驾驶员具有明显的挂挡手感。该变速器采用锁销式锁定机构。由锁销、弹簧和拨叉轴上的3个V形槽组成。锁销和弹簧装在箱体前壁孔中，并由上盖封闭。拨动拨叉轴，当V形槽与锁销相对时，锁销在弹簧力作用下嵌入槽中，使拨叉轴定位可防止自动挂挡和脱挡。拨叉安装位置与3个V形槽的距离是经过

计算确定的，完全可以保证全齿啮合。

③ 互锁机构　该变速器的互锁机构是互锁板式的，是一块固定在变速杆下方带王字形导槽的框板，用以限制变速杆下端的运动，可以防止同时挂两个挡。

④ 联锁机构　切有长槽的联锁轴装在变速器盖水平孔中，置于 3 个滑杆锁销的一端，联锁轴端装有转臂，并通过推杆与离合器踏板相连。当离合器踏板放松时，推杆拉动转臂，使联锁轴圆柱面压住锁销上端而无法抬起，使锁定更加可靠。当彻底踩下离合器踏板时，推杆向后推转臂使联锁轴上的切槽对准锁销上端。此时，锁销才能被抬起进行摘挡和换挡。因此，装有联锁机构的变速器只有将离合器踏板踩到底，即离合器彻底分离时才能摘挡和换挡。

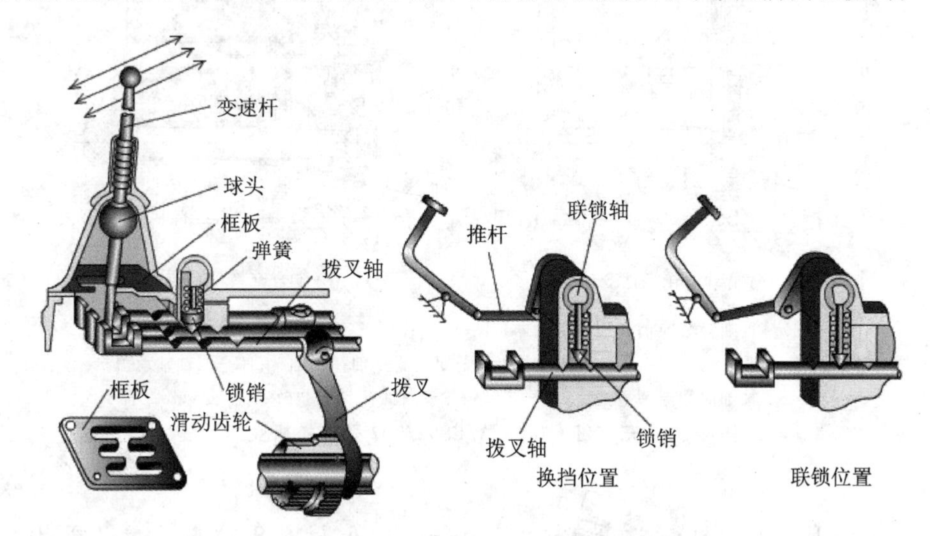

图 2-6　东方红-802 拖拉机变速器的操纵机构

2. 东方红 C702-A/C802/902 型履带拖拉机变速器

东方红 C702-A/C802/902 型履带拖拉机是东方红 70T/802/902 型履带拖拉机的换代产品，采用啮合套换挡和滑动齿轮换挡两种结构形式的变速器。变速器设有 4 个前进挡和 2 个倒挡，通过万向传动装置将动力从主离合器传入变速器。如图 2-7 所示为两种结构形式的变速器的结构图。

3. FIAT90 系列拖拉机变速器

(1) 变速器的结构

国产东方红-X /1004/1204 系列拖拉机和上海纽荷兰 SNH 系列拖拉机均采用 FIAT90 系列拖拉机变速器，其中 SNH800 型拖拉机变速器结构如图 2-8 所示。

SNH800 型拖拉机变速器是由主、副两个变速机构安装在一个箱体内的组成式变速器，主变速器为斜齿轮传动，副变速器为直齿轮传动。主变速主动轴(变速器输入轴)1 为空心轴，动力输出轴 28 从中间穿过，并与离合器轴通过花键套连接，其上通过花键连接 4 个主动齿轮。主变速从动轴 26 为齿轮轴，上面加工有 1 个直齿轮，并空套 4 个从动齿轮。4 个主动齿轮与 4 个从动齿轮两两常啮合。主变速器输出轴还通过花键连接两个换挡同步器 22、24。当同步器与输出轴上的齿轮接合时，动力便可以通过这对常啮合齿轮从主变速主动轴传递到主变速从动轴，两个同步器左右接合可形成 4 个挡位。

副变速主动轴 4 是一个空心齿轮轴，上面加工有一大两小 3 个直齿轮，动力输出轴 28 从中间穿过。其上空套着中速挡主动齿轮 7，并通过花键连接倒挡和中速挡接合套 5。副变速主

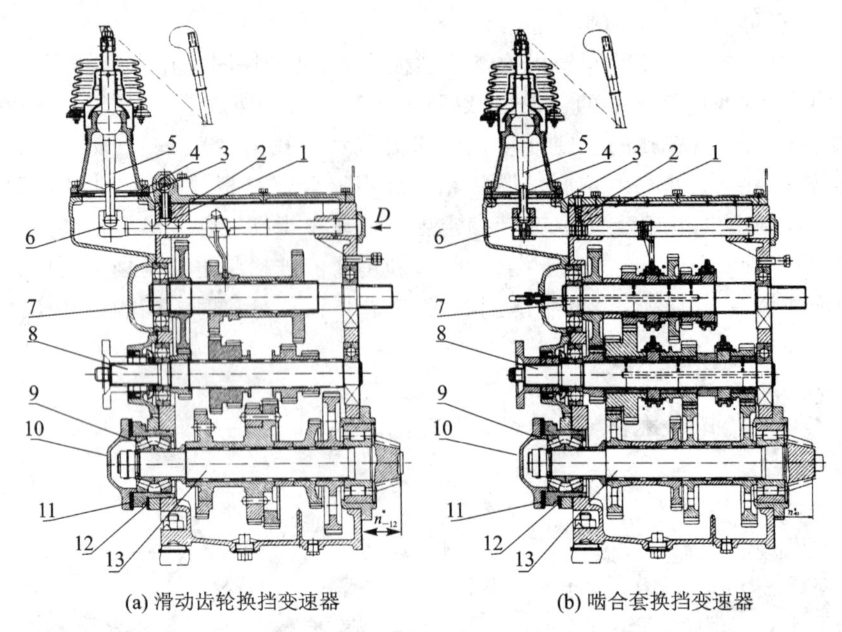

(a) 滑动齿轮换挡变速器　　(b) 啮合套换挡变速器

1—锁定销(啮合套换挡变速器为钢球)；2—弹簧；3—王字形导槽框板；4—操纵支座；
5—变速杆；6—滑杆；7—变速器中间轴；8—变速器一轴；9—轴承；10—二轴轴承盖；
11—二轴轴向间隙调整垫片；12—圆锥齿轮安装距离调整垫片；13—变速器二轴

图 2-7　东方红 C702-A/C802/902 型拖拉机变速器

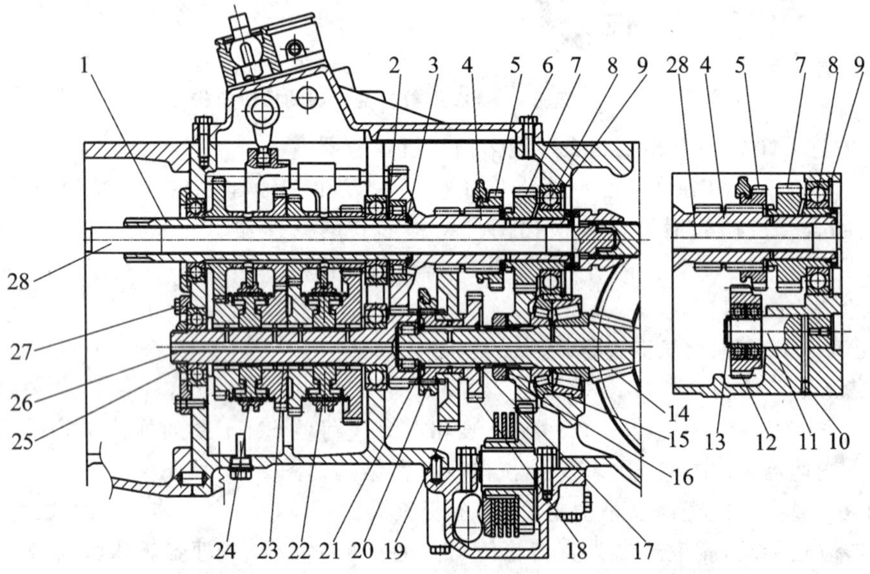

1—主变速主动轴；2—主动轴轴承垫；3—卡环；4—副变速主动轴；5—倒挡和中速挡接合套；
6—顶盖固定螺钉；7—中速挡主动齿轮；8—轴承；9—卡环；10—倒挡轴定位螺钉；11—倒挡轴；
12—倒挡中间齿轮；13—卡环；14—副变速从动轴(小锥齿轮轴)；15—锁止垫圈；
16—小锥齿轮轴固定螺母；17—止推环；18—倒挡从动齿轮；19—低速挡从动齿轮；20—高速挡和低速挡接合套；
21—卡环；22—Ⅰ挡和Ⅱ挡同步器；23—主变速从动齿轮支架轴套；24—Ⅲ挡和Ⅳ挡同步器；
25—主变速从动轴螺母；26—主变速从动轴；27—轴承盖固定螺钉；28—动力输出轴

图 2-8　SNH800 型拖拉机变速器结构

动轴 4 的大齿轮与主变速从动轴齿轮 26 常啮合。副变速从动轴 14 也是整个变速器的输出轴，同时又是驱动桥中央传动的小锥齿轮轴，其上通过花键连接低速挡从动齿轮 19 和倒挡从动齿轮 18，低速挡从动齿轮 19 与副变速主动轴上一个小齿轮常啮合，中速挡主动齿轮 7 与中速挡从动齿轮常啮合。当倒挡和中速挡接合套 5 向右移动与中速挡主动齿轮 7 接合时，即可实现中速挡（即副变速前进 2 挡）；向左移动与倒挡中间齿轮 12 及倒挡从动齿轮 18 常啮合时，即可实现倒挡（比前进挡多一级齿轮传动）。当高速挡和低速挡接合套 20 向右移动与低速挡从动齿轮 19 接合时，即可实现低速挡（即副变速前进 1 挡）；向左移动与主变速从动轴齿轮 26 接合时，即可实现高速挡（即副变速前进 3 挡，相当于副变速直接挡，比其他前进挡少两级齿轮传动）。副变速从动轴（小锥齿轮轴）14 上的中速挡从动齿轮还与驻车制动器的从动齿轮常啮合，当制动器从动齿轮被制动时，即可将小锥齿轮及后桥传动系统制动。

（2）同步器

SNH800 型拖拉机变速器的主变速机构采用同步器换挡方式。同步器换挡的基本原理是，当主从动齿轮相互接近时，在摩擦力作用下，使两个齿轮迅速达到同步状态，平稳进入啮合。同步器换挡的优点是不但可以简化驾驶员换挡操作过程，同时也可以防止因齿轮撞击磨损而降低使用寿命。

该变速器采用的同步器是惯性锁环式同步器，也是目前汽车和拖拉机广泛采用的一种同步器，如图 2-9 所示，主要由同步器齿毂、同步环、接合套（滑动齿套）、滑块（滑动片）等组成。

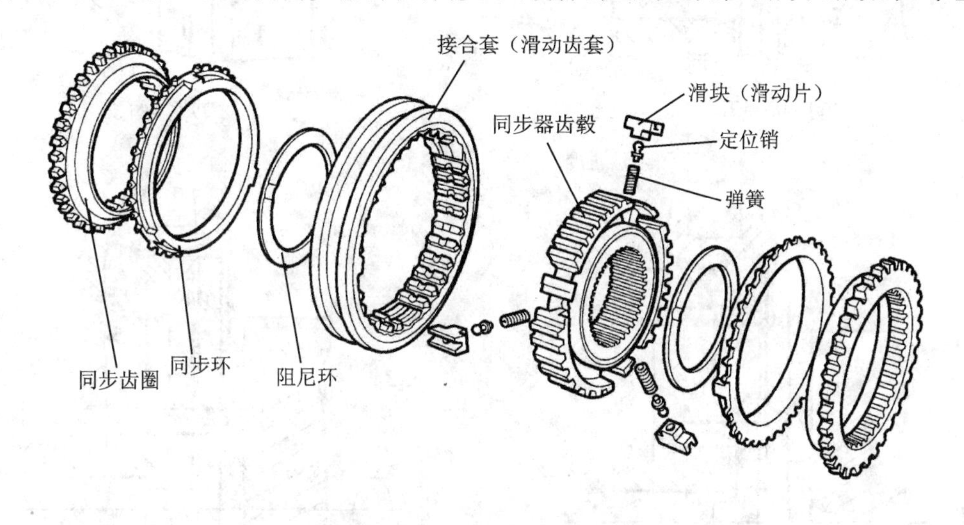

图 2-9　惯性锁环式同步器

其中，同步器齿毂以内花键与变速器轴连接。接合套套合于同步器齿毂的外花键上，挂挡时可沿花键轴移动。3 个齿形滑块位于齿毂上相应的 3 条槽内。同步环（又称锁环）位于齿毂与同步齿圈之间，用软金属材料制成，通常是黄铜、铜或粉末冶金材料，其内锥面上螺纹槽用于破坏锥面上的油膜，提高同步摩擦效果；同步齿圈与变速齿轮制成一体或用花键连接；滑块两端位于前后同步环的缺口内，只有滑块端头位于锁环缺口的中央时，接合套才能与同步环上锁止齿啮合，继续移动，挂上新挡位。

其工作原理如下：

① 同步开始　当换挡拨叉开始移动时，如图 2-10(b)所示。拨叉推动接合套、滑块、同步环移动，变速齿轮带动同步环相对于接合套转过一个角度，使滑块端头位于锁环缺口一侧，同

步环阻止接合套继续移动。

② 同步过程　在换挡拨叉推动力作用下，同步环与同步齿圈锥面压紧，两者发生强有力的摩擦作用，迅速达到同步。同步前，在惯性力作用下，同步环与接合套齿始终接触，有效防止同步前强行啮合，如图 2－10(c)所示。

③ 同步啮合　同步后，惯性力消失，同步环退转一个角度，使滑块端头位于同步环缺口中央，接合套先与同步环齿啮合，然后再与同步齿圈啮合，顺利挂上新挡位，如图 2－10(d)所示。

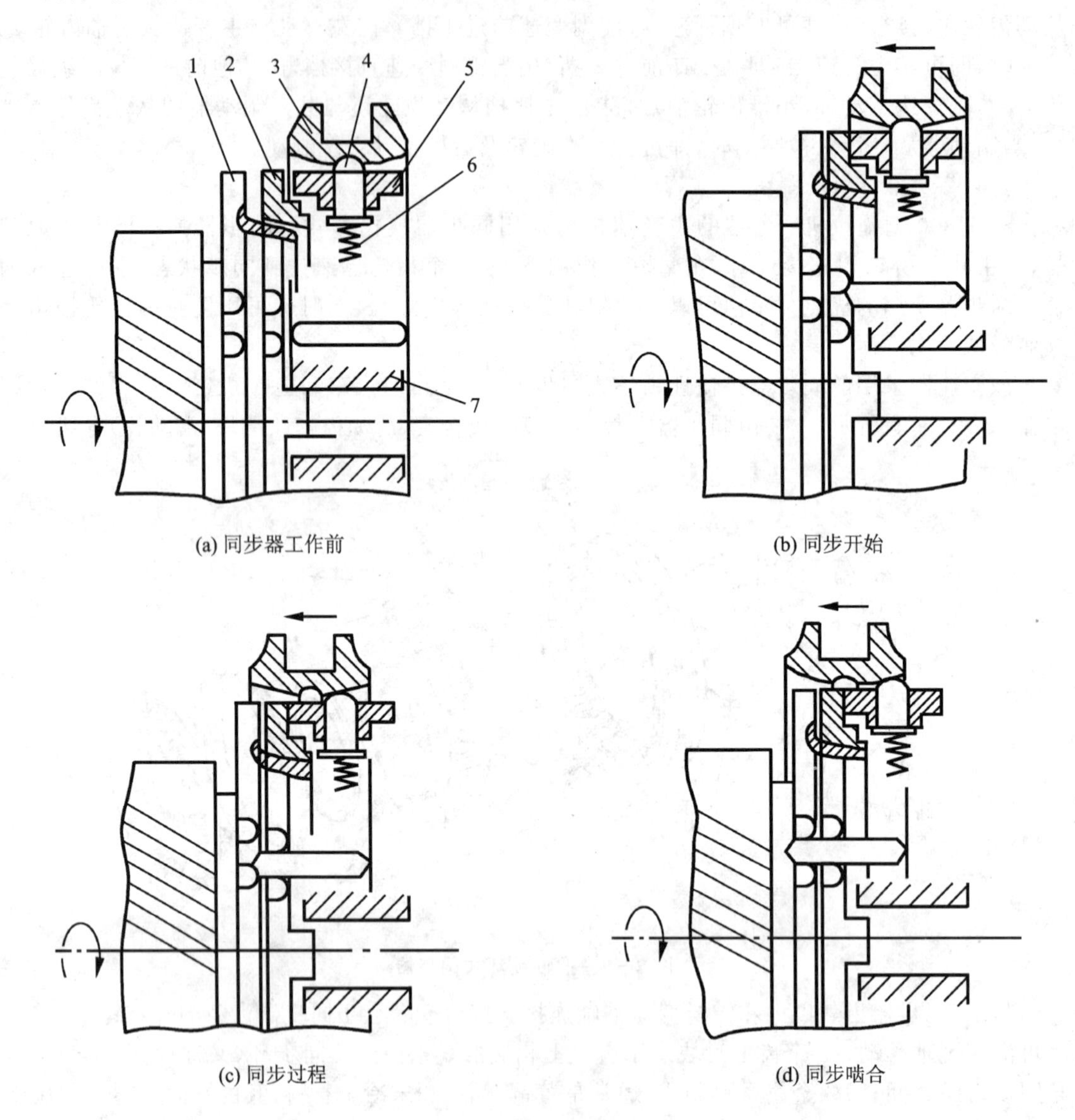

(a) 同步器工作前　(b) 同步开始

(c) 同步过程　(d) 同步啮合

1—同步齿圈；2—同步环；3—接合套；4—定位销；5—滑块；6—弹簧；7—齿毂

图 2－10　惯性锁环式同步器工作原理

(3) 各挡传递路线

SNH800 型拖拉机变速器结构示意图如图 2－11 所示，图中为空挡状态，各挡的传递路线如表 2－2 所列。

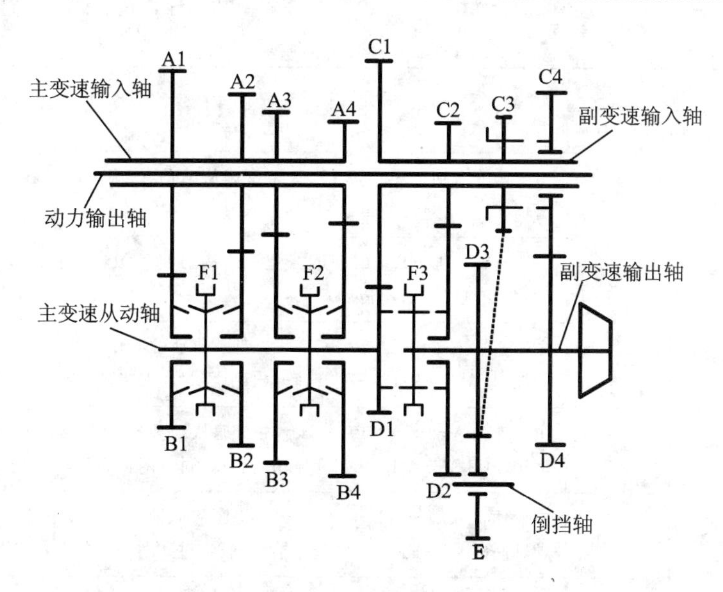

图 2-11 SNH800 型拖拉机变速器结构示意图(空挡状态)

表 2-2 SNH800 型拖拉机变速器各挡传递路线

挡位	滑动方向		传动路线	传动比
	主变速	副变速		
低Ⅰ挡	F2→	F3→	主变速输入轴→A4/B4→F2→主变速从动轴→D1/C1→副变速主动轴→C2/D2→F3→副变速输出轴(经过 3 对齿轮传动)	13.618
低Ⅱ挡	←F2	F3→	主变速输入轴→A3/B3→F2→主变速从动轴→D1/C1→副变速主动轴→C2/D2→F3→副变速输出轴(经过 3 对齿轮传动)	9.372
低Ⅲ挡	F1→	F3→	主变速输入轴→A2/B2→F1→主变速从动轴→D1/C1→副变速主动轴→C2/D2→F3→副变速输出轴(经过 3 对齿轮传动)	6.501
低Ⅳ挡	←F1	F3→	主变速输入轴→A1/B1→F1→主变速从动轴→D1/C1→副变速主动轴→C2/D2→F3→副变速输出轴(经过 3 对齿轮传动)	4.538
中Ⅰ挡	F2→	C3→	主变速输入轴→A4/B4→F2→主变速从动轴→D1/C1→副变速主动轴→C3→C4/D4→副变速输出轴(经过 3 对齿轮传动)	5.831
中Ⅱ挡	←F2	C3→	主变速输入轴→A3/B3→F2→主变速从动轴→D1/C1→副变速主动轴→C3→C4/D4→副变速输出轴(经过 3 对齿轮传动)	4.013
中Ⅲ挡	F1→	C3→	主变速输入轴→A2/B2→F1→主变速从动轴→D1/C1→副变速主动轴→C3→C4/D4→副变速输出轴(经过 3 对齿轮传动)	2.784
中Ⅳ挡	←F1	C3→	主变速输入轴→A1/B1→F1→主变速从动轴→D1/C1→副变速主动轴→C3→C4/D4→副变速输出轴(经过 3 对齿轮传动)	1.943
高Ⅰ挡	F2→	←F3	主变速输入轴→A4/B4→F2→主变速从动轴→D1→F3→副变速输出轴(经过 1 对齿轮传动)	2.476
高Ⅱ挡	←F2	←F3	主变速输入轴→A3/B3→F2→主变速从动轴→D1→F3→副变速输出轴(经过 1 对齿轮传动)	1.704

续表 2-2

挡 位	滑动方向		传动路线	传动比
	主变速	副变速		
高Ⅲ挡	F1→	←F3	主变速输入轴→A2/B2→F1→主变速从动轴→D1→F3→副变速输出轴(经过1对齿轮传动)	1.182
高Ⅳ挡	←F1	←F3	主变速输入轴→A1/B1→F1→主变速从动轴→D1→F3→副变速输出轴(经过1对齿轮传动)	0.825
倒Ⅰ挡	F2→	←C3	主变速输入轴→A4/B4→F2→主变速从动轴→D1/C1→副变速主动轴→C3/E→E/D3→副变速输出轴(经过4对齿轮传动)	5.234
倒Ⅱ挡	←F2	←C3	主变速输入轴→A3/B3→F2→主变速从动轴→D1/C1→副变速主动轴→C3/E→E/D3→副变速输出轴(经过4对齿轮传动)	3.602
倒Ⅲ挡	F1→	←C3	主变速输入轴→A2/B2→F1→主变速从动轴→D1/C1→副变速主动轴→C3/E→E/D3→副变速输出轴(经过4对齿轮传动)	2.499
倒Ⅳ挡	←F1	←C3	主变速输入轴→A1/B1→F1→主变速从动轴→D1/C1→副变速主动轴→C3/E→E/D3→副变速输出轴(经过4对齿轮传动)	1.744

(4) 变速器的操纵机构

SNH800型拖拉机变速器的操纵机构包括:换挡机构、锁定机构(自锁机构)、互锁机构,如图2-12所示。

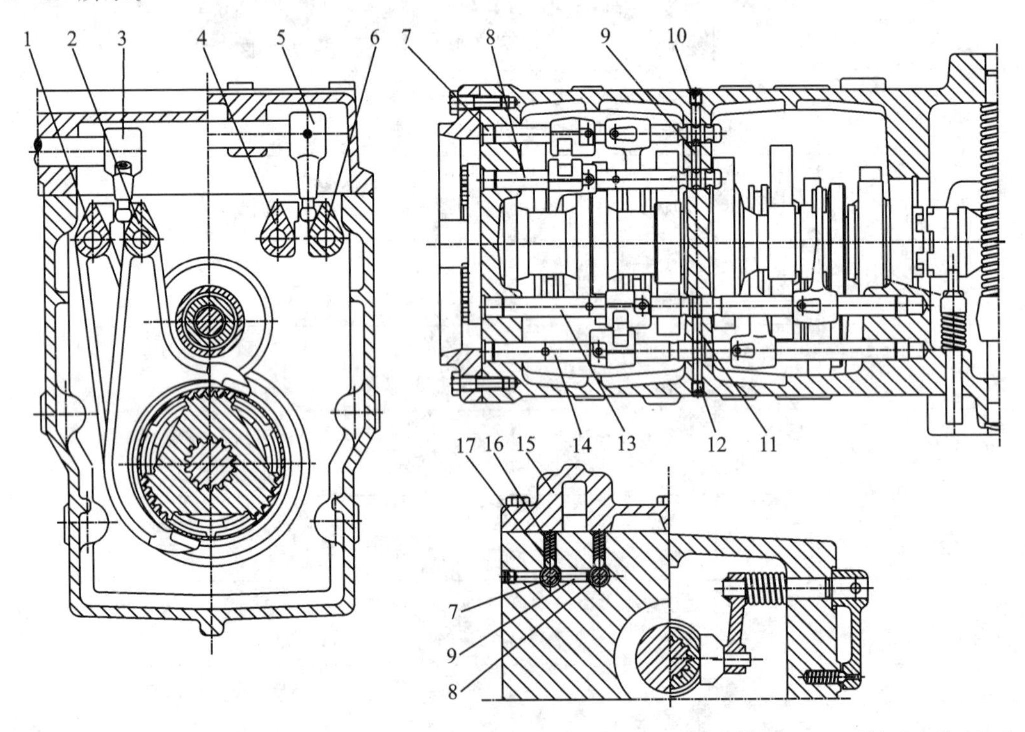

1—Ⅰ挡和Ⅱ挡拨叉;2—Ⅲ挡和Ⅳ挡拨叉;3—主变速内传动拨头;4—中速挡和倒挡拨叉;5—副变速内传动拨头;6—高速挡和低速挡拨叉;7—Ⅰ挡和Ⅱ挡拨叉轴;8—Ⅲ挡和Ⅳ挡拨叉轴;9、11—互锁销;10、12—螺塞;13—中速挡和倒挡拨叉轴;14—高速挡和低速挡拨叉轴;15—变速器盖;16—锁定弹簧;17—锁定钢球

图2-12 SNH800型拖拉机变速器操纵机构

① 换挡机构　如图 2－13 所示为 SNH800 型拖拉机的主变速换挡机构。其副变速换挡机构与此相同。换挡机构由换挡操纵杆、外传动拨头、传动杆、内传动拨头、换挡拨叉及拨叉轴（见图 2－12）组成。两个手动换挡操纵杆分别安装在球头支座上，换挡操纵杆拨头与外传动拨头球头连接。当左右（从驾驶员的位置观察）移动换挡操纵杆时，通过外拨头可拉动传动杆，带动内传动拨头左右移动选择换挡拨叉；当前后移动换挡操纵杆时，带动外拨头、传动杆和内传动拨头前后摆动，内传动拨头推动换挡拨叉在拨叉轴上前后移动，带动相应的接合套或同步器挂上相应的挡位。

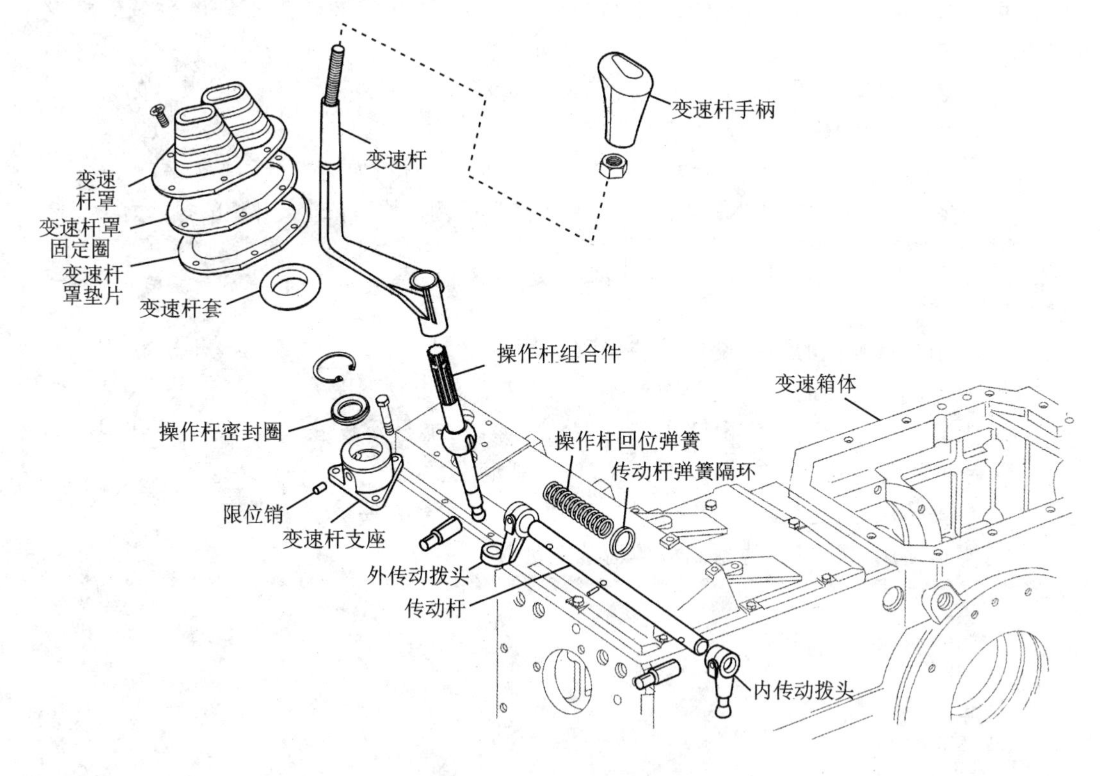

图 2－13　主变速换挡机构

② 锁定机构　该变速器采用钢球式锁定机构。如图 2－12 所示，由锁定弹簧 16、锁定钢球 17 和拨叉轴上的锁定凹槽组成。当任何一根拨叉做轴向移动到空挡或某个挡位时，必有一个凹槽正好对准锁定钢球，钢球在锁定弹簧压力作用下嵌入凹槽内，以防止拨叉轴自行移动，起到定位的作用。

③ 互锁机构　该变速器采用互锁销式互锁机构，如图 2－12 所示，由互锁销 9、11 和拨叉轴上的互锁凹槽组成。互锁销安装于两拨叉轴之间的箱体壁内，其长度刚好等于相邻两根拨叉轴表面之间的距离加上一个凹槽的深度。在空挡位置时，两相邻拨叉轴上的互锁凹槽与互锁销处于同一直线上，在两个凹槽之间有半个凹槽的空间，此时拨动任何一个拨叉轴时，互锁销一端将被挤进另一个拨叉轴的凹槽内，使这个拨叉轴不能移动而被锁定，防止同时拨动两根拨叉轴，即可防止同时挂入两个挡位。

2.2 变速器的拆装与调整

引导：

除变速器操纵机构的一些故障可以通过打开变速器盖就车维修之外。一般因零部件磨损、损坏等原因需要进行调整或换件维修时，均需要将变速器从车上拆下进行解体维修。可通过变速器的拆装熟悉变速器的结构与工作原理，掌握轴类零件的拆装和调整方法。

1. 拆装SNH800型拖拉机的变速器需要哪些专用工具？在没有专用工具的情况如何进行拆装？
2. SNH800型拖拉机的变速器装配时有哪些调整部位，如何进行调整？
3. 查阅相关资料，确定SNH800型拖拉机变速器的调整数据和连接部位的扭紧力矩值。

提示：

1. 采用合适吨位的吊装设备吊装和移动所有重型部件。吊装和移动时应确保装置或零件有合适的吊索或挂钩支撑。确保起吊的重物下无人。
2. 大多数变速器齿轮润滑油中都含有硫元素，可能导致皮肤发炎，所以工作时应戴手套。万一手与齿轮润滑油接触，要用肥皂反复洗净。
3. 在安装齿轮、花键轴等带尖角的零部件时，要注意不要被尖角划伤。
4. 不得使用汽油或其他易燃液体清洗零部件。

2.2.1 变速器总成的拆装

1. 准备工作

① 待修拖拉机；
② 常用拆装工具；
③ 变速器专用拆装工具，厂家提供；
④ 变速器专用调整工具，厂家提供；
⑤ 千分尺、百分表等测量工具；
⑥ 吊装设备及吊索；
⑦ 专用支撑台架；
⑧ 零件摆放台和盛油盆。

2. 车上拆下变速器总成

技术提示：

变速器的拆装主要是轴、套、销类零件的拆装，这些零件之间有些是紧配合(过渡或过盈配合)。拆装这些零件时不能生硬敲击，特别是轴承拆装，一般需要用专用工具。有经验的技师给出在拆装变速器时应注意的事项：

1. 在敲击钢制件或铝制件时，要用铜、橡胶或塑料锤子。

2. 许多部件两个方向都可以安装上去,但通常只有一个方向才是对的。
3. 如果用力过大,可能导致部件损坏。
4. 一个非常好的拆卸习惯是:将拆下的连接件(如螺栓、螺母、垫圈等),在不影响其他零件拆卸时按原位拧回;将相关连接部件按顺序摆放;有方位要求的先做好记号再拆卸;容易丢失的小部件集中保管。最好能将所有拆下的部件按厂家零件图册分类编号,这样做会对将来的重新装配带来极大的方便。

由于大多数轮式拖拉机的变速器与后驱动桥是连成一体的齿轮箱,因此,变速器总成的车上拆卸实际上是变速器/后驱动桥的车上拆卸。为了从拖拉机上拆下变速器,应先拆卸离合器再拆下驾驶平台,然后将发动机与离合器壳体分离。随后进行下列操作:

① 将支架 1 放到离合器壳下,在它们中间插入一个木块 3(见图 2-14)。拆下后轮,如有必要,在最终传动下放两个固定台架。

② 拆下传动箱(或驻车制动器)上的放油堵塞 1,放掉变速器壳体中的油液(见图 2-15)。

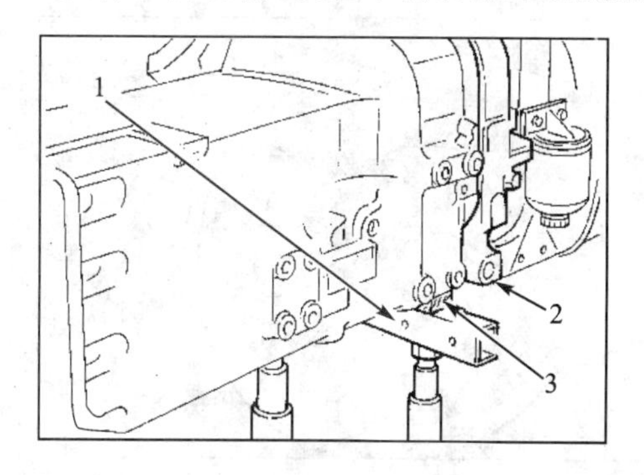

1—支架;2—变速器;3—木块

图 2-14　将离合器壳与变速器可靠支承

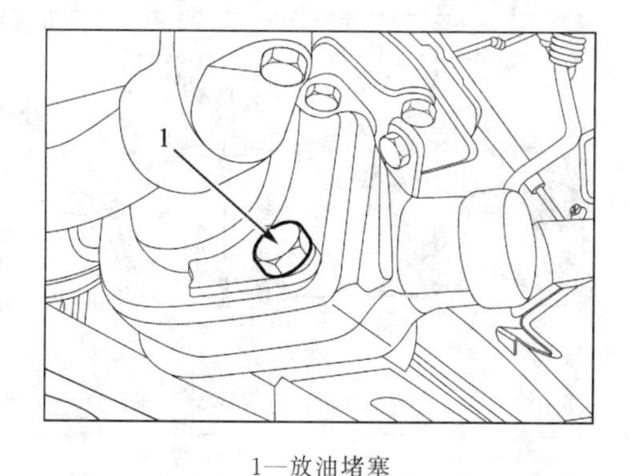

1—放油堵塞

图 2-15　拆下传动箱上的放油堵塞

③ 拆下变速器盖 1(见图 2-16)。

④ 拧下液压升降器固定螺栓,用吊钩 1 拆下液压升降器(见图 2-17)。

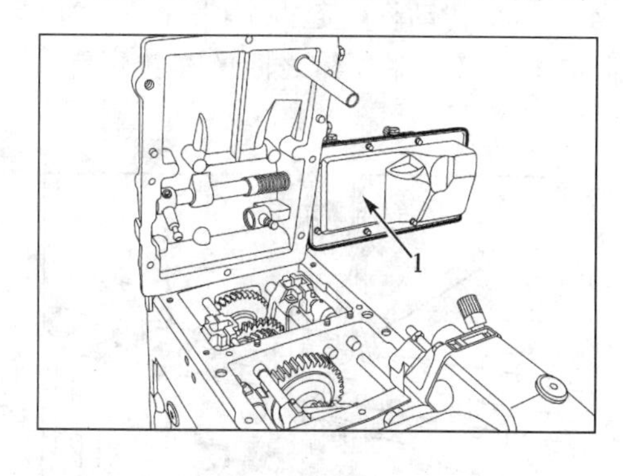

1—变速器盖

图 2-16　拆下变速器盖

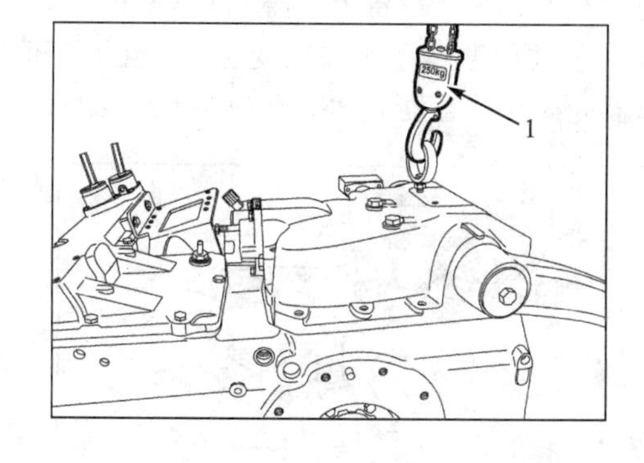

1—吊钩

图 2-17　拆下液压升降器

⑤ 拧下底座固定螺栓 1,取出后桥箱底座 2(见图 2-18)。

⑥ 用一根吊带或吊链将动力输出轴组件 1 连到吊装设备上,拧松固定螺栓,从变速器上拆下组件(见图 2-19)。

⑦ 用一根吊带连接右侧最终传动装置 1，拧松螺母并用拉拔工具将该装置从变速器上拆下，拆下行车制动器 3 和制动盘 4。照此拆下左侧最终传动装置及制动器（见图 2－20）。

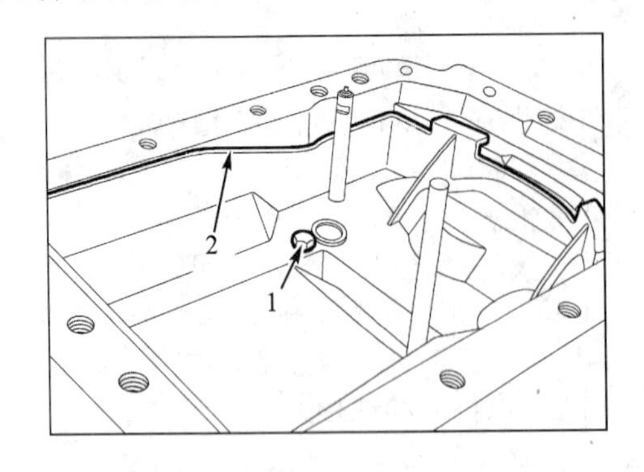

1—固定螺栓；2—后桥箱底座

图 2－18　取出后桥箱底座

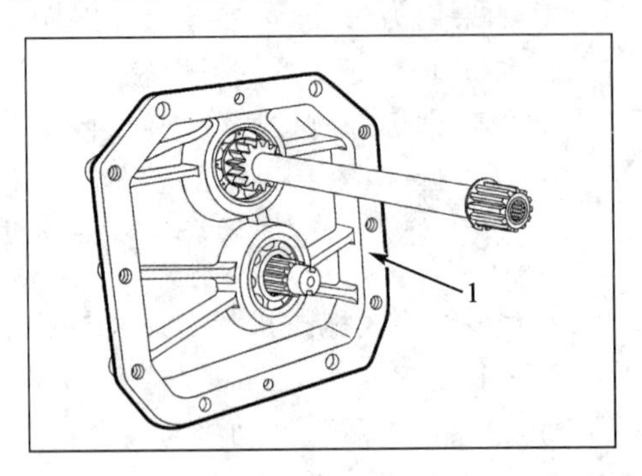

1—动力输出轴组件

图 2－19　拆下动力输出轴组件

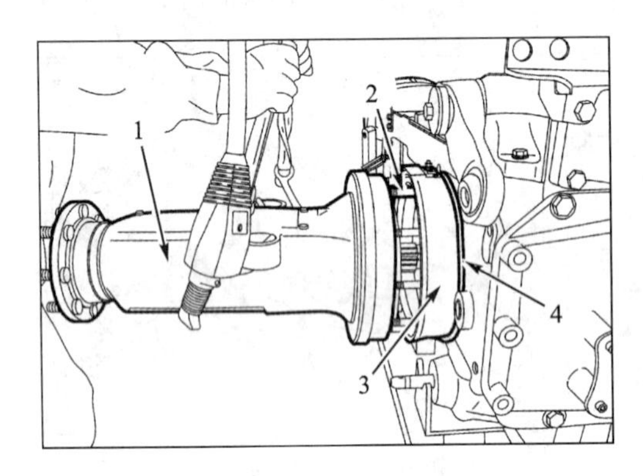

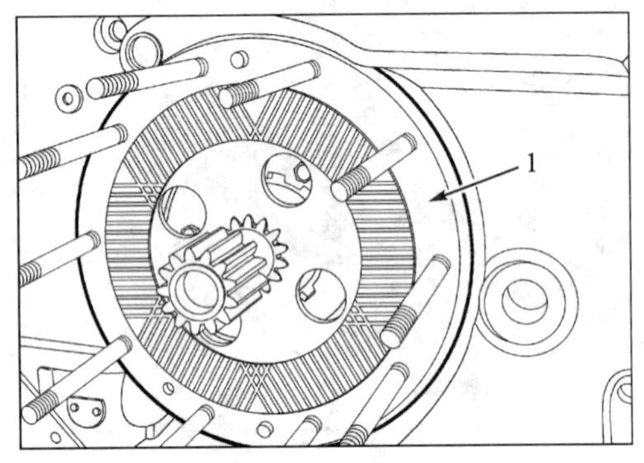

1—最终传动装置；2—双头螺柱；3—制动器壳体；4—制动盘

图 2－20　拆下最终传动装置和行车制动器

⑧ 拆下力位调节控制装置放油堵塞 2，从挠性杆支座将油放掉。用一根吊带将挠性杆 1 的末端连到吊装设备上，拧松固定螺栓并将此组件连同内部传动杆一起拆下（见图 2－21）。

⑨ 将吊装链条 1 勾在变速器 2 上，拧下变速器壳体与离合器壳体之间的连接螺钉，将变速器壳体与离合器壳体分开（见图 2－22）。

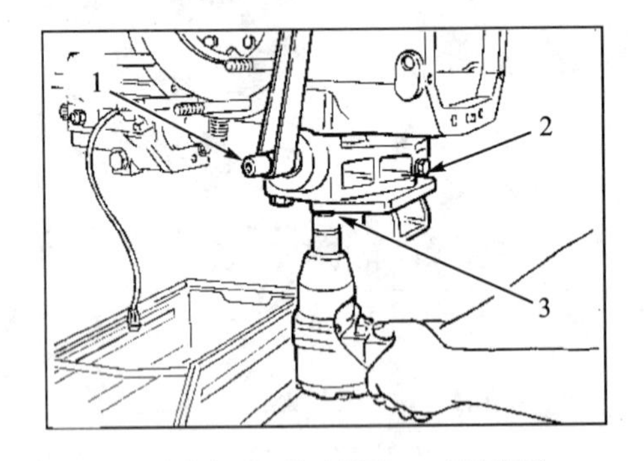

1—挠性杆；2—放油堵塞；3—固定螺栓

图 2－21　拆下力位调节控制装置

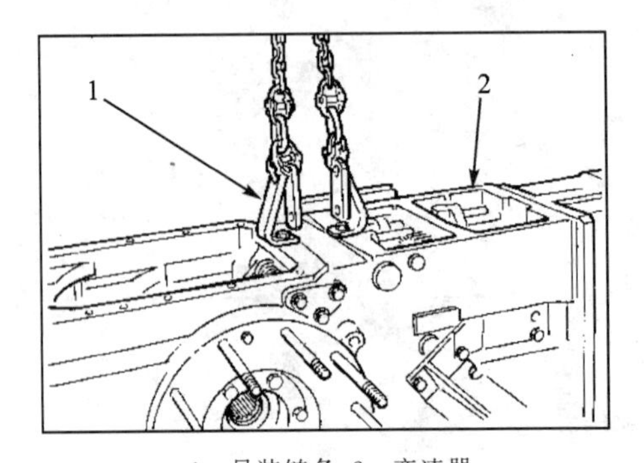

1—吊装链条；2—变速器

图 2－22　将变速器壳体与离合器壳体分离

2.2.2　变速器的解体与装配

1. 变速器的解体

① 将变速器翻转 180°，拧松螺栓 1，拆下分动箱 2（四轮驱动为分动箱带驻车制动器，两轮驱动为驻车制动器）（见图 2-23）。

② 将变速器翻转回来，用一个冲头冲出换挡拨叉固定销 1，拆下主、副变速杆拨叉轴，取出副变速倒挡和中速挡拨叉。用磁力棒取出锁定弹簧和锁定钢球。拧下变速器侧面的两个螺钉，取出两个变速杆拨叉轴互锁销（见图 2-24）。

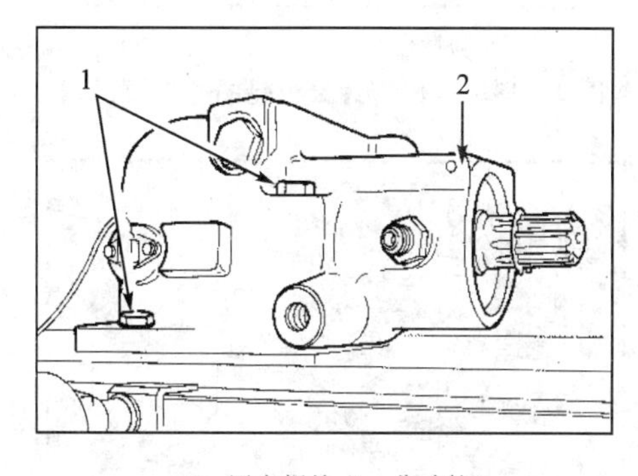

1—固定螺栓；2—分动箱

图 2-23　拆下分动箱（或驻车制动器）

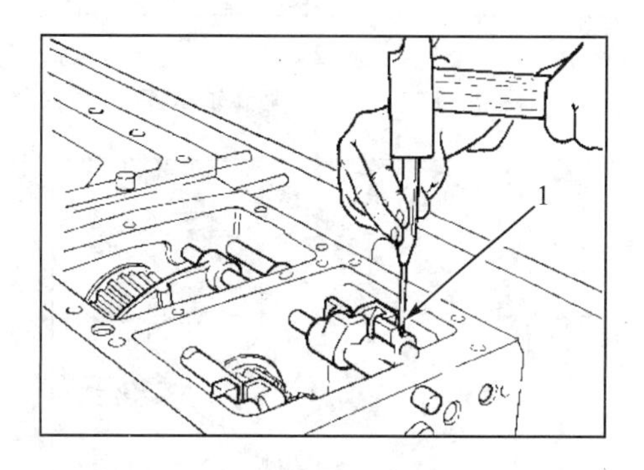

1—换挡拨叉固定销

图 2-24　拆下换挡拨叉轴及锁定机构

③ 拆下差速锁拨叉轴操纵臂、挡板及调整垫片 2（见图 2-25）。

④ 用一个冲头冲下差速器锁接合拨叉 1 的固定销 2，抽出拨叉轴 4，拆下弹簧 3 和拨叉（见图 2-26）。

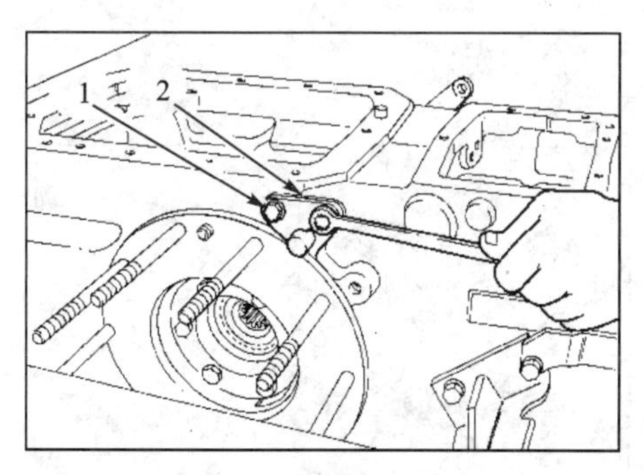

1—固定螺栓；2—挡板及调整垫片

图 2-25　拆下差速锁操纵臂、挡板及调整垫片

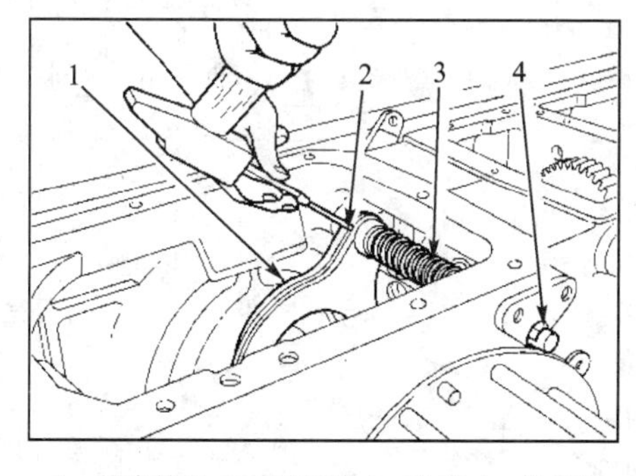

1—接合拨叉；2—固定销；3—弹簧；4—拨叉轴

图 2-26　拆下差速锁操纵装置

⑤ 取出差速器轴承座（在两侧）固定螺栓 1（见图 2-27）。

⑥ 拆下差速器轴承座 2 和调整垫片 1（在两侧），然后从后桥箱内将大锥齿轮连同差速器总成一起取出（见图 2-28）。

⑦ 拧松主变速从动轴固定螺母 1（见图 2-29）。

⑧ 拆下后部的副变速主动轴轴承固定卡环 1（见图 2-30）。

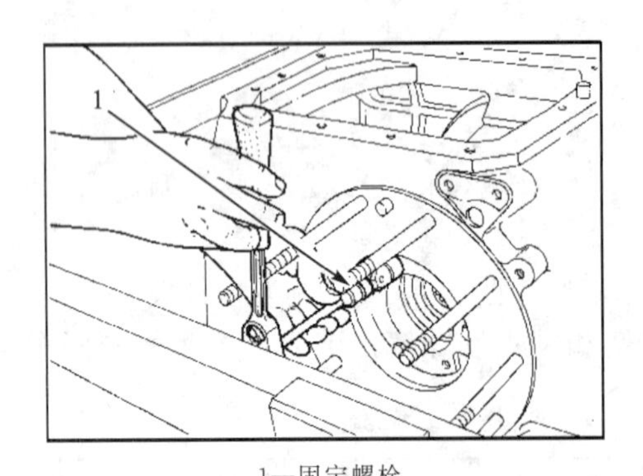

1—固定螺栓

图 2-27　拆下差速器轴承座

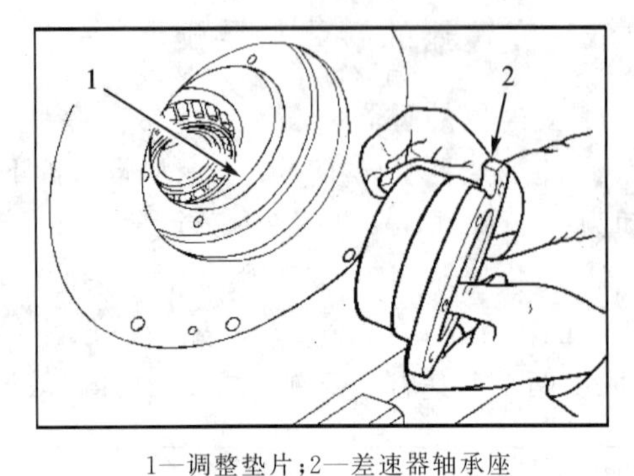

1—调整垫片；2—差速器轴承座

图 2-28　取出带大锥齿轮的差速器总成

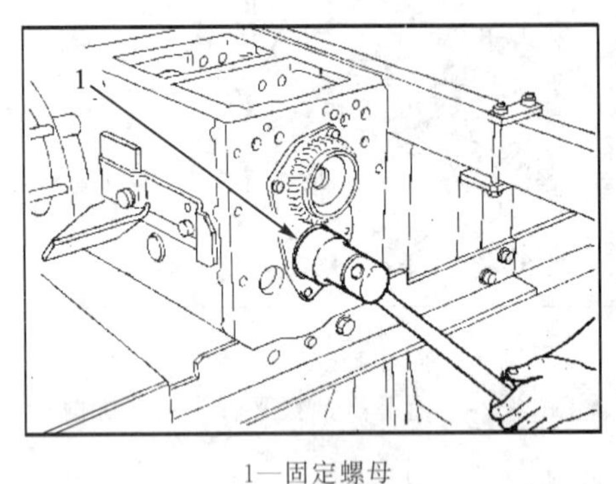

1—固定螺母

图 2-29　拧松主变速从动轴固定螺母

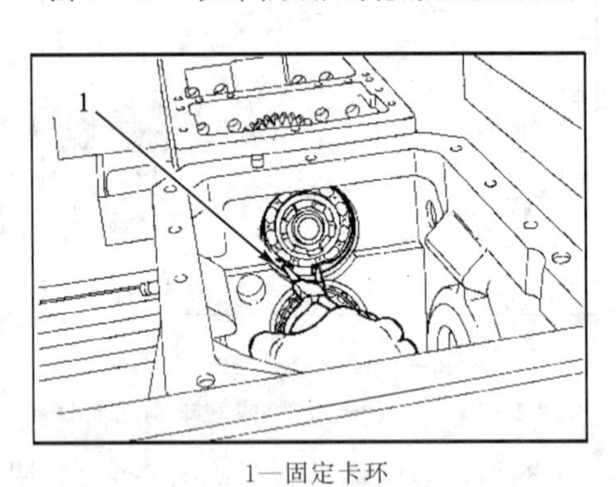

1—固定卡环

图 2-30　拆下副变速主动轴轴承固定卡环

⑨ 用一把锤子和一个铜棒 1 将带球轴承和滚针轴承的中速挡主动齿轮 2 及带倒挡滑动齿轮 3 的啮合套一起抽出(见图 2-31)。

⑩ 取出副变速主动齿轮轴和低/高速挡拨叉(见图 2-32)。

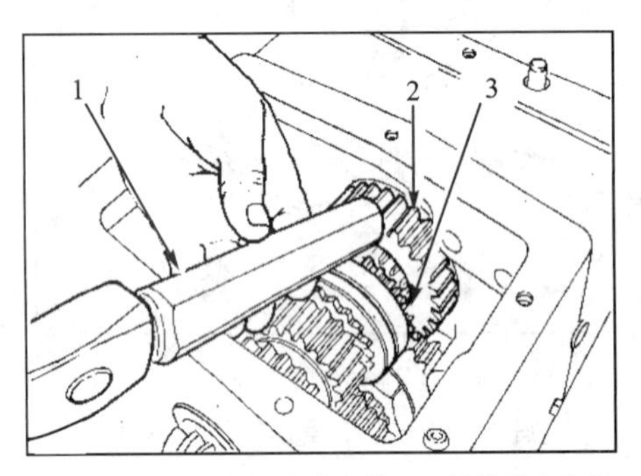

1—铜棒；2—中速挡主动齿轮；3—倒挡滑动齿轮

图 2-31　拆下中速挡主动齿轮及倒挡滑动齿轮

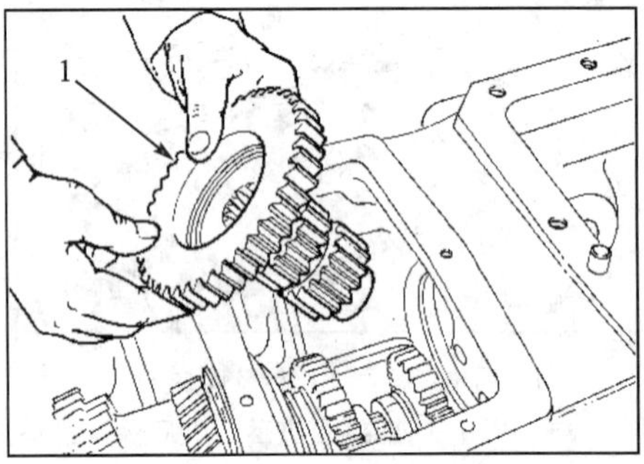

1—副变速主动齿轮轴

图 2-32　取出副变速主动齿轮轴

⑪ 拆下主变速主动轴后轴承 2 的卡环 1(见图 2-33)。

⑫ 将专用工具 2 安装到主动轴上，用拉拔工具 1 顶出主动轴，取出轴承、齿轮及相关轴套(见图 2-34)。

⑬ 松开小锥齿轮轴承调整螺母 1 的锁片，拧松调整螺母(见图 2-35)。

⑭ 拧紧小锥齿轮 3 上的专用工具接头 2，用拉拔工具 1 沿图示方向将小锥齿轮移动几毫米(见图 2-36)。

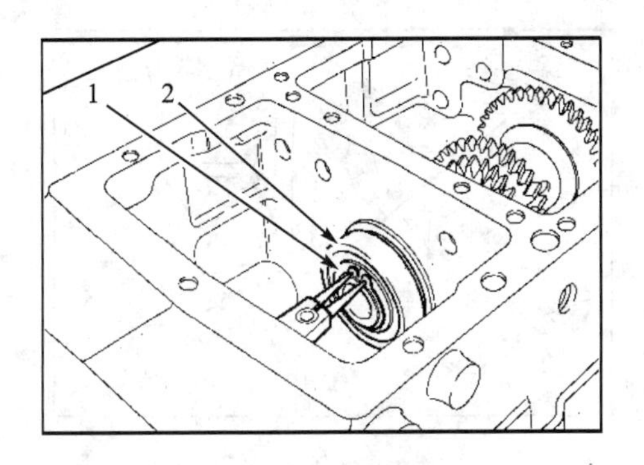

1—卡环；2—轴承

图2-33　拆下主变速主动轴后轴承卡环

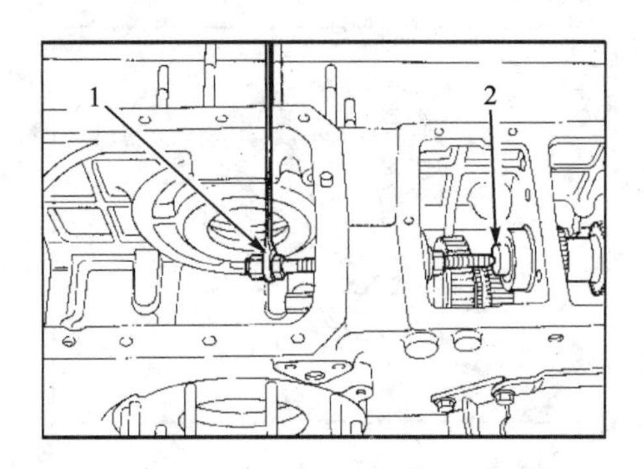

1—拉拔工具；2—专用工具(厂家工具号为50006)

图2-34　用拉拔工具顶出主动轴

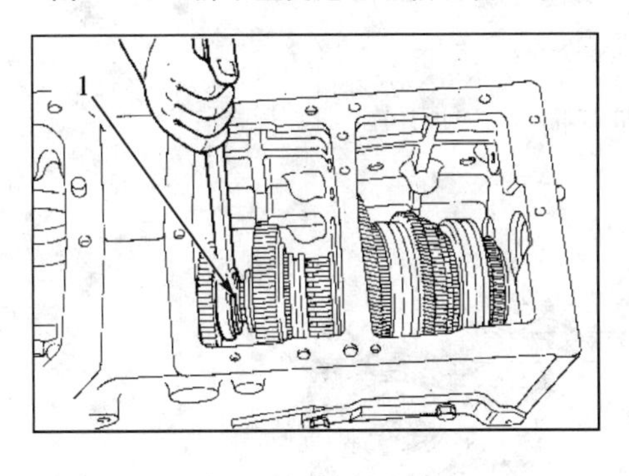

1—调整螺母

图2-35　拧松小锥齿轮轴轴承调整螺母

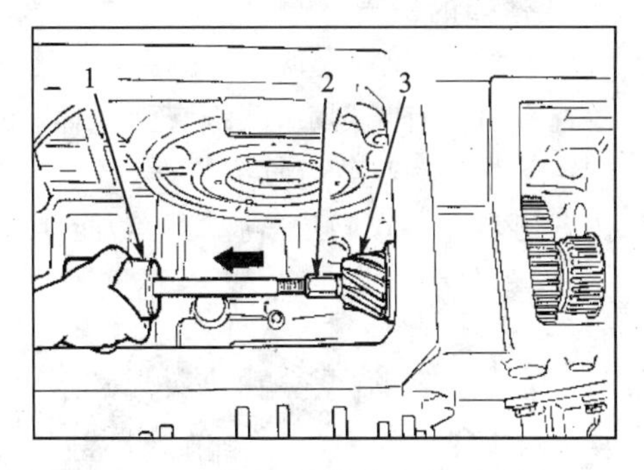

1—拉拔工具；2—专用工具接头(厂家工具号为50144)；3—小锥齿轮轴

图2-36　将小锥齿轮拉出几毫米

⑮ 移动高/低速挡啮合套1直至可以插入卡环钳，拆下高/低速挡啮合套齿毂的固定卡环2(见图2-37)。

⑯ 沿箭头所示方向移动倒挡从动齿轮1，拆下两个定位开口环2，拧出小锥齿轮轴轴承调整螺母3，并抽出小锥齿轮轴及其上的所有零件(见图2-38)。

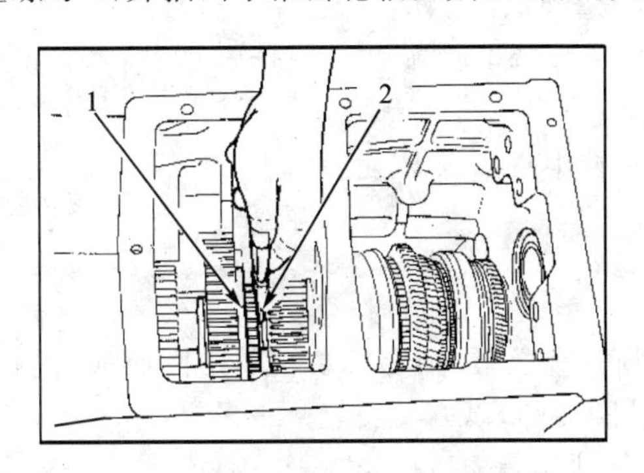

1—高/低速挡啮合套；2—卡环

图2-37　拆下高/低速挡啮合套齿毂的固定卡环

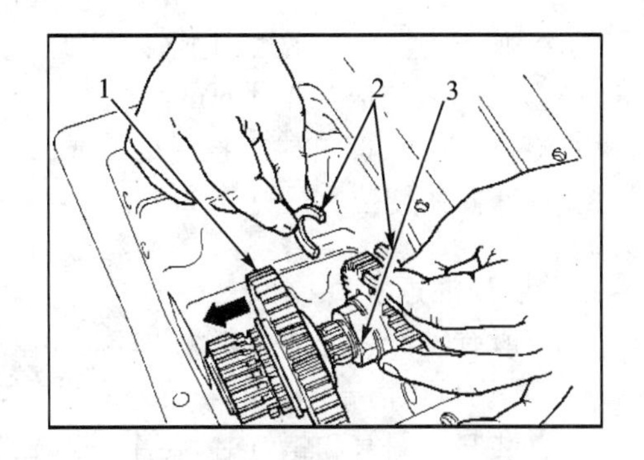

1—倒挡从动齿轮；2—定位开口环；3—调整螺母

图2-38　取下倒挡从动齿轮的两个定位开口环

⑰ 拧松主变速从动轴轴承盖固定螺栓3，拆下轴承盖1和轴承2(见图2-39)。

⑱ 用一个黄铜冲头2和锤子敲击主变速器从动轴的前端，抽出从动轴1，并拆除其所有零件(包括两个换挡拨叉、两个同步器及各挡从动齿轮)(见图2-40)。

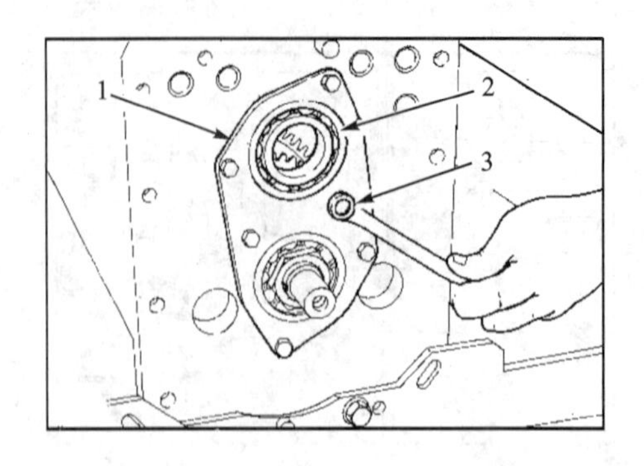

1—轴承盖；2—轴承；3—固定螺栓

图 2-39　拆下主变速从动轴轴承盖

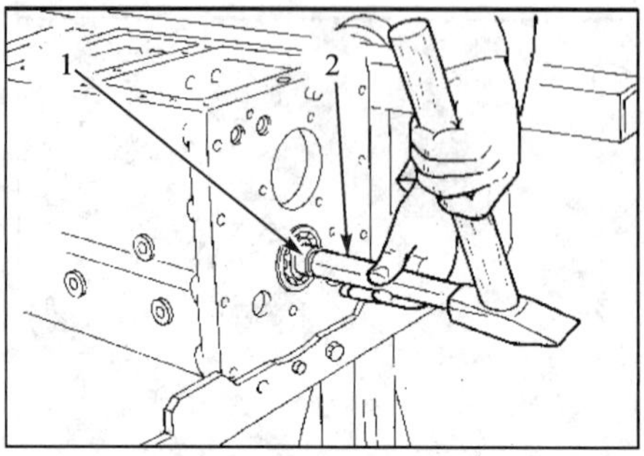

1—主变速从动轴；2—黄铜冲头

图 2-40　拆下主变速从动轴及其上所有零件

2. 变速器的检查

(1) 检查密封件

检查密封件有无划痕，凸缘有无损坏和扭曲，如有损坏必须更换。

(2) 检查同步器弹簧的功能

按下列步骤检查同步器弹簧的功能(见图 2-41)：

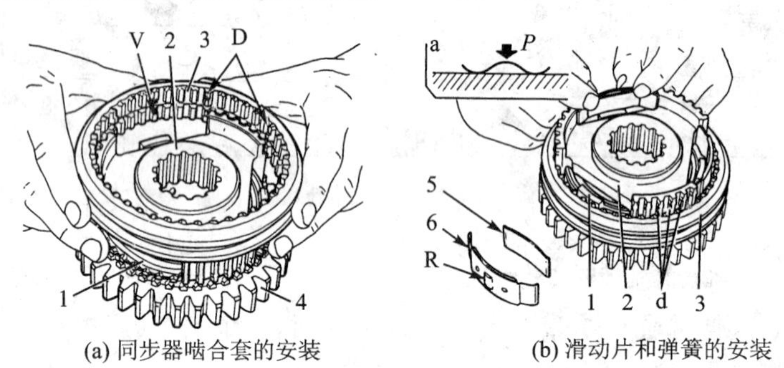

(a) 同步器啮合套的安装　　(b) 滑动片和弹簧的安装

a—检查滑动片弹簧；d—卡肩；P—使用载荷；R—滑动片凸缘；D—阶梯形齿圈；

1—同步器摩擦锥套；2—同步器摩擦锥毂；3—接合套；4—从动齿轮；5—弹簧片；6—滑动片

图 2-41　同步器的检查和安装

① 将弹簧放置在水平表面上(见图 2-41(b))，在弹簧中心施加 31～34 N 的载荷，并检查弹簧的变形量，其值应为 1.4 mm。

② 检查滑动片 6，其应无挠曲变形或凹陷，尤其在中央凸缘 R 处。

3. 变速器的装配

变速器装配注意事项：

1. 所有零件装配前应用无毒不易燃溶剂彻底清洗。往轴上安装轴承内圈前应对内圈加热，往壳体孔上安装外圈之前应对外圈冷却，以方便安装；
2. 装开槽螺塞和螺钉时，要涂乐泰 262 型密封胶，装配后检查是否漏油；
3. 同步器总成装配后，应手动挂挡检查挡位是否正确到位；
4. 拨叉装配后检查挂挡是否顺当，不允许卡滞；
5. 安装轴承及油封前应在接合面上涂上机油；
6. 所有标记 X 的接合面装配前必须清洗干净，涂直径为 2 mm 的密封胶；

7. 主、副变速装配后应进行试运转，各挡位挂挡后应能正常运转，不允许脱挡和卡滞现象，也不允许有非正常撞击声和噪声。

当安装变速器时，参照图 2-8 中所示各零件的正确位置，按下列步骤调整和装配：

(1) 同步器安装(如图 2-41 所示)

① 将同步器摩擦锥套 1 和锥毂 2 安装到带有附属摩擦环的从动齿轮 4 上，安装时应将摩擦锥套 3 个扇形齿置于锥毂的缺齿部位内，从动齿轮摩擦环的锥面应与同步环的内锥面相配。

② 安装接合套 3 时，应将同步器摩擦锥毂 2 上的 3 个扇形齿正好放在接合套有台阶齿的三段宽度范围内，如图中的 D 所示。

③ 把弹簧片 5 按图中所示方向放在滑动片 6 上，再将它安装在接合套的凹座里。

④ 安装第 2 个摩擦锥环，安装时与第 1 个摩擦锥环对齐，然后装另一侧的从动齿轮。

⑤ 用手前、后方向移动接合套，检查同步器功能。

(2) 主变速从动轴的安装

① 主变速从动轴及其上所有零部件位置关系如图 2-42 所示。

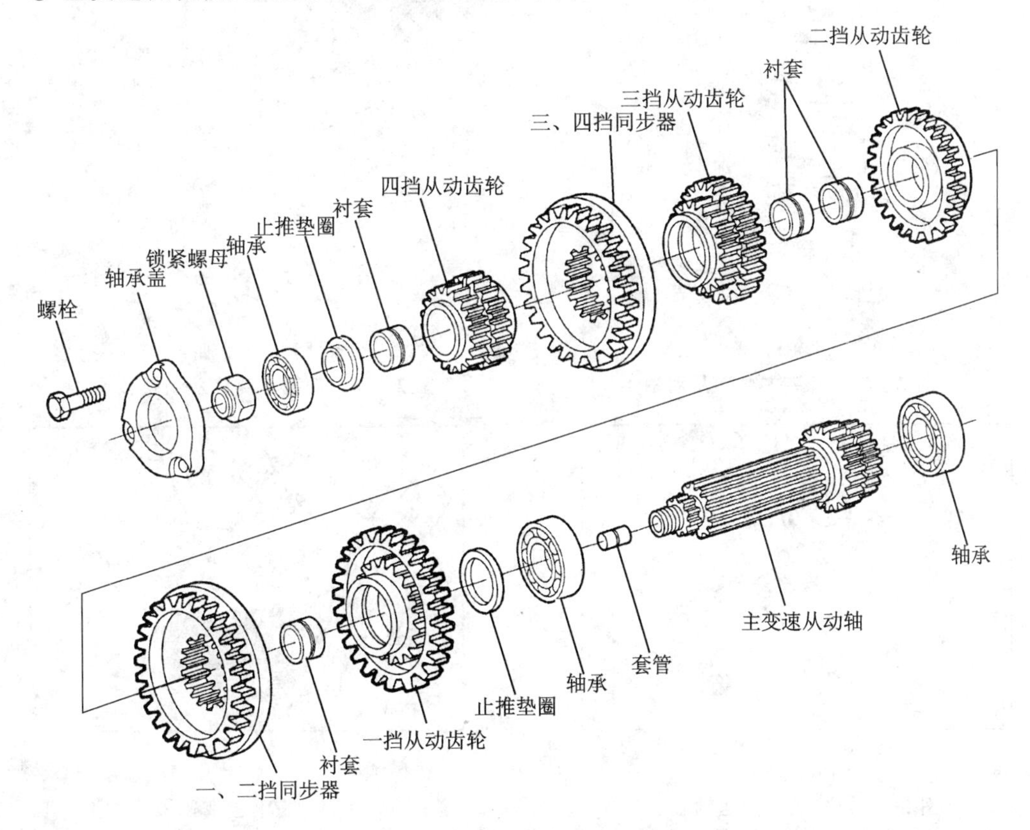

图 2-42　主变速从动轴及其所有零件

② 将变速器直立放置，从壳体的内侧将滑动齿轮及相应的轴套和同步器总成(带两侧从动齿轮)安装到轴上，并用发动机机油润滑各接合面(见图 2-43)。

③ 将前轴承 1 装到壳体上，并用适当的推压器将其压入。拧紧从动轴螺母 2 至规定扭矩(见图 2-44)。

④ 将主变速主动轴轴承 2 安装到变速器上的轴承座孔内(前面),并用轴承盖 1 将其锁住(见图 2-45)。

⑤ 将换挡拨叉 1 和 3 插到同步器接合套 2 和 4 上(见图 2-46)。

> **注:** 在变速器装配时,经常会出现变速器传动部分安装完毕后,发现漏装图 2-46 所示的两个换挡拨叉 1 和 3 的现象。这两个拨叉必须先于主变速主动轴安装之前装入,否则要拆下主变速主动轴重新安装。应尽量避免这种不必要的返工。

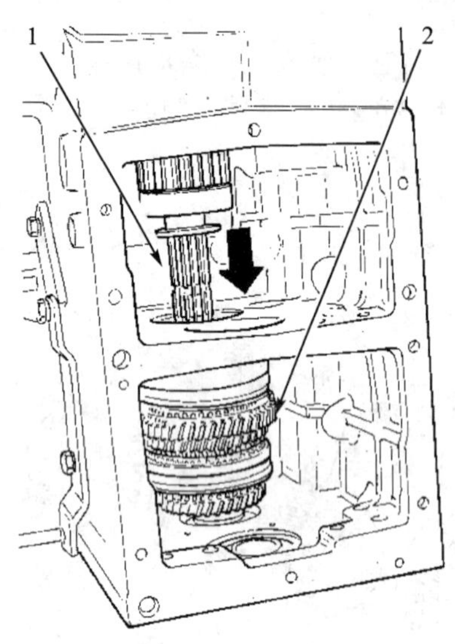

1—主变速从动轴;2—同步器总成

图 2-43 安装主变速从动轴

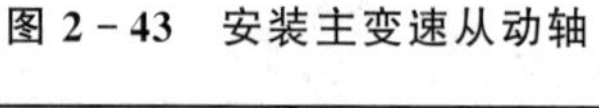

1—轴承;2—从动轴螺母

图 2-44 安装主变速从动轴轴承

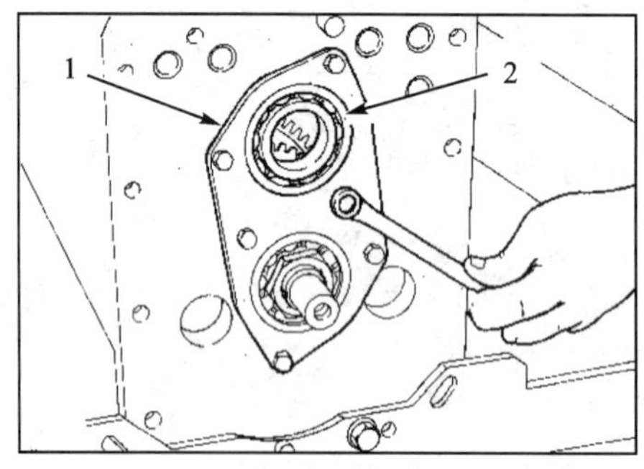

1—轴承盖;2—轴承

图 2-45 安装主变速轴承盖

1、3—主变速换挡拨叉;2、4—同步器接合套

图 2-46 安装主变速换挡拨叉

(3) 主变速主动轴的安装

主变速主动轴及其上所有零部件的装配关系如图 2-47 所示。装配步骤如下:

① 将主动轴夹紧在台虎钳上,装配好带有前轴承和齿轮但无调整垫圈的主变速主动轴,并用专用工具 1 更换两个后轴承和调整垫圈,一端用卡环 2 固定。在齿轮和相关轴套中间插入一把螺丝刀,用塞尺测量间隙 H(见图 2-48)。

② 准备好两个后轴承(一个为球轴承,另一个为调心轴承)。测量专用工具的高度 C 及两

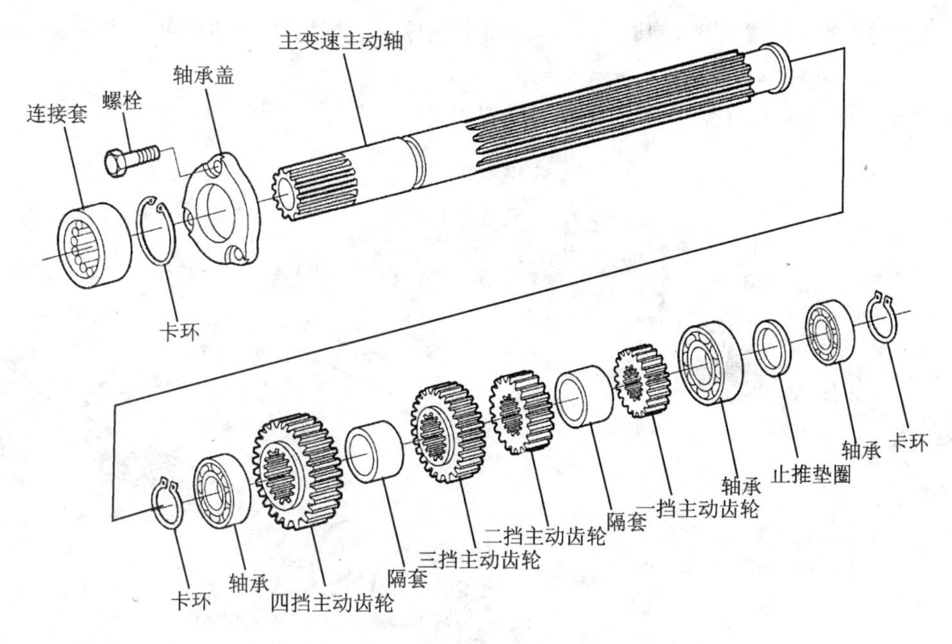

图 2-47 主变速主动轴及其所有零件

个后轴承1和2的厚度 A 和 B(见图2-49)。则应安装垫片的厚度 S 由下式计算:

$$S = H + C - A - B$$

式中:H——测得的齿轮和轴套间的间隙;

C——专用工具的长度;

A——球轴承内圈宽度;

B——调心轴承内圈宽度。

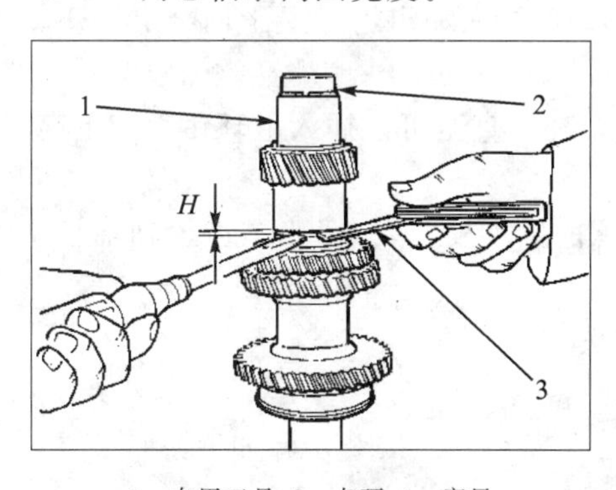

1—专用工具;2—卡环;3—塞尺

图 2-48 测量间隙 H

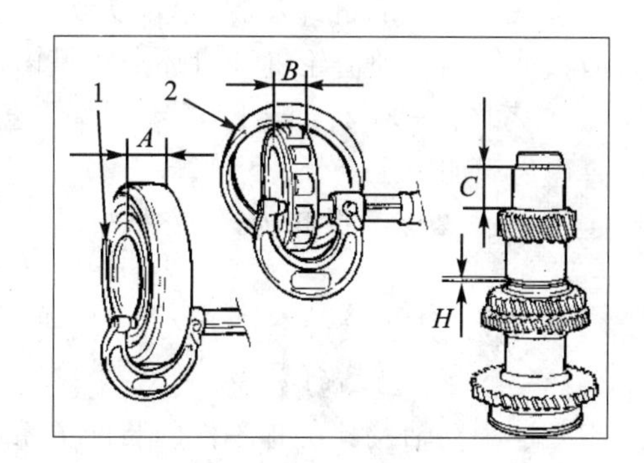

1—球轴承;2—调心轴承

图 2-49 测量两个轴承及专用工具的宽度(A、B、C)

注: 鉴于组装齿轮时必须保证轴向间隙为0~0.25 mm,装入垫片的厚度 S 应减去这个间隙,以确保轴端的浮动量。

③ 插入主变速主动轴,将主变速主动轴的所有零件组装在一起,然后将球轴承安装到位,装上调整垫片 S。再将副变速主动轴的前轴承(调心轴承)压入,用卡环锁定。

④ 装变速器换挡拨叉轴,同时装上挡位锁定钢球、互锁销、弹簧和螺塞。

(4) 副变速从动轴(小锥齿轮轴)的安装

副变速从动轴及其所有零件的装配关系如图 2-50 所示。安装步骤如下:

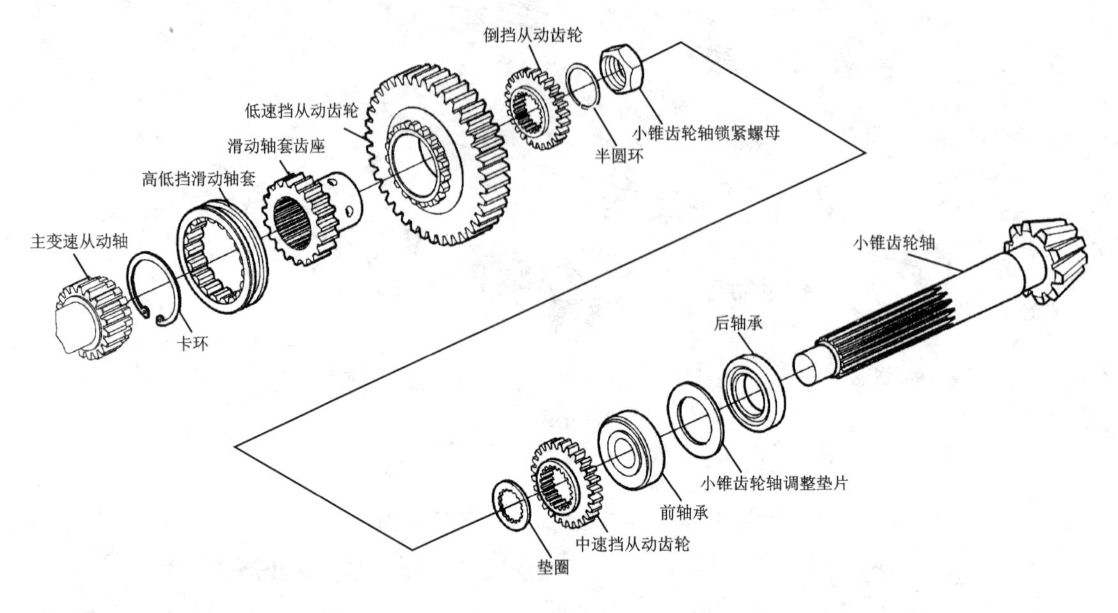

图 2-50 副变速从动轴及其所有零件

① 安装副变速从动轴前应按照驱动桥中央传动小锥齿轮轴的安装要求,调整好小锥齿轮的位置,将中速挡从动齿轮、低速挡从动齿轮、倒挡从动齿轮和高速挡(直接传动)/低速挡换挡接合套按顺序安装于副变速从动轴上。

② 参考图 2-38 拆卸步骤,沿箭头所示方向移动倒挡从动齿轮 1,装上两个定位开口环 2,再反向移动倒挡从动齿轮将开口环卡入槽内。

③ 参考图 2-37 拆卸步骤,移动高/低速挡接合套 1 直至可以插入卡环钳 2 装上高/低速挡接合套齿毂的固定卡环。

④ 参考图 2-38 拆卸步骤,按照小锥齿轮轴承的紧度要求,拧紧小锥齿轮轴轴承调整螺母 3。

⑤ 在高/低速挡接合套上放入高/低速挡换挡拨叉。

(5) 副变速主动轴的安装

副变速主动轴及其所有零件的装配关系如图 2-51 所示。安装步骤如下:

① 在倒挡轴上装上倒挡中间齿轮。

② 将副变速主动轴的前轴承(调心轴承)2 压入主变速主动轴上,用卡环 1 锁定(见图 2-52)。

③ 将已压入后轴承 2 的中速挡主动齿轮推入箱体的轴承座孔中,用卡环 1 锁定(见图 2-53)。

④ 将倒挡、中速挡换挡拨叉放入相应的接合套上。

⑤ 装上副变速换挡拨叉轴,同时装上挡位锁定钢球、互锁销、弹簧和螺塞。

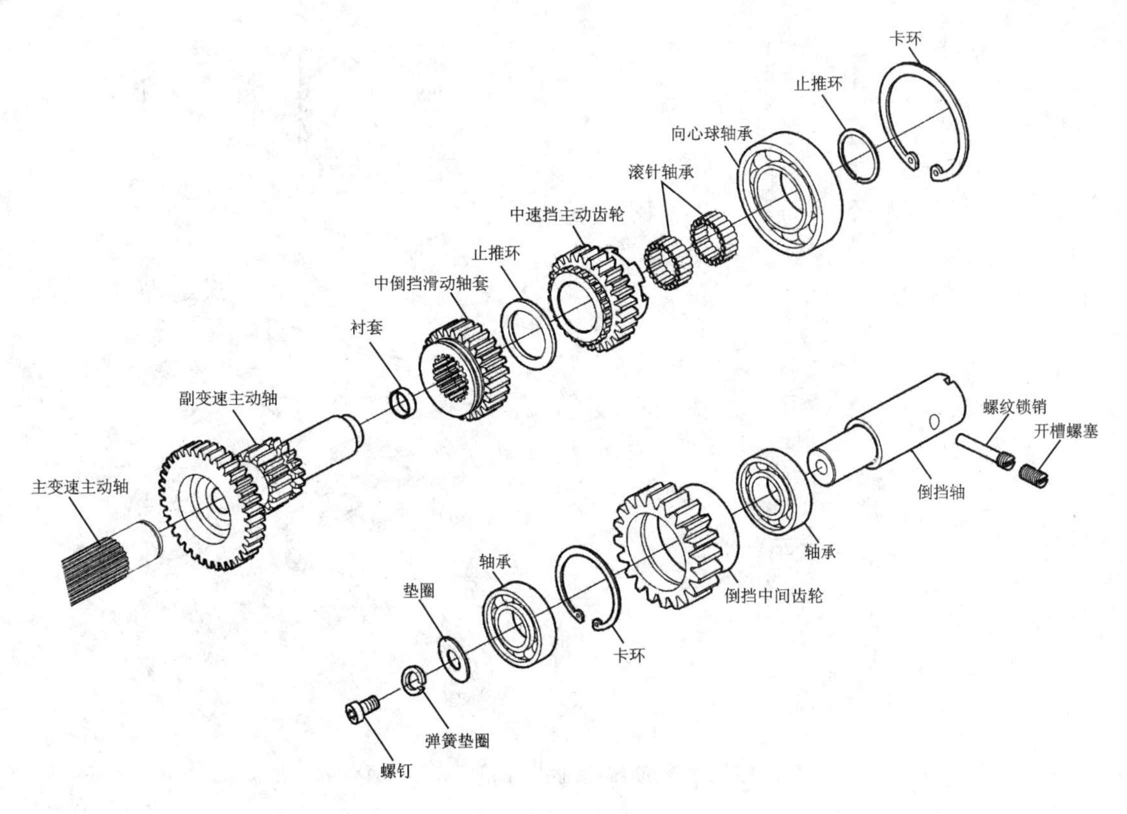

图 2-51 副变速主动轴及其所有零件

4. 变速器总成的车上安装

为了能正确选择和定位各零件,请参考厂家零件图册上的图解和零件目录说明。变速器总成车上安装的步骤与车上拆卸步骤相反,请参阅前面有关车上拆卸变速器总成的内容。重新装配各箱体、支架和端盖之前,清洗配合面并除去其上的油脂,按图 2-54 所示涂密封胶(直径大约 2 mm)。

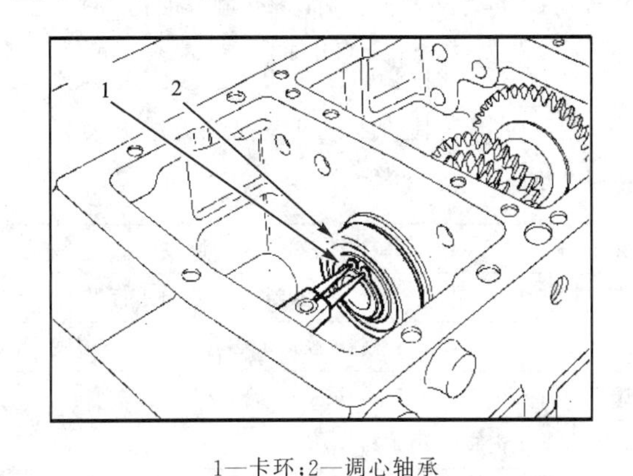

1—卡环;2—调心轴承

图 2-52 安装主、副变速主动轴轴承

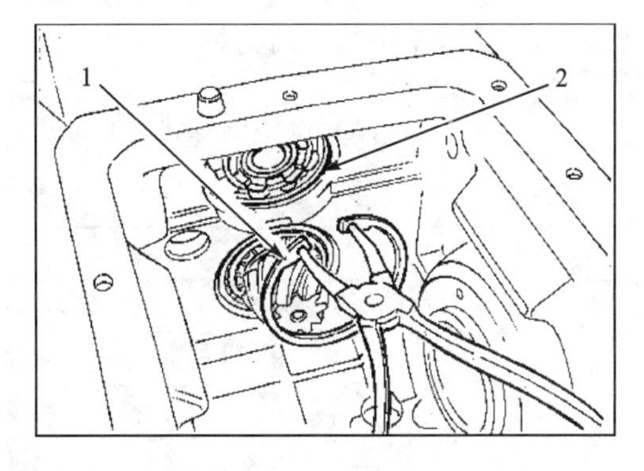

1—卡环;2—副变速主动轴后轴承

图 2-53 安装副变速主动轴及轴承

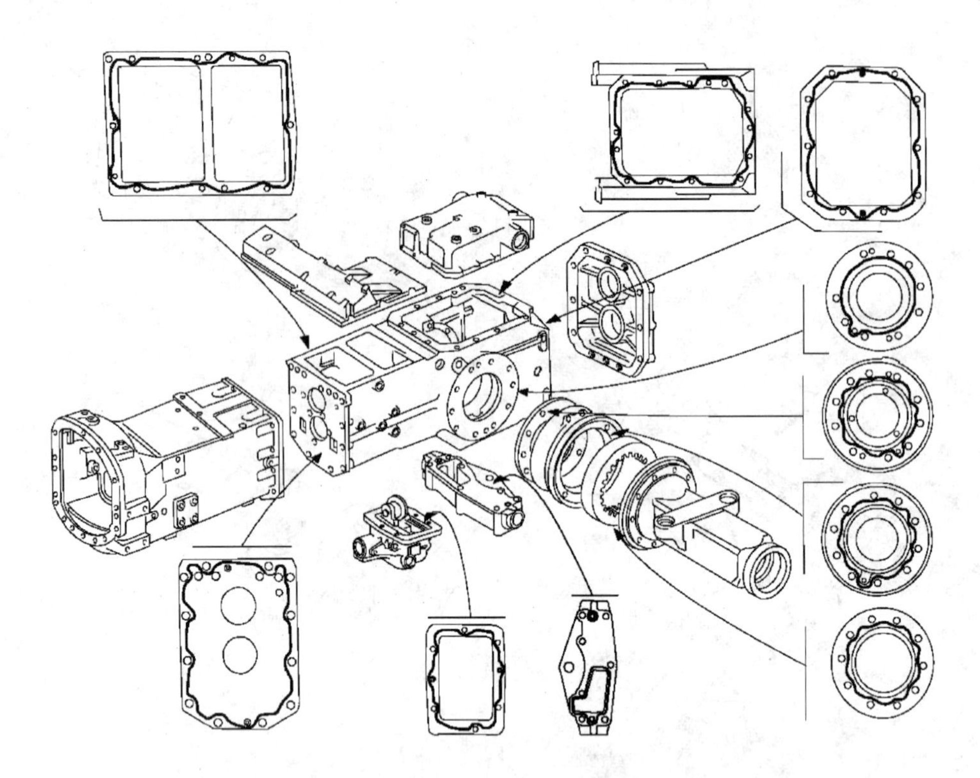

图 2-54　车上安装变速器/后桥齿轮箱所有配合面的密封部位

2.3　变速器的故障诊断与排除

引导：

大多数情况下，就车维修是一些常规的维护操作，包括对齿轮油油位的定期检查、连接杆的调整、支架的更换及对泄漏或其他不正常情况的外观检查。如果可能，维护和修理操作应尽量就车进行。因为拆卸和装配变速器需要花费大量的时间和金钱。

常见的变速器故障有换挡困难、跳挡、乱挡、异响及漏油等。其故障诊断及排除方法见表 2-3。

表 2-3　故障诊断及排除方法

故　障	故障现象	可能的原因	排除方法
换挡困难	在进行正常变速操作时，可听见齿轮的撞击声，变速杆难以挂入挡位，或勉强挂入挡后又很难摘下来	1. 主离合器分离不彻底	检查调整离合器自由行程
		2. 同步器磨损或破碎	更换同步器
		3. 变速器拨叉轴或拨叉磨损	更换拨叉轴或拨叉
		4. 外部操纵杆件调整不当或有卡滞	调整
		5. 锁定机构弹簧过硬、钢球损坏	更换弹簧或钢球

续表 2-3

故　障	故障现象	可能的原因	排除方法
跳挡	拖拉机在加速、减速或增大负荷时,变速杆自动跳回空挡位置	1.变速器拨叉轴凹槽磨损	更换拨叉轴
		2.自锁钢球磨损或破裂,自锁弹簧弹力不足或折断	更换自锁钢球或弹簧
		3.齿轮或接合套严重磨损,沿齿长方向磨成锥形	更换齿轮或接合套
		4.同步器磨损或损坏	更换同步器
		5.外部操纵杆件调整不当	调整
乱挡	在离合器技术状况正常的情况下,变速器同时挂上两个挡或虽能挂上挡,但却不能挂入所需要的挡位	1.变速杆球头定位销磨损、折断或球孔与球头磨损、松旷	更换定位销或变速杆
		2.拨叉槽互锁销、互锁球磨损严重或漏装	更换拨叉轴或互锁销、互锁球
		3.变速杆下端工作面或拨叉轴上导块的导槽磨损过度	更换换挡拨叉或拨头
挂入某个挡位有异响	当挂入某个挡位时,变速器发出不正常响声,如金属的干摩擦声,不均匀的撞击声等	该挡位传递路线上的某一对齿轮副轮齿损坏	更换该对齿轮
各挡都有异响	变速器在任何挡位均有异响	1.润滑油不足	加注润滑油至正确的油面高度
		2.中间轴(从动轴)轴承磨损或调整不当	按规定间隙调整轴承,必要时更换轴承
		3.变速器齿轮磨损严重或损坏	更换齿轮
空挡有异响	当变速杆置于空挡时,变速器有异响	1. 润滑油不足	加注润滑油至正确的油面高度
		2.输入轴轴承磨损或损坏	更换输入轴轴承
		3.中间轴轴承磨损	更换中间轴轴承
变速器漏油	变速器壳体外围有油泄漏,变速器的齿轮油减少	1.变速器盖与壳体之间的配合松动或密封垫损坏	更换密封垫,涂上密封胶,按规定力矩紧固
		2.油封磨损、变形或损伤,通气口堵塞,放油螺塞松动	更换油封,疏通通气口,紧固放油螺塞
		3.齿轮油过多或齿轮油选用不当,产生过多泡沫	选用合适的齿轮油,放油至规定的油面高度
		4.变速器壳体裂纹	裂纹较小时,可用胶补或焊修方式修理;否则箱体需报废更换

第3章　驱动桥

学习目标：
- 能描述驱动桥的功用、组成及动力的传递路线；
- 能正确描述主减速器的构造及调整项目；
- 能认知驱动桥的组成部件；
- 能选择适当的工具拆卸和安装驱动桥；
- 会做驱动桥的维修及主要零件的检修；
- 会诊断和排除驱动桥故障。

3.1　驱动桥的功用、分类及组成

驱动桥的作用是将变速器传来的动力经减速增距、改变动力传递方向后，分配到左右驱动轮，使拖拉机行驶，并允许左右驱动轮以不同的转速旋转。

轮式拖拉机的驱动桥按驱动类型，可分为两后轮驱动桥和四轮驱动桥；按是否有最终传动，可分为有最终传动和无最终传动驱动桥。

四轮驱动的拖拉机其驱动桥的组成包括前驱动桥和后驱动桥。前驱动桥是安装在分动箱与驱动轮之间的所有传动机构及其壳体的总称。后驱动桥是安装在变速箱与驱动轮之间的所有传动机构及其壳体的总称。

1. 前驱动桥

如图3-1所示，前驱动桥兼起驱动和转向作用，内半轴与驱动轴连接形式有等角速万向节或圆锥齿轮两种。两种形式主要都由前中央传动、前差速器、前桥壳体、前最终传动等部件组成。

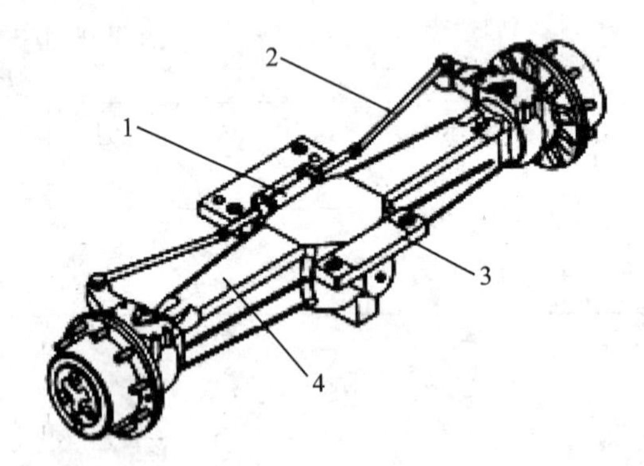

1—转向油缸总成；2—横拉杆总成；3—托架总成；4—前桥壳总成

图3-1　前驱动桥

(1) 前中央传动

其功用是增加传动比、降低转速、增大扭矩且改变扭矩的传递方向,以适应前驱动轮旋转方向和传递动力的要求。前中央传动是由一对螺旋圆锥齿轮组成。主动小螺旋圆锥齿轮安装在一对圆锥滚子轴承上,其轴端花键通过花键套与分动箱传动轴相连接,传动轴再通过花键套与分动箱输出轴相连接。从动螺旋大圆锥齿轮用螺栓紧固在差速器壳体的左方。差速器壳体支承在左、右两个圆锥滚子轴承上,如图 3-2 所示。

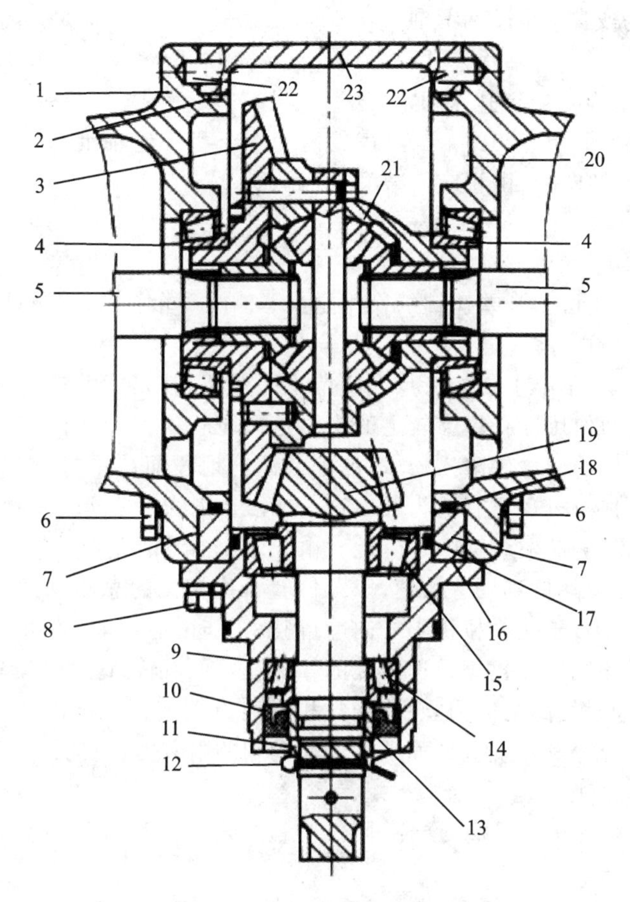

1—左半轴套管;2、17、18—O 形圈;3—从动齿轮;4、14、15—圆锥滚子轴承;5—半轴;6、8—螺栓;7—从动齿轮调整垫片;9—轴承座;10—油封;11—锁紧螺母;12—开口销;13—隔套;16—主动齿轮调整垫片;19—主动齿轮;20—右半轴套管;21—差速器总成;22—定位销;23—前中央传动壳体

图 3-2 前中央传动的组成

(2) 前差速器

四轮驱动拖拉机的前轮既是转向轮又是驱动轮,所以前驱动桥必须装置差速器机构。车辆行驶时(如车辆转弯),两侧车轮在同一时间内驶过的距离不一定相等。因此,在两侧驱动轮之间设置差速器,用差速器连接左右半轴,可使两侧驱动轮以不同的转速旋转,同时传递扭矩,消除车轮的滑转和滑移现象。

目前,轮式拖拉机上广泛采用的是圆锥齿轮差速器。圆锥齿轮差速器结构简单,尺寸紧凑,工作平稳。该型差速器主要由差速器壳、半轴齿轮、行星齿轮和十字行星齿轮轴组成,如图 3-3 所示。两个半轴齿轮分别与左、右半轴通过花键连接,行星齿轮滑套在行星齿轮轴上。行星齿轮随行星齿轮轴和差速器壳与主减速器大锥齿轮一起旋转(公转),也可以绕行星齿轮轴旋转(自转)。因而,当拖拉机两侧驱动轮遇到不同阻力时,两半轴就有不同的转速。

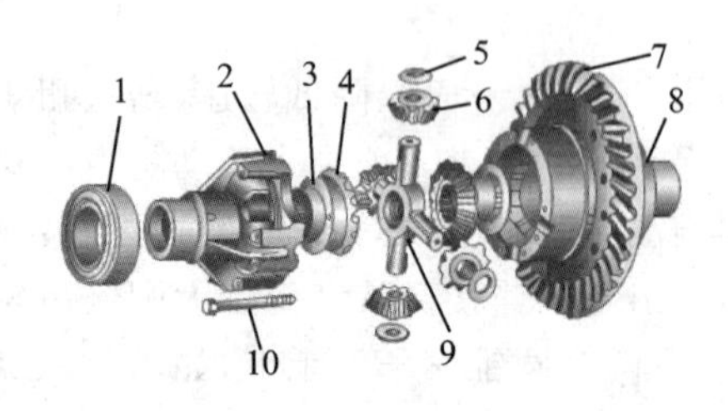

1—轴承;2—左外壳;3—垫片;4—半轴齿轮;5—垫圈;6—行星齿轮;7—从动齿轮;8—右外壳;9—十字行星齿轮轴;10—螺栓

图3-3　差速器

前驱动桥装的是闭式圆锥齿轮差速器,它以差速器壳作为支架,通过两只轴承支承在差速器支座的左、右轴承座上。两半轴齿轮滑套在差速器壳的镗孔中,以内花键与左、右前驱动半轴相连。两个行星齿轮滑套在行星齿轮轴上,轴则装于壳的轴孔中。半轴齿轮和行星齿轮的轴向力,由相应的减磨垫片承受。

(3) 差速锁

1) 差速锁的作用

差速锁主要用于拖拉机上。差速锁的作用是当一侧驱动轮打滑时,将两驱动轮锁止,保持同一转速工作。

差速器具有能差速但不能差扭的特点。所谓不能差扭,就是指差速器簧给两边半轴齿轮的扭矩总是相等的,因而作用在行星齿轮上的力总是平均地分配给两个半轴齿轮。所以,拖拉机在行驶中,如果有一侧的驱动轮陷入松软、泥泞或冰雪地段而严重打滑时,那么另一侧驱动轮即使在良好地面上,拖拉机也没有能力驶出这一地段。因为在陷车这一侧,由于驱动轮的附着力降低,传动系传给该侧的驱动力矩也降低。由于差速器不能差扭的作用,传给不陷车一侧驱动轮的驱动力矩也相应降低到同等数值,以至使整个拖拉机的总驱动力大大降低到不能克服整个拖拉机的行驶阻力,于是拖拉机不能向前行驶。这时,不陷车一侧的驱动轮就静止不转了,而陷车一侧的驱动轮则以2倍于差速器壳的转速在原地滑转,这就使车轮越陷越深。

为了提高拖拉机通过坏路的能力,轮式拖拉机常装有差速锁。可以利用它把两根半轴暂时联成一根整轴,以便充分利用良好地面那一侧驱动轮的附着力,使拖拉机驶出打滑地段。

2) 差速锁的工作原理

差速锁一般由差速锁操纵手柄、推杆、回位弹簧、缓冲弹簧、连接齿套等组成,如图3-4所示。

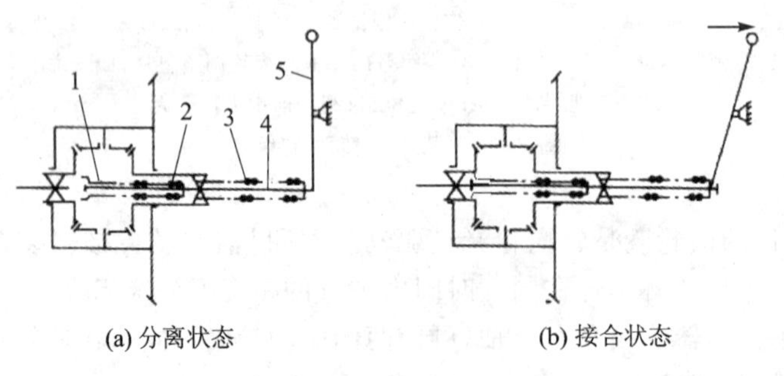

1—连接齿套;2—缓冲弹簧;3—回位弹簧;4—推杆;5—操纵手柄

图3-4　差速锁工作原理

差速锁工作原理的实质就是将传向左、右驱动轮的动力件相互刚性锁止。当拖拉机一侧驱动轮严重打滑时,应使用差速锁。操纵差速锁时,先停车,然后通过右推差速锁操纵手柄,如

图 3－4(b)所示，经过拨叉、推杆压缩回位弹簧，使连接齿套向左移动，通过花键啮合，将差速器两半轴齿轮连在一起，使两驱动轮以同样速度旋转，有助于拖拉机驶出打滑地段。

注意：

1. 只有在拖拉机一侧驱动轮严重打滑不能前进时，才允许接合差速锁。
2. 接合差速锁时，应首先彻底分离主离合器，然后接合差速锁。当拖拉机驶出打滑地段后，应立即分离离合器，松开差速锁操纵手柄，使连接套在回位弹簧作用下与半轴齿轮自动分离脱开，以免造成转向困难。
3. 差速锁处于接合状态时，拖拉机必须保持直线行驶，否则，会损坏差速器及传动系其他零件。
4. 当拖拉机在转弯或高速行驶时，严禁使用差速锁，否则将会损坏半轴，造成重大事故。

(4) 前最终传动

前最终传动具有进一步增扭、减速并能满足前驱动轮灵活转向和有效地防止泥水进入机体的功用，能满足拖拉机水田作业的使用要求。

有的拖拉机前最终传动是由一对螺旋圆锥齿轮和一个直齿圆锥齿轮组合而成的封闭式减速机构。这种前最终传动结构与常用的万向节传动结构相比，明显的优点是前驱动轮的转动角度较大，有利于下水田作业，结构也较简单，目前是水田型四轮驱动拖拉机的典型结构。

有的拖拉机前最终传动是由行星齿轮副组成，如图 3－5 所示。与后驱动桥最终传动一样，行星减速机构由太阳轮 14 输入动力，行星架 18 输出动力。行星架 18 通过螺栓与前驱动轮毂 8 固连在一起，前驱动轮则装在前驱动轮毂 8 上。

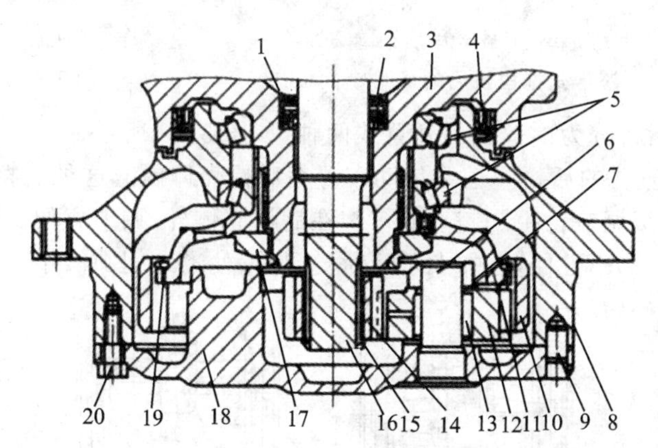

1—驱动叉轴油封；2—转向节衬套；3—左转向节；4—油封；5—前轮毂轴承；6—行星齿轮轴；7—行星齿轮轴承挡圈；8—前驱动轮毂；9—定位销；10—齿圈；11—齿圈支座；12—行星齿轮；13—滚针轴承；14—太阳轮；15—轴用挡圈；16—驱动轴座；17—锁紧螺母；18—行星架；19—齿圈挡环；20—螺栓

图 3－5　前驱动桥最终传动

2. 后驱动桥

后驱动桥(简称后桥)的作用是将发动机经变速箱传递的动力，实行进一步减速增转矩，成 90°地改变动力传动方向，并借助壳体推动整个拖拉机前进。另外，因拖拉机的转向制动机构也安装在后驱动桥壳体内，所以后驱动桥还具有实现拖拉机转向和制动的功能。

(1) 后桥的构造

1) 履带拖拉机后桥

履带拖拉机变速箱之后、驱动轮之前的所有传动机构及安装它的壳体统称为后桥(见图 3-6),由中央传动、转向制动机构和最终传动等部件组成。

2) 轮式拖拉机后桥

轮式拖拉机的后桥一般由中央传动、差速器、差速锁和最终传动等组成。为了满足不同的使用要求,轮式拖拉机中的后桥结构有两种基本形式,即有最终传动后桥和无最终传动后桥。

无最终传动后桥如图 3-7 所示。由于没有最终传动,其结构简单,为了获得足够的牵引力,只有提高分配在中央传动上的传动比。这样使作用在差速器上的负荷增加,加大了差速器及其之后传动零件的尺寸。同时,这种布置使后桥壳下的离地间隙减小,拖拉机不宜进行中耕等行间作业,故在拖拉机上应用很少。

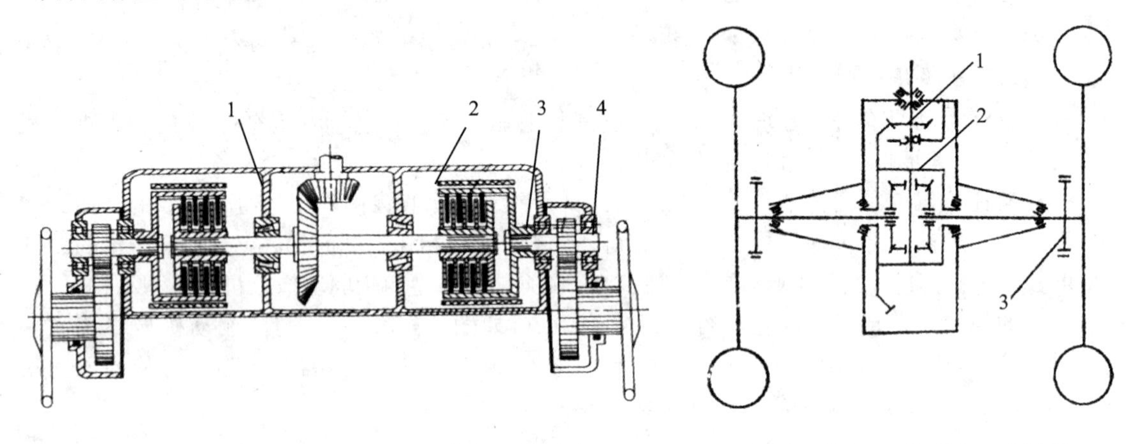

1—中央传动;2—转向制动机构;3—最终传动;4—驱动轮

图 3-6 履带式拖拉机后桥

1—中央传动;2—差速器;3—制动器

图 3-7 无最终传动后桥

有最终传动的后桥分为内置式和外置式两种,如图 3-8 所示。

① 最终传动内置式的后桥　最终传动布置在后桥壳体内。这种后桥结构紧凑,驱动轮可在半轴上滑动,能无级调节轮距。制动器多装在后桥壳体外,调整方便。但这种后桥壳体内零件较多,布置困难,拆卸不方便,且加大了后桥壳尺寸,使离地间隙减小。

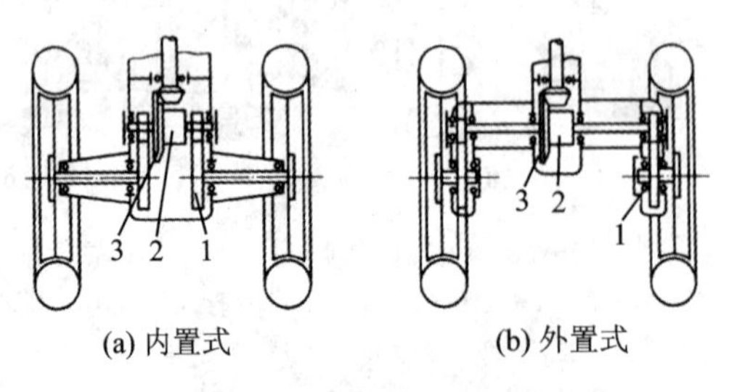

(a) 内置式　　(b) 外置式

1—最终传动;2—差速器;3—中央传动

图 3-8 有最终传动后桥

② 最终传动外置式的后桥　后桥没有最终传动箱,箱体靠近驱动轮处,可得到较大的离地间隙。改变最终传动箱壳与后桥壳之间的相对位置时,可改变离地间隙和轴距。不能无级调节轮距。制动器往往布置在半轴壳内,密封性好,但调整不方便。

(2) 中央传动

中央传动的作用是将变速器传来的转矩进一步增大并降低转速；改变转矩的旋转方向，使拖拉机直驶。

如图3-9所示，中央传动主要由一对锥齿轮啮合副（主动齿轮1和从动齿轮9）、差速器10及差速锁装置11组成。主动齿轮1通过主动齿轮轴承座3用轴承支承后整体装入后驱动桥壳体18，这种结构便于拆装和调整，也有直接通过轴承支承在后驱动桥壳体内的。从动齿轮9安装在差速器壳体上，与差速器10一起通过轴承12及差速器轴承座13支承在后驱动桥壳体18上。差速器10采用了对称式锥齿轮差速器，差速锁装置11采用了锁止差速器壳体和半轴齿轮形式。

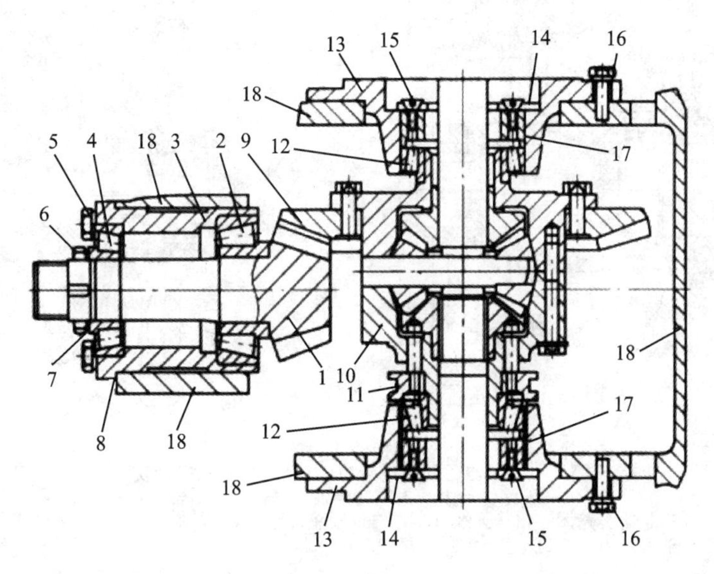

1—主动齿轮；2、4、12—轴承；3—主动齿轮轴承座；5、16—螺栓；6—圆螺母；7—止动垫圈；
8—主动齿轮调整垫片；9—从动齿轮；10—差速器；11—差速锁装置；12—轴承；
13—差速器轴承座；14—紧固板；15—螺钉；17—调整螺母；18—后驱动桥壳体

图3-9　中央传动

(3) 最终传动

最终传动是指差速器或转向机构之后、驱动轮之前的传动机构，是拖拉机传动系统最后一级减速机构。其作用是进一步减速增距，满足拖拉机低速、大驱动力的作业需要，并减轻变速箱、中央传动等传动件的受力，精减其结构。

最终传动大多采用直齿圆柱齿轮，在传动形式上可分为外啮合齿轮式和行星齿轮式两种。

1) 外啮合齿轮式最终传动

① 外啮合齿轮式最终传动按所处的位置分为内置式和外置式两种。

内置式最终传动与中央传动、差速器安装在同一壳体内，减少了最终传动壳体，而最终传动靠近后桥部分的中央。左、右制动器可分别装在左、右最终传动主动齿轮的两侧，位于壳体之外，保养方便。最终传动的传动轴（即驱动轴）伸出壳体外较长，便于将驱动轮在轴上移动进行轮距调整，但离地间隙一般比较小。

外置式最终传动的两个最终传动有单独的壳体，分别安装在两侧靠近驱动轮处。如果使主动轴高于从动轴，就可以抬高离地间隙。这种结构还可用转动最终传动壳体的方法来改变离地间隙和轴距。其轮距调节一般采用翻转轮盘的有级调节。

②外啮合齿轮式最终传动按参加传动的齿轮副数目，分为单级和双级最终传动。

单级最终传动如图 3－10(a)所示，圆柱齿轮式最终传动的一对圆柱齿轮副 11 和 8 安装在后驱动桥壳体 7 的内部，驱动轴 1 与半轴 11 不同轴线，制动器仍是通过半轴进行制动，但在驱动桥侧边用了独立的壳体进行安装，相对于行星齿轮机构式最终传动，拆装较为复杂。

双级最终传动可以获得更大的传动比，在一些大功率拖拉机上应用，如图 3－10 (b)所示。

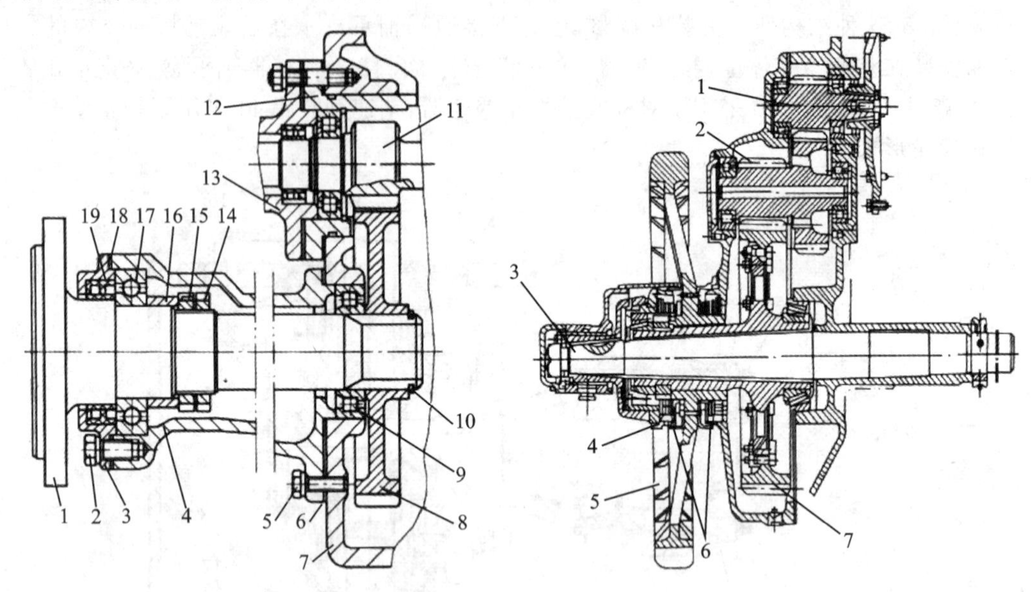

1—驱动轴；2、5—螺栓；3—油封座；4—最终传动壳体；
6、18—密封纸垫；7—后驱动桥壳体；8—最终传动从动齿轮；
9—圆柱滚子轴承；10—轴用挡圈；11—最终传动主动齿轮（半轴）；
12—差速器轴承座；13—制动器壳体；14—圆螺母；15—锁紧垫片；
16—隔套；17—深沟球轴承；19—油封

(a) 单 级

1—主动减速齿轮；2—双联减速齿轮；
3—后轴；4—轴承间隙调整螺母；5—驱动轮；
6—端面油封；7—最终传动大齿轮

(b) 双 级

图 3－10　圆柱齿轮式最终传动

2）行星齿轮式最终传动

行星齿轮式最终传动，主要由行星架、行星齿轮、内齿圈、左右半轴、驱动轴等组成，如图 3－11 所示。

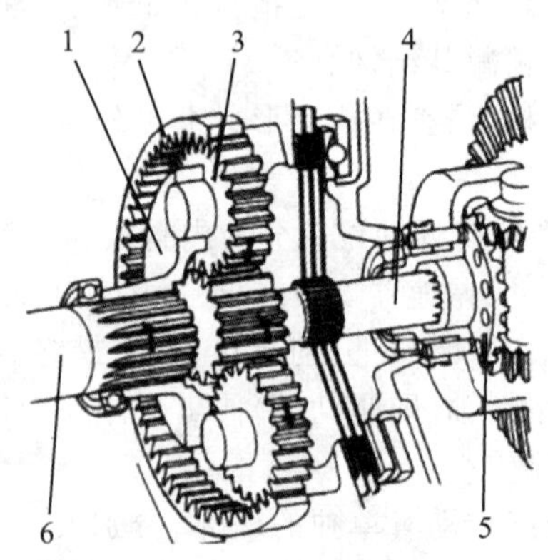

1—行星架；2—内齿圈；3—行星齿轮；4—左(右)半轴；5—半轴齿轮；6—驱动轴

图 3－11　行星齿轮式最终传动

从差速器从动轮传递到左(右)半轴的力,驱动 3 个行星齿轮,由于内齿圈安装在驱动轴壳体上,行星齿轮绕着内齿圈轮齿转动,在车轴上旋转,行星齿轮绕内齿轮的转动通过行星架传递到驱动轴。因此,行星架、驱动轴和左(右)半轴一样地旋转,从而使驱动轴有较高的扭矩和较低的转速。3 个行星齿轮可以减少每个轮齿的负荷,使其紧凑、耐用,也可以减轻行星系统周围的负荷,消除齿轮侧面的压力。

3.2　主要零部件的维护与调整

3.2.1　中央传动的检查调整

拖拉机驱动桥中央传动齿轮工作负荷较重,主动、从动圆锥齿轮啮合是否正常严重影响着齿轮的使用寿命。中央传动齿轮啮合不正常是造成传动噪声、磨损加剧、齿面易剥落、轮齿易折断的重要原因。通常通过啮合印痕、轴承预紧度、齿侧间隙和噪声大小来判断齿轮的工作情况。

中央传动的调整品质是决定中央传动齿轮副使用寿命的关键。其调整项目主要包括轴承预紧度、啮合印痕和齿侧间隙的调整。

1. 主动、从动圆锥齿轮轴承预紧度的检查与调整

圆锥滚子轴承一般是成对使用,装配时应使其具有一定的预紧度,以减小传动过程中因轴向力引起的轴向位移,提高轴的支承刚度,保证锥齿轮副的正确啮合。但轴承预紧度又不能过大,否则摩擦和磨损增大,传动效率降低。为此,设有轴承预紧度的调整装置。

(1) 主动小圆锥齿轮轴承预紧度的检查与调整

主动小圆锥齿轮的轴承间隙可通过主动小圆锥齿轮的轴向间隙来间接体现。在检查中,如主从动圆锥齿轮有轴向游隙(可用百分表测量)且超过标准值时(一般为 0.1 mm),应予以调整。

调整方法:如图 3－12 所示,松开止推垫圈 1,用专用扳手拧紧锁紧螺母 2,消除轴承间隙并使它产生预紧力。用手单独转动主动螺旋圆锥齿轮 3,检查预紧阻力矩情况。当手稍用力即能使主动螺旋圆锥齿轮转动,但又不能凭借惯性继续转动时,其预紧阻力矩比较合适,雷沃 TG 系列拖拉机一般为 0.75～1.5 N·m。

轴承预紧度调好后,用止推垫圈锁住锁紧螺母。测量预紧阻力矩时,可用弹簧秤拉缠在锁紧螺母上的细绳,用弹簧秤显示的拉力和锁紧螺母的外径进行换算。

(2) 从动大圆锥齿轮轴承预紧度的检查与调整

如图 3－13 所示,把左、右短半轴轴承座用螺栓压紧在后桥壳体上,拆除圆锥齿轮及两侧的减速大齿轮。调整时,同时减少左、右短半轴轴承座 1 处相同厚度的垫片 2,以消除轴承间隙,使轴承有一定的预紧力。调整后,能用手稍许扳动从动大圆锥齿轮就可使其转动即可,雷沃 TG 系列拖拉机一般为 1.5～2.5 N·m。

2. 主动、从动圆锥齿轮啮合印痕的检查与调整

啮合印痕是指齿轮副运转时,在工作面上,留下的接触印痕,一般以前进挡从动锥齿轮凸面上测取的啮合印痕作为调整和检验的依据。

检查时,首先用红铅油(用红丹粉加机油调和而成)均匀地涂在小圆锥齿轮的凹面上,然后转动圆锥齿轮副直至从动锥齿轮凸面显示出清晰的印痕为止。

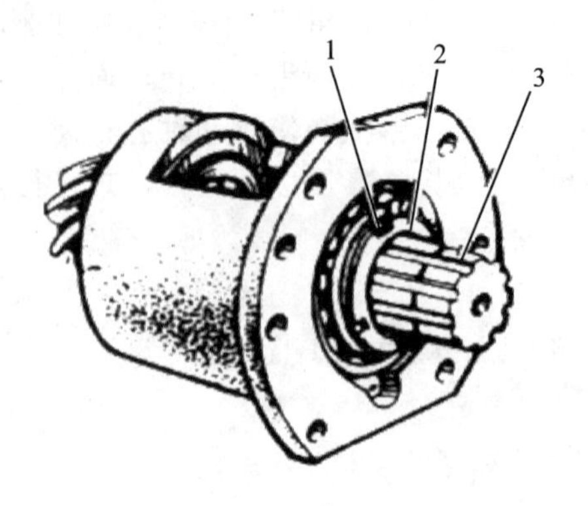

1—止推垫圈；2—锁紧螺母；3—主动螺旋圆锥齿轮及轴

图 3-12　主动锥齿轮轴承预紧度调整

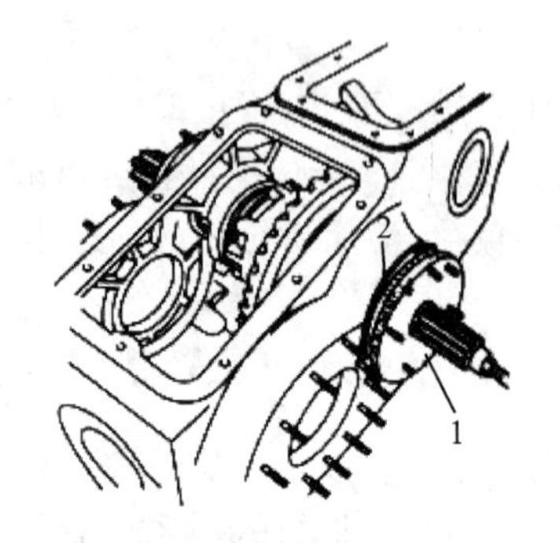

1—短半轴轴承座；2—垫片

图 3-13　从动锥齿轮轴承预紧度调整

如果检查出啮合印痕不符合要求，则应对啮合印痕和齿侧间隙进行调整。啮合印痕、齿侧间隙的调整是通过增减主动、从动锥齿轮轴承座调整垫片来实现的。调整方法按表 3-1 进行。

表 3-1　锥齿轮的啮合情况和齿侧间隙的调整

图示	项目	说明	
前驶　倒车	啮合印痕检查结果	正确的啮合印痕是齿宽方向的印痕长度不小于齿宽的 50%～60%，沿齿高方向的印痕宽度不小于齿高的 40%～50%，且必须分布在节锥上，稍靠近小端，并距端边不得小于 10 mm	
≥5	正确啮合		
啮合情况		齿轮移动方向及调整方法（实线先调、虚线后调）	
(a)	啮合印痕偏于大端		1. 将从动锥齿轮向主动锥齿轮移近 2. 如齿隙过小，则向外移动主动锥齿轮
(b)	啮合印痕偏于小端		1. 将从动锥齿轮自主动锥齿轮移开 2. 如齿隙过大，则向内移动主动锥齿轮
(c)	啮合印痕偏于齿顶		1. 将主动锥齿轮向从动锥齿轮移近 2. 如齿隙过小，则向右移开从动锥齿轮
(d)	啮合印痕偏于齿根		1. 将主动锥齿轮自从动锥齿轮移开 2. 如齿隙过大，则向左移动从动锥齿轮

注意：

在转动从动锥齿轮时，主动锥齿轮应用适当的力制动，这样啮合印痕会更清晰准确。

调整方法可简化为口诀：大进从、小出从；顶进主、根出主。如果在调整中印痕变动规律不符合上述四种情况，则其齿轮的齿形或轴线位置不正确，可用手砂轮修磨齿面。若仍不能修正，则应重新选配。

移动主动锥齿轮时，可通过以下几种方式进行：

① 增减主动锥齿轮轴承座与主减速器壳之间的调整垫片厚度。

② 增减主动锥齿轮背面与轴承之间的垫片厚度来调整。这种结构若轴承预紧度调整垫片是靠在轴肩上，则调整锥齿轮轴向位移的同时，必须等量增减轴承预紧度的调整垫片，否则由于轴肩轴向位置的移动将改变已调好的轴承预紧度。该方法每次调整都须将主动锥齿轮上的轴承压下来，因此维修调整不方便。

③ 通过增减主动锥齿轮轴肩前面的调整垫片来调整。通过增减从动锥齿轮轴承座调整垫片来移动从动锥齿轮时，须首先确保轴承预紧度的调整是共享的。在预紧度调整好后，要将左、右两侧的调整垫片从一侧调到另一侧，或左、右侧的调整螺母一侧旋出多少另一侧须等量旋进，就可以在保持轴承预紧度不变的情况下，达到规定的要求。

3. 主动、从动圆锥齿轮齿侧间隙的检查与调整

齿侧间隙是指主、从动锥齿轮啮合轮齿侧面的最小间隙。如齿侧间隙过小，会造成齿轮副润滑不良，加速齿面磨损，甚至使齿轮传动卡滞产生啃齿现象；齿侧间隙过大，则对轮齿的冲击力增加，甚至使轮齿崩裂。在调整时，应首先保证啮合印痕，啮合印痕调整好后，再检查齿侧间隙。如果对啮合印痕和齿侧间隙的要求相矛盾，则应主要保证啮合印痕符合要求。

(1) 齿侧间隙的检查

中央传动齿轮副的啮合间隙为0.2～0.4 mm，其检查方法有两种：

① 将百分表触头置于从动锥齿轮大端齿面上，固定主动锥齿轮，按旋转方向摇动从动锥齿轮，此时百分表的读数即为啮合间隙。

② 取直径为1～1.5 mm的保险丝放在主动锥齿轮的凹面和从动锥齿轮的凸面之间，然后按拖拉机前进方向转动齿轮，用百分表或游标卡尺测量被挤压后的保险丝最薄处，其厚度即为该处的啮合间隙。无论采用何种方法检查，其测量点应不少于三点，且应均布在齿轮的圆周上。

(2) 齿侧间隙的调整

齿侧间隙若不符合要求，应该改变从动圆锥齿轮的轴向位置。有的机型，若需减小齿侧间隙，则抽减左侧的调整垫片，补入右侧轴承座之间；相反，要增大齿侧间隙，则应抽右补左。但不得改变左右轴承片的总厚度，以保持轴承的预紧度。当齿侧间隙超过2 mm时，应成对更换新齿轮。

注意：

在调整时，必须遵守以下规则：

1. 先调整轴承预紧度，再调整啮合印痕，最后调整齿侧间隙。
2. 在保证啮合印痕符合要求的前提下，调整齿侧间隙，否则将加剧齿轮磨损。当齿侧间隙超过规定值时，应成对更换齿轮副。

3.2.2　最终传动的检查与调整

1. 驱动轮轴轴承的检查与调整

如图3-14所示，使用中如果因圆锥轴承7和8的磨损而影响最终传动齿轮副的正常工作，则应及时进行检查和调整。检查时，将拖拉机后轮支离地面，往复推动驱动轮，观察驱动轴5的轴向窜动量，并用百分表测量之。当轴的轴向窜动量大于0.15 mm时，应予以调整。

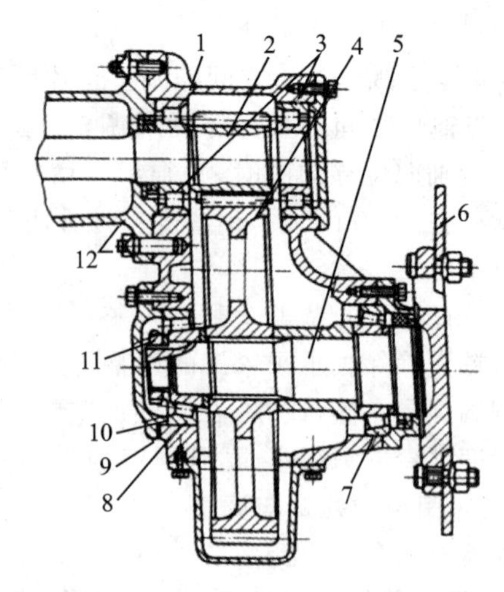

1—最终传动壳体；2—最终传动小齿轮；3—短圆柱滚子轴承；4—最终传动大齿轮；5—驱动轴；6—驱动轮轮盘；7、8—圆锥滚子轴承；9—调整垫片；10—轴承盖；11—螺母；12—半轴壳体

图 3-14 最终传动

调整时，卸掉后轮，拆下轴承盖 10，抽掉全部调整垫片 9，再将轴承盖 10 放回原位，并沿其轴向施加 80～90 N 的力，使轴承 7 和 8 的内、外钢圈和圆锥滚子紧靠，同时用塞尺测量轴承盖内端面与最终传动箱体平面之间的距离，该距离减去 0.05 mm 即为应加的调整垫片 9 的厚度 6 mm。装上厚度为 6 mm 的调整垫片后，再以 20～30 N・m 的扭矩拧紧轴承盖上的螺栓，用手转动驱动轴稍有阻力但能转动即为合适。

2. 最终传动齿轮副的调面使用

当发现从动轮齿面剥落时，可将其转过 180°重新安装使用；主动齿轮齿面剥落时，可将左、右侧齿轮互相调换重新安装使用。这样可获得新啮合面，延长其使用寿命。

3.3 驱动桥的维护保养与故障排除

3.3.1 驱动桥的维护保养

1. 维护保养的总体要求

① 按时检查和紧固中央传动和最终传动等处的连接螺栓。

② 按时检查后桥壳体和最终传动壳体内的齿轮油量，不足时要及时加入合格的齿轮油。

③ 按时或按需要更换各部件齿轮油。换油时要趁热放出旧油，并加入煤油或柴油进行清洗，然后放出清洗油，加足新齿轮油。

④ 按时或根据需要对中央传动和最终传动进行检查与调整。

2. 中央传动的维护保养

拖拉机每工作 500 h 后，应清洗后桥箱体，放出机油，清洗后再加入。每工作 1 000 h 后，应更换机油。同时，应检查调整中央传动轴预紧度及圆锥齿轮副啮合印痕，如果轴承磨损超限应更换新轴承，切不可凑合使用，以免酿成重大事故。

3. 差速器及差速锁的维护保养

① 差速器在充分润滑的情况下，各齿轮应能轻易转动而无卡滞现象，如果润滑油中有铁

屑、沙子等杂物进入差速器壳体，则会使行星齿轮与行星齿轮轴之间的摩擦面拉毛或咬死，发生异常响声，因此应及时排除，以免损坏其他零件。

② 差速锁在拖拉机上一般较少使用，如果长期不用，则拨叉轴易锈蚀、不易自动回位。因此，新装或修理时在拨叉轴滑动配合面上，应涂上一层润滑脂。经过一段时间后，要搬动操纵手柄，使拨叉轴来回滑动，以免锈死。

4. 最终传动的维护保养

① 由于外置式最终传动的壳体与半轴壳连接处承受的扭矩很大，因此每班须检查螺栓的紧固情况，如有松动应及时紧固。拆装时，此处的定位螺栓不可漏装，以免壳体损坏。

② 每工作 250 h 后检查前后最终传动油面，不足时应加足，新拖拉机工作 500 h 后应清洗箱体，放出机油，清洁后再加入；每工作 1 000 h 后，清洗箱体更换机油。

③ 每工作 500 h 后，应检查驱动轴由于圆锥轴承磨损而产生的轴向窜动，当窜动量大于 0.15 mm 时，应及时调整。

④ 长期使用的拖拉机，特别是下水田工作的拖拉机，应经常检查驱动轴处的密封装置，如出现漏油，原因大多数是由于油封的磨损、老化或损坏引起的，应及时排除。

3.3.2　驱动桥的故障排除

1. 后桥异响

后桥异响产生的原因及排除方法如下：

① 圆锥齿轮副啮合不正常，主要是齿侧间隙不符合规定值。齿侧间隙过小时，将产生声调低沉、有规律的啃齿声，并伴随出现后桥过热；齿侧间隙大，拖拉机改变行驶方向或急剧改变速度时，将发出短暂而强烈的撞击声。这种情况下应进行调整。

② 轴承间隙过大。应按要求进行调整。

③ 大圆锥齿轮紧固螺栓松动。要及时紧固。

④ 中央传动齿轮副、最终传动齿轮过度磨损或偏磨。应修复或更换。

2. 后桥过热

后桥过热产生的原因与排除方法如下：

① 驱动轮轴承预紧力过大。要按要求重新调整。

② 圆锥齿轮副齿侧间隙过小。要按要求进行调整。

③ 齿轮油不足或质量、规格不符合要求。应加足合乎规格的齿轮油，必要时应清洗后桥，更换齿轮油。

3. 驱动桥漏油

① 油封质量差，橡胶早期老化，造成主减速器处漏油。

② 与油封结合面的加工精度达不到要求，造成油封和零件的磨损，间隙增大，易渗油；通气孔堵塞，造成桥内压力升高，油会从接合面处、油封处渗出。

③ 主减速器与桥体接合面或半轴凸缘与桥体接合面未按规定涂密封胶，接合面有异物或不平等，均会造成漏油；加油量超过规定界面时，油会自动溢出。

注意:

驱动桥故障的原因千差万别,各种故障的形成也不是单一孤立,而是相互联系的。

1. 如果出现一种故障而不及时排除,则很容易诱发另一种故障,形成连锁反应。一种故障的产生可能有多种原因或其中之一。
2. 同时,装配调整、使用等有一项不符合要求,可能导致驱动桥多种故障。如齿轮啮合间隙过小,会引起驱动桥发热、驱动桥发响和主减速器早期损坏。在判断和排除驱动桥故障时,要具体问题具体分析。

3.3.3 驱动桥的故障实例解析

1. 故障实例(一)

约翰·迪尔650型轮式拖拉机在行驶中,后桥有"哐嗵"的异响。

(1) 故障现象

有一台约翰·迪尔650型轮式拖拉机在运输作业中,在平坦的道路上,后桥内部没有出现异响,然而当拖拉机右轮胎行至较低洼的路面时(即其左轮胎高,右轮胎低时),后桥内发出一种异常"哐嗵"的响声,只要拖拉机右轮胎行至较低的路面时,总要发出与上述相同的异响。

(2) 原因分析

根据故障现象,将后桥盖板拆下,经过检查,发现右后轮半轴端头的固定推压垫圈的两个螺钉退出(险些退脱),如图3-15所示。其螺钉下的锁紧板已不起锁紧作用。

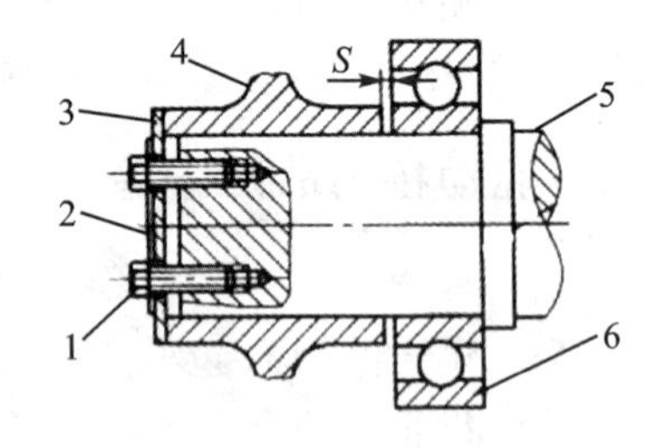

1—固定螺钉;2—小锁紧板;
3—推压垫圈;4—从动齿轮轮毂;
5—右后轮半轴;6—半轴滚珠轴承

图3-15 后桥传动齿轮松动

当固定推压垫圈的两个螺钉松退后,推压垫圈也随之左移,在拖拉机行驶中,由于右从动齿轮轮毂左边没有阻挡力,所以也随推压垫圈左移一段距离,这就在从动齿轮轮毂右端面与后右轮半轴滚珠轴承内圈端面之间呈现一个距离S,如图3-15所示。当拖拉机右后轮行至低洼路面时,后桥中的右从动齿轮靠重力通过后右半轴而向右滑动,故与右后轮半轴滚珠轴承内圈端面接触碰撞而发出"哐嗵"的异响。

(3) 故障排除

根据故障原因,将两个螺钉下的小锁紧板更换成新品,并将两个螺钉拧紧锁上,之后装复后桥盖板,经过发动试车,并有目的地使该拖拉机右轮胎行驶于低洼路面,试车结果,后桥内的异响消除了。

2. 故障实例(二)

东方红802-A型履带拖拉机在直线行驶中,出现间断摆头。

(1) 故障现象

有一台东方红802-A型履带拖拉机,在田间作业直线行驶中,出现间断性猛向左摆头现象,同时,还听到后桥左侧有"咔噔"的沉闷响声。

(2) 原因分析

由于在拖拉机猛摆头时会同时听到后桥左侧发出异响,故先从后桥开始对该机进行检查。将后桥体盖板打开,经检查无可疑之处。然后将左履带板打下,并把最终传动装置各零部件按顺序拆下。在拆卸过程中，发现从动齿轮(即大减速齿轮)中的一个齿断掉了，其他零部件经检查均无毛病。看起来拖拉机在直线行驶时猛向左摆头的原因即由该最终传动装置中的左从动齿轮断掉一个齿而引起的。

当最终传动装置中的左从动齿轮断掉一个齿后，在其左主动齿轮中的某一个齿转到与从动齿轮断齿相遇时，主动齿轮就会在无啮合的状态下转动一个齿的空行程，之后再与从动齿轮断齿的下一个齿重新开始啮合传动。当左主动齿轮中的某一个齿转空行程时，从动齿轮也相应停止转动一个齿的行程，从而使左侧的驱动轮及履带的转动也同样发生相应的停顿，此时因右履带仍在不停转地转动，自然要比左履带多走一个齿的距离，所以就出现了拖拉机在直线行驶中有规律且间断地向左猛摆头的现象。与此同时，由于主动齿轮中的某一个齿与从动齿轮作无啮合后再与下一个齿啮合时，因发生冲击而发出“咔噔”的异响。

(3) 故障排除

对于上述故障的排除，在有较高焊接技术的情况下可以用堆焊方法修复之，否则购置一个新品从动齿轮装复，安装后经过试车，上述故障现象得到排除。

左从动齿轮一个齿断裂的原因，经分析认为可能有：

① 拖拉机驾驶员操纵不当。

② 主、从动齿轮之间夹有硬质物。

③ 铸造和加工留下的隐患。

如果有焊补能力的单位，最好采用堆焊补方法进行修复，这样可节约维修费用。

第 4 章　行驶系统

学习目标：

- 能描述行驶系统的功用、组成及特点；
- 能选择适当的工具拆卸和安装行驶系统；
- 能进行行驶系统调整；
- 会做行驶系统的维护保养；
- 会诊断和排除行驶系统故障；
- 查阅有关资料，拓展有关拖拉机行驶系统的其他知识。

4.1　行驶系统的功用、组成及特点

4.1.1　行驶系统的功用

拖拉机行驶系统的主要作用是实现拖拉机的行驶，即把发动机经过传动系统传到驱动轮轴上的驱动力矩，通过驱动轮与地面间的附着作用产生地面对驱动轮的牵引力，支撑拖拉机的质量，缓和地面的冲击，衰减振动。

4.1.2　行驶系统的组成及特点

轮式拖拉机的行驶系统一般由车架、前桥和车轮组成。

由于拖拉机主要用于田间作业，因此与汽车相比，行驶系统具有以下几个特点：

① 田间土壤松软、潮湿，土壤产生附着力的条件较差，为了提高驱动轮的驱动力，增加车轮与土壤的接触面积，以减少车轮下陷所产生的滚动阻力，驱动轮一般采用直径较大的低压轮胎，且胎面上有凸起的花纹。

② 拖拉机在田间作业时需要经常调头、转弯，为了减少在田间土壤条件下的转向困难，导向轮均采用小直径轮胎，且胎面具有一条或数条环状花纹，以增加防止侧滑的能力。

③ 拖拉机经常要进行中耕作业，为了不伤害农作物，拖拉机不仅要有较高的道路离地间隙，而且还要有合适农艺离地间隙，如图 4－1 所示。

④ 由于拖拉机的田间作业速度较慢，加之低压轮胎本身具有一定的减振和缓冲作用，所以拖拉机后桥上一般未安装弹性悬架和减振器，使后桥与机体刚性连接，而前轴与机体铰链连接。

⑤ 水田土壤是一种特殊的土壤，对行驶系统提出了特殊的要求，为了使拖拉机能够顺利地爬越田埂，能够克服由于沉陷而增加的滚动阻力，同时又能发挥出足够的牵引力。为此，拖拉机的车轮有高花纹轮胎、镶齿水田轮、水田叶轮、间隔式履带板等多种形式。

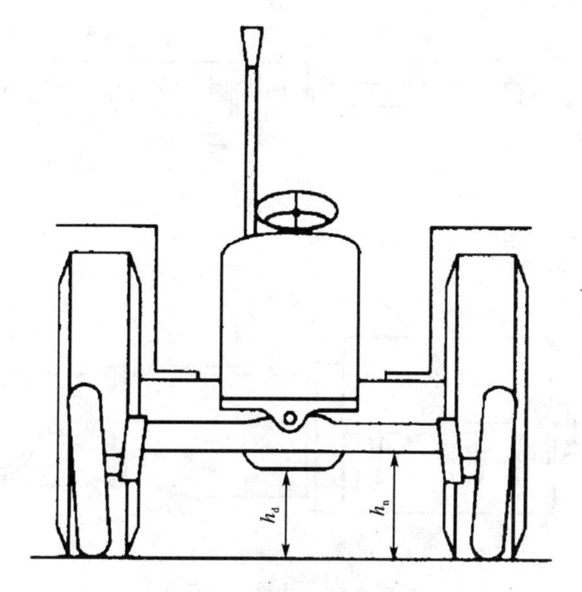

h_d—道路离地间隙；h_n—农艺离地间隙

图 4－1　拖拉机的离地间隙

1. 拖拉机车架

(1) 全梁架式车架

全梁架式车架主要由前梁、前横梁、后横梁、纵梁、后轴和台车轴等组成，如图 4－2 所示。它是一个完整的车架，拖拉机所有的部件都安装在这个框架上。其主要特点是部件拆装方便，但金属用量多，工作中易变形。一般应用在履带式拖拉机上。

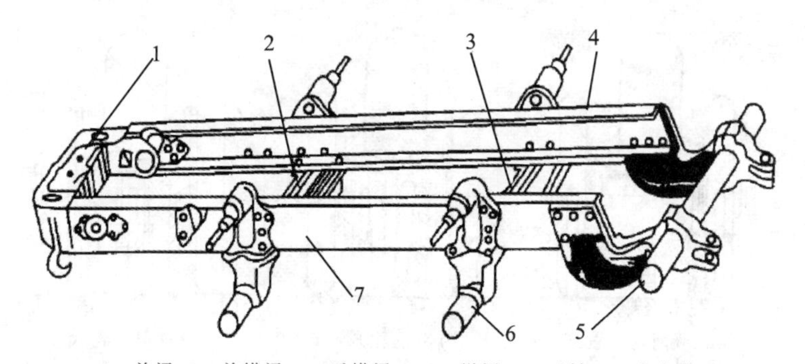

1—前梁；2—前横梁；3—后横梁；4、7—纵梁；5—后轴；6—台车轴

图 4－2　全梁架式车架

(2) 半梁架式车架

半梁架式车架主要由前梁、纵梁、离合器壳、变速箱和后桥壳等组成，如图 4－3 所示，前半部采用专门梁架，用来安装发动机和前桥等。其主要特点是刚度较好，维修发动机方便。

(3) 无梁架式车架

无梁架式车架主要由发动机壳、变速箱壳和后桥壳等组成，没有梁架，而是由各部分的壳体连成，如图 4－4 所示。其特点是可以减轻拖拉机的质量，节约金属；刚度很好；制造和装配技术要求高；拆装不方便。

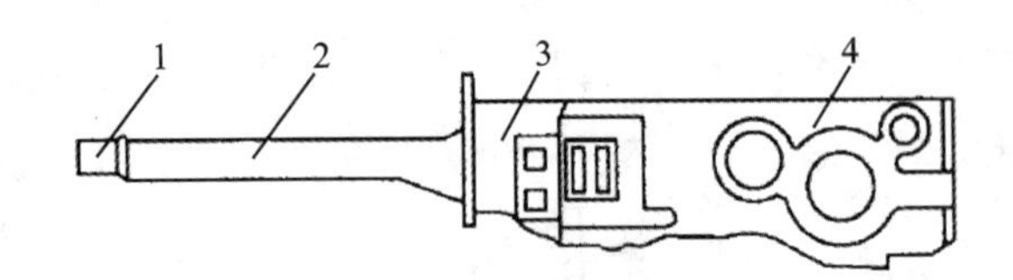

1—前梁；2—纵梁；3—离合器壳；4—变速箱和后桥壳

图 4-3 半梁架式车架

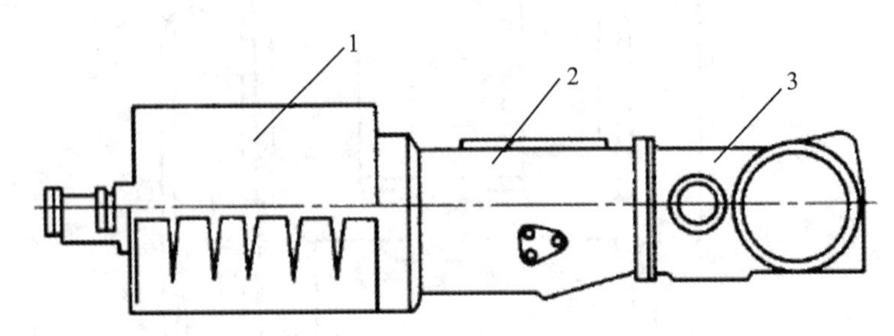

1—发动机壳；2—变速箱壳；3—后桥壳

图 4-4 无梁架式车架

2. 前　桥

(1) 轮式拖拉机前桥形式

如图 4-5 所示，轮式拖拉机前桥有双前轮分置式、双前轮并置式和单前轮前桥三种。双前轮分置式前桥行驶稳定性好、轮距可调，一般拖拉机都采用这种前桥。双前轮并置式和单前轮前桥由于前轮位于中间，转弯半径小，离地间隙较大，较适宜高秆作物的行间作业，但稳定性较差，仅少数中耕型拖拉机采用。

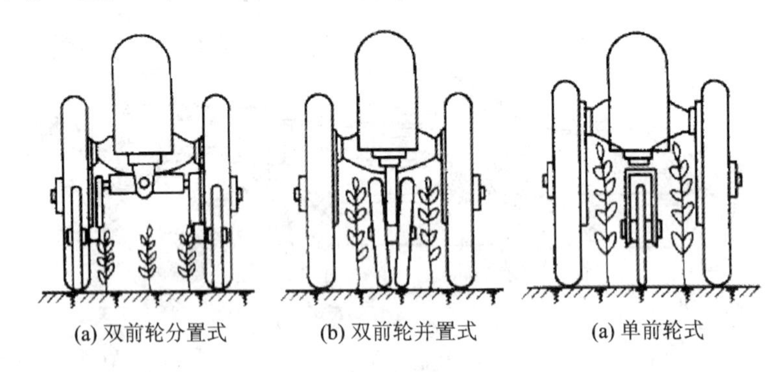

(a) 双前轮分置式　(b) 双前轮并置式　(a) 单前轮式

图 4-5 轮式拖拉机前桥形式

(2) 前桥的结构

两轮驱动和四轮驱动拖拉机的传动系统因结构形式不同而采用不同结构的前桥。两轮驱动拖拉机的前桥由于各机型的地隙和转向操纵机构的不同，也有一定的差异。四轮驱动拖拉机的前桥即为前驱动桥传动系统部分。

1) 两轮驱动拖拉机的前桥

前桥用来安装前轮，是拖拉机机体的前部支承，通过前轮承受拖拉机前部的质量。前轴与机体之间一般采用铰链连接，前桥可以摆动，以保证拖拉机在不平地面上行驶时，两前轮能同时着地。

为了调节前轮轮距，前桥都做成可伸缩的。常用的结构形式有两种：一种是伸缩套管式，另一种是伸缩板梁式。伸缩套管式应用比较广泛，如图 4－6 所示。它主要由主副套管、摇摆轴和转向节等部分组成。主副套管用铸钢制成，用摇摆轴与车架支座铰链连接，摇摆轴用楔形锁销锁紧在前支座的孔内，这样，主副套管可以绕摇摆轴自由摆动。

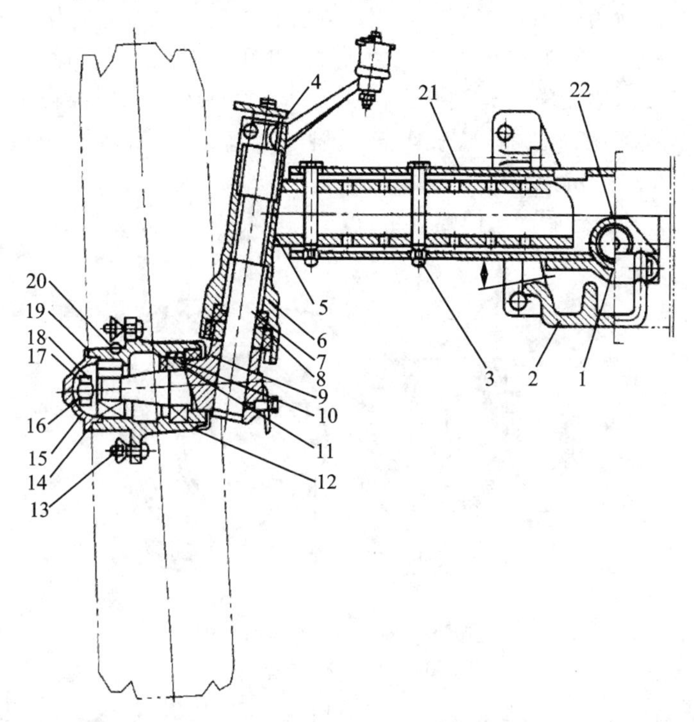

1—摇摆轴；2—托架；3—螺栓；4—转向节臂；5—副套管；6—主套管；7—主销；
8—油封；9—转向节轴；10—垫环；11、19—圆锥轴承；12—前轮毂；13—前轮螺栓；
14—纸垫；15—轴承盖；16—开口销；17—螺母；18—垫圈；20—轴环；21—主套环；22—摆动支承管

图 4－6　两轮驱动拖拉机的前桥

2）四轮驱动拖拉机的前桥

四轮驱动拖拉机的前桥称为前驱动桥。如图 4－7 所示，前驱动桥主要由前桥壳体总成、横拉杆总成、转向节合件摇、摆轴和托架总成等组成。前驱动桥可根据地形的高低不同而绕前桥摆销自由摆动。有的四轮驱动拖拉机的前轮轮距不可调，有的是通过改变轮辋与辐板的不同装法而达到不同轮距的。

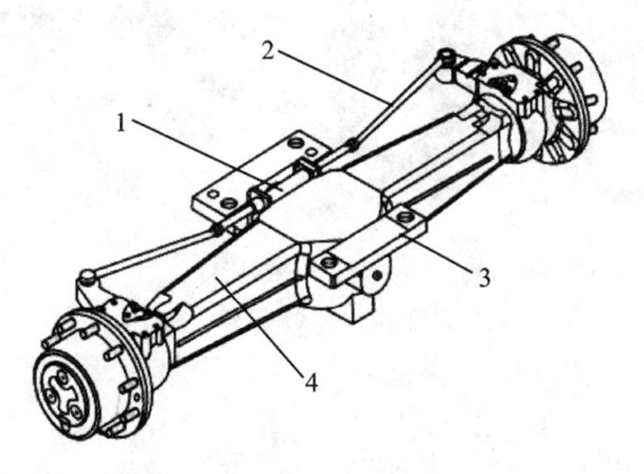

1—转向油缸总成；2—横拉杆总成；3—托架总成；4—前桥壳体总成

图 4－7　四轮驱动拖拉机的前桥

3. 车轮与轮胎

拖拉机上的车轮，除了用于水田的铁轮外，都采用低压充气轮胎。这种轮胎具有结构简单、质量轻和吸收振动等优点。拖拉机前轮引导拖拉机行驶的方向，称为导向轮，后轮传递扭矩并驱动拖拉机前进，称为驱动轮。但四轮驱动拖拉机的前轮既有导向作用又有驱动作用。

拖拉机车轮的橡胶轮胎，通常为充气压力在 0.5 MPa 以下的低压胎，一般导向轮的充气压力在 0.2～0.24 MPa，驱动轮的充气压力在 0.18～0.2 MPa。低压橡胶轮胎易变形，可增大与地面的接触面积，提高附着性能，减轻车轮下陷，在松软地面有较好的通过能力。规格为 6.00－16 in(1 in＝25.4 mm)或 6.50 －16 in。

有内胎的轮胎由内胎、外胎和气门嘴等组成，车轮由轮辋、轮辐等组成，如图 4－8 所示。

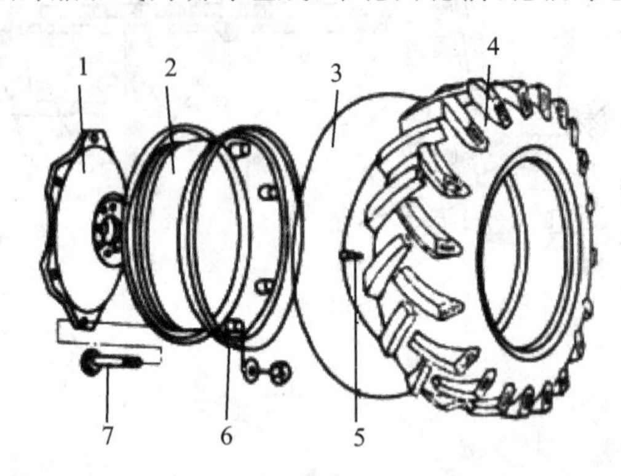

1—轮辐；2—轮辋；3—内胎；4—外胎；5—气门嘴；6—连接凸耳；7—连接螺栓

图 4－8　轮胎车轮

轮辋的内壁焊有连接凸耳，通过螺栓与轮辐相连。轮辐多呈盘碟状，将轮辋与轮毂连接起来，用螺栓紧固在驱动轴的接盘上。每个驱动轮上辐板可装配重块，用来提高拖拉机的附着性能。外胎采用“八”字形花纹，能够自行脱泥，因此防滑性能较好。但是它的耐磨性比“人”字形花纹要差些。安装时，轮胎花纹方向不可装反。拖拉机水田作业时，驱动轮可采用水田轮，如图 4－9 所示。其特点是胎面花纹比普通轮胎高 2～3 倍，胎纹较大，轮胎断面较宽，胎压较低，花纹呈“八”字形排列。

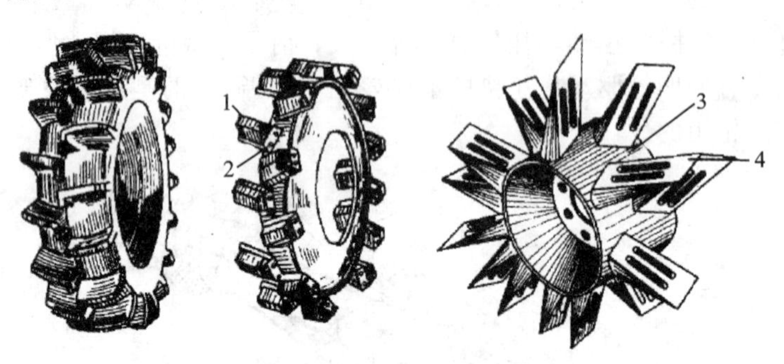

1—塑料齿；2—轮齿座；3—轮毂；4—叶片

图 4－9　水田轮

轮胎尺寸的标注通常用“B—D”的形式表示，B 为轮胎的断面宽度，D 为轮辋的直径，单位均为 in(英寸)。“—”表示低压胎。例如后轮“9—20”表示轮胎截面宽度为 9 in，轮辋的直径为 20 in 的低压胎。近年来，为了提高轮胎的附着性能和行驶平顺性，采用宽扁轮胎。这种轮胎的尺寸标注方法是用“B/H—D”的形式。例如“9.5/9—24”指的是外胎断面宽度为 9.5 in，高度为 9 in，轮辋的直径为 24 in。超低压胎的表示方法与低压胎相同。

4.2　行驶系统的拆装与调整

4.2.1　前桥的拆装

1. 拖拉机前桥的拆装要求

① 在前桥拆卸前，应先将拖拉机置于平坦的地方，把发动机支承垫平；而后使前轮稍许离开地面，松开前桥托架的紧固螺栓，向前推出前桥总成，然后分解各个零件。

② 在前桥装配前，必须将所有零件清洗干净检查衬套与主副套管、摇摆轴、转向节主销的配合尺寸，应符合规定值。

③ 将转向节主销压入前轮轴时，注意对准键槽的位置，装好后用电焊焊牢。

④ 将衬套压入主、副套管，油封装入副套管时，不得倾斜和擦伤。有的拖拉机的转向节主销套装入主销时，需要加热至 100 ℃后装入。

⑤ 把主、副套管穿到一起，装上定位销，拧紧固定螺栓，拧紧力矩必须符合规定值。用摇摆轴把主套管和托架连接在一起，装上限位锁片。再将前桥托架固定到发动机机体上，扳动主、副套管应能在摇摆轴上自由摆动而无卡滞现象。轴向游动间隙应为 0.5 mm 左右，若不符合要求，应改变垫片厚度加以调整。

2. 前桥主要组件的分解

如图 4－10 所示，整个前轴总成可分为三段：中间段的前梁 6、左段的左前梁臂 2 和右段的右前梁臂 7。左、右前梁臂 2 和 7 插入前梁 6 中，可通过不同的安装孔固定，形成不同的长度，用于调节前轮间的轮距。左、右转向节 1 和 9 分别从左、右前梁臂 2 和 7 的座孔下端穿入，上端露出，露出部分分别与左、右转向臂 3 和 8 相连接，左、右转向臂 3 和 8 接收来自转向系统的转向力，推动左、右转向节 1 和 9 绕座孔轴线旋转，从而实现拖拉机的转向行驶。

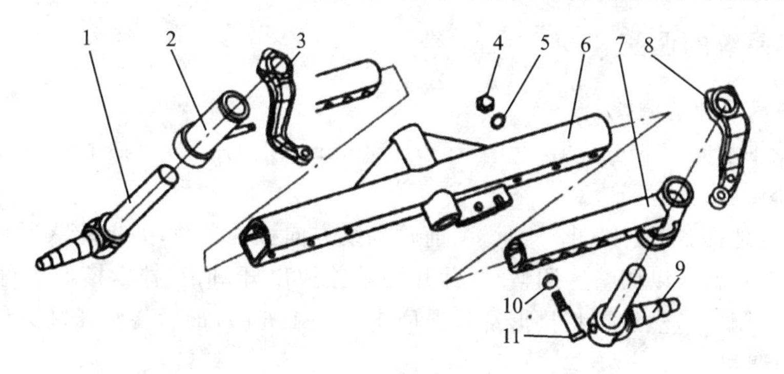

1—左转向节；2—左前梁臂；3—左转向臂；4—前梁臂固定螺母；5—垫圈；6—前梁；
7—右前梁臂；8—右转向臂；9—右转向节；10—前梁臂固定垫套；11—前梁臂固定螺栓

图 4－10　前桥主要组件的分解

3. 转向节总成的分解

如图 4－11 所示，转向节总成以左转向节 9（转向节有左、右之分）为核心，其他零件都套装在其分叉的两根轴上：水平轴主要通过圆锥滚子轴承 12 和 14 支承前轮轮毂 13，从而实现前轮的旋转；立轴主要套装左前梁臂 5，并通过左前梁臂 5 和推力球轴承 7 承受来自拖拉机整机的质量。转向节立轴上端通过半圆键 10 套装有左转向臂 4,由左转向臂 4 将来自转向系统的动力传递给转向节 9,从而实现转向行驶。

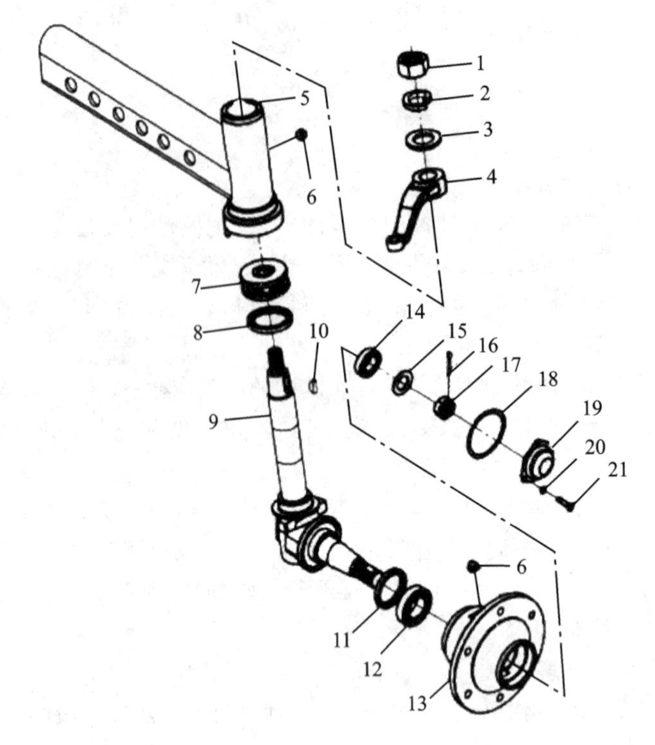

1—螺母;2、20—弹簧垫圈;3—立轴垫圈;4—左转向臂;5—左前梁臂;6—注油嘴;7—推力球轴承;8—立轴油封;9—左转向节;10—半圆键;11—油封;12、14—圆锥滚子轴承;13—前轮轮毂;15—垫片;16—开口销;17—槽形锁紧螺母;18—纸垫;19—轴承盖;21—螺栓

图 4-11　转向节总成的分解

4.2.2　行驶系统的调整

1. 前轮轴承间隙的调整

通常,前轮轴承间隙的正常值为 0.05～0.25 mm。在使用时,因轴承磨损而使间隙增大,如不及时调整,则容易损坏轴承。

将前轮顶离地面,如图 4-12 所示,朝前轮轴线方向推动车轮,如果能感到有轴向移动(间隙在 4 mm 以上),就予以调整。调整时,拆开轴承盖拔出开口销,拧紧槽形螺母(此时用手转动前轮应有较大阻力),然后再将槽形螺母退回 1/12～1/6 圈,最后装好开口销和轴承盖。

2. 轮距的调整

因拖拉机需要满足不同的作业,所以需要有不同的轮距。例如:当耕作时,为了避免偏牵引,往往要求较窄的轮距;当中耕时,为了满足不同的垄距,就需要有不同的轮距与之相适应。

(1) 前轮距调整

如图 4-13 所示,前轮距调整利用伸缩性套管进行有级调节,机型不同,调节范围和每级间隔也不同,应严格按产品的使用说明书操作。对前轮进行轮距调整时,先松开左前梁臂 1 和右前梁臂 4 的固定螺母 2、横拉杆固定螺母 10,然后拔出前梁臂固定螺栓 6 和横拉杆固定螺栓 9,再同时移动左前梁臂 1、右前梁臂 4、转向内横拉杆 11 至需要的位置。调整结束后,装回固

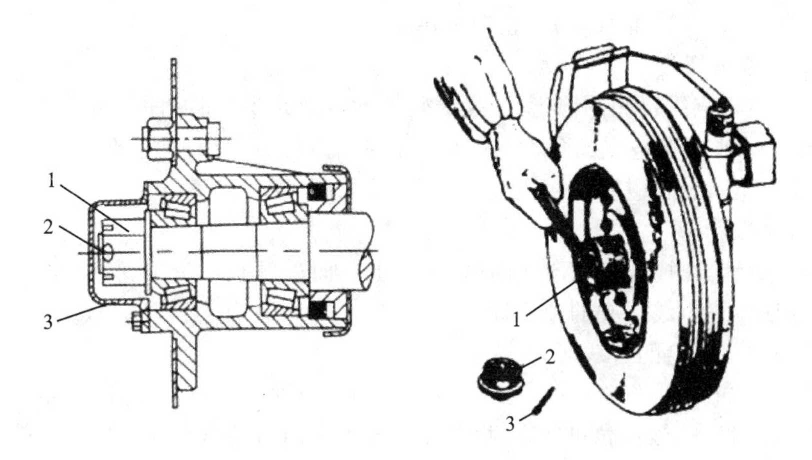

1—槽型螺母；2—轴承盖；3—开口销

图 4-12　前轮轴承间隙的调整

定螺栓和固定螺母，并拧紧。

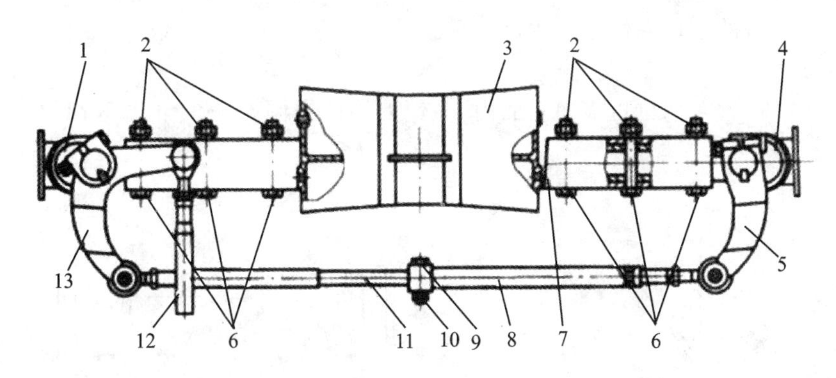

1—左前梁臂；2—前梁臂固定螺母；3—托架；4—右前梁臂；5—右转向节臂；6—前梁臂固定螺栓；7—前梁；8—转向外横拉杆；9—横拉杆固定螺栓；10—横拉杆固定螺母；11—转向内横拉杆；12—转向纵拉杆；13—左转向节臂

图 4-13　前轮距调整

(2) 后轮距调整

后轮距调整借助辐板和轮辋间的不同安装位置与方向进行有级调节。某型拖拉机后轮距的具体调整方法，如图 4-14 所示。以图 4-14(a)作为标准（辐板与轮辋方向为正，轮辋从辐板外侧安装为正）。从图中可以看出，图 4-14(a)的辐板采用正装，图 4-14(b)～(e)的辐板均采用反装；图 4-14(a)和(e)的轮辋采用正外装，而图 4-14(b)的轮辋采用反内装，图 4-14

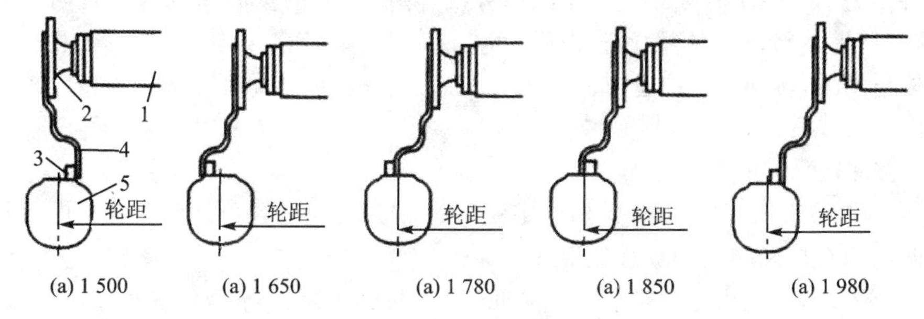

1—最终传动壳体；2—驱动轴；3—轮辋安装耳；4—辐板；5—轮辋

图 4-14　后轮距调整

(c)的轮辋采用反外装，图 4 - 14(d)的轮辋采用正内装。

3. 前轮的定位与调整

为了保证拖拉机直线行驶的稳定性、操纵轻便性以及减少轮胎和机件的磨损，要求前轮和转向主销相对于前轴倾斜一定的角度，保持一定的相对位置，这种倾斜角度确定了前轮的位置，所以叫前轮定位，包括主销内倾、主销后倾、前轮外倾和前轮前束。

(1) 主销后倾

如图 4 - 15 所示，在拖拉机纵向平面内，主销上端向后倾斜一个角度 γ，称为主销后倾角。其功用为：增加拖拉机直线行驶的稳定性，并使转向后的车轮自动恢复到直线行驶状态(即自动回正)，保证拖拉机稳定的直线行驶。

主销后倾后，主销轴线与路面的交点 a 位于车轮与路面接触点 b 之前，这样 b 点到 a 点之间就有一段垂直距离 l。当拖拉机转弯时(图 4 - 15 中是向右转弯)，拖拉机产生的离心力将引起路面对车轮施加侧向反作用力 F，F 通过 b 点作用在轮胎上，形成了绕主销的稳定力矩 $M=Fl$，其作用方向正好与车轮偏转方向相反，使车轮有恢复到原来中间位置的趋势，这一回正力矩，称为稳定力矩。稳定力矩产生的同时，也增加了转向阻力矩使转向时费力。故后倾角 γ 不宜过大，一般拖拉机的主销后倾角 γ 为 0°～5°。

(2) 主销内倾

如图 4 - 16 所示，在拖拉机横向平面内，主销上端向内倾斜一个角度 β，称为主销内倾角。其功用如下：

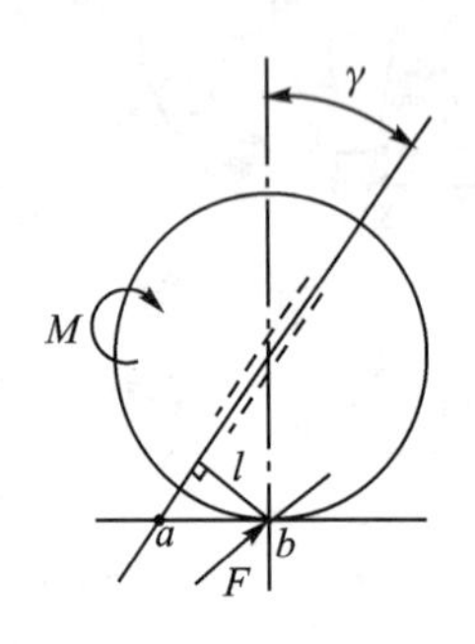

图 4 - 15　主销后倾

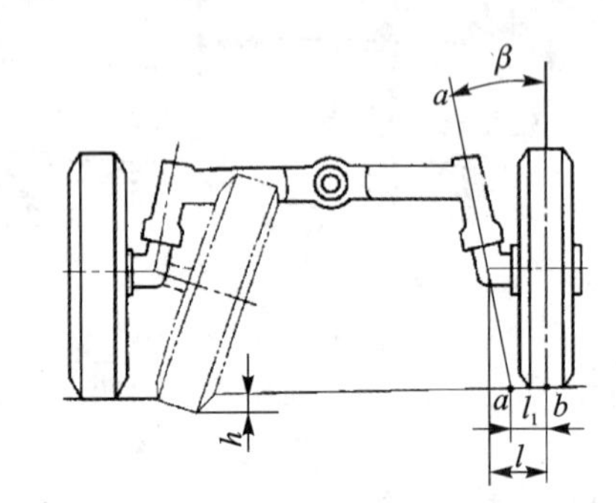

图 4 - 16　主销内倾

① 使转向轮(前轮)在行驶中偏转后能够自动回正，保证拖拉机稳定直线行驶。

② 使转向轮转向轻便，减轻驾驶员的劳动强度。

在前桥重力的作用下有使车轮回正的趋势(以降低原来的重心高度)，且转向轮偏转的角度越大，前桥抬得越高，转向轮的回正作用就越强。因此，在拖拉机转向后，驾驶员只需在方向盘上施加较小的力，转向轮就能迅速回到中间位置。但这也会增加转向时的转向力矩。图中 l 一般为 40～60 mm。

(3) 前轮外倾

如图 4 - 17(a)所示，前轮向外倾斜一定角度 α，称为前轮外倾角。前轮外倾的作用是提高前轮行驶时的安全性和转向操纵轻便性。

如果没有外倾，那么由于主销与衬套之间、轮毂与轴承之间等都存在间隙，若空载时车轮垂直于地面，则满载后前梁将因承载而变形，可能出现车轮内倾，这样会加速轮胎的磨损。另外，地面对车轮的垂直反作用力沿轮毂的轴向分力将使轮毂压向轮毂外端的小轴承，加重了外端小轴承及轮毂紧固螺母的负荷，严重时使车轮脱出。因此，为了使轮胎磨损均匀和减轻轮毂外轴承的负荷，安装车轮时预先使车轮有一定的外倾角，以防止车轮出现内倾。

从图4－17(b)中可以看到，前轮外倾后，地面对前轮的垂直反作用力 R 的轴向分力 F 的作用方向指向前轮轴根，迫使前轮始终压向里面大圆锥滚子轴承，并抵消车轮在转向或在不平地面行驶时所受的向外轴向力，从而减轻了外面小圆锥滚子轴承和轴端螺纹的载荷，使前轮不易发生松脱的危险。前轮外倾角 α 一般为1.5°～4°。

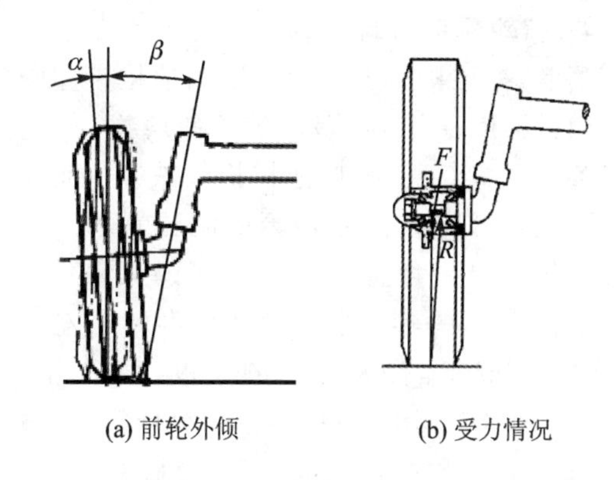

图4－17　前轮外倾及受力情况

(4) 前轮前束

如图4－18所示，从俯视角度看，前轮的前端在水平面上向内收缩一段距离，这种现象称为前轮前束。两轮后端距离 A 大于前端距离 B，其差值 $(A-B)$ 即为前轮前束值。前轮前束的作用是消除由前轮外倾所引起的前轮“滚锥效应”。

由于前轮外倾，前轮在行驶中好似一圆锥体滚动，使它有绕轮轴轴线与地面交点 O 向外滚开的趋势，如图4－19所示。但前轴把两轮连着，实际上前轮又不能像外滚开，而只能由前轴强迫它做直线行驶，这势必造成轮胎横向滑移，从而增加了轮胎磨损和行驶阻力。为了消除这种不良影响，前轮设有适当的前束，使前轮轴线与地面交点 O 的位置略向前移，从而抵消前轮外倾使前轮偏离直行方向的倾向，减轻了轮胎磨损和行驶阻力。

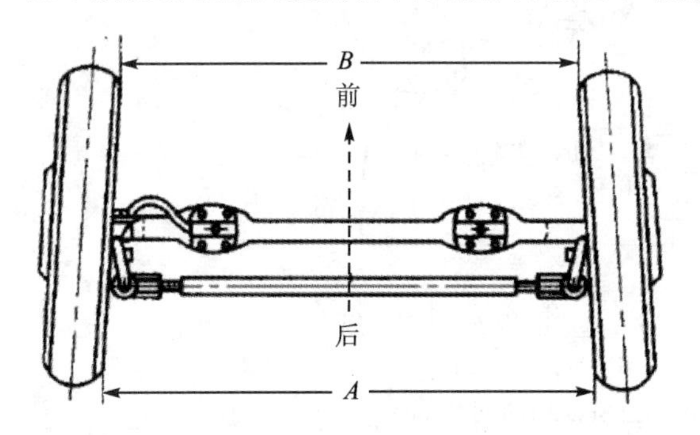

图4－18　前轮前束

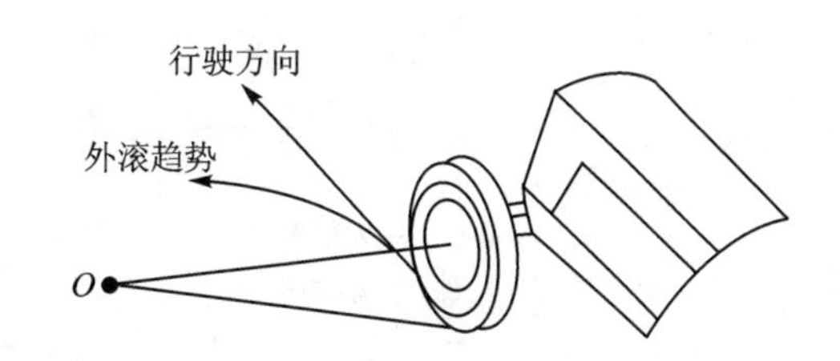

图4－19　前轮外倾后的运动情况

总结：

1. 主销后倾角 γ、主销内倾角 β、前轮外倾角 α、前轮前束值 $(A-B)$ 称为前轮定位。
2. 除前束外，其他三者是拖拉机结构设计制造时确定的，在前轴和转向节轴不变形的情况下，通常不需要调整，修理时应按规定检查其数值，必要时校正或更换零件予以恢复。
3. 在使用过程中，因转向系和前轴各零件的磨损，间隙增大，引起前束值改变，如不及时调整，容易使前轮轴承损坏，轮胎早期磨损。为此，要经常检查和调整前轮前束。

4. 前轮前束的调整

通常，拖拉机每工作 500 h，就应检查和调整前轮前束一次。

(1) 机械转向式拖拉机前束的调整

如图 4－20 所示，将拖拉机停放在平地上，取下左、右纵拉杆，将方向盘转至中间位置(即方向盘自任意一侧的极限位置转至另一侧的极限位置，所转动的总圈数的一半)，摆正前轮，再装上左、右纵拉杆，分别调节左、右纵拉杆的长度，使 A 值在 3～15 mm范围内，调整结束后，将纵拉杆的螺母拧紧。

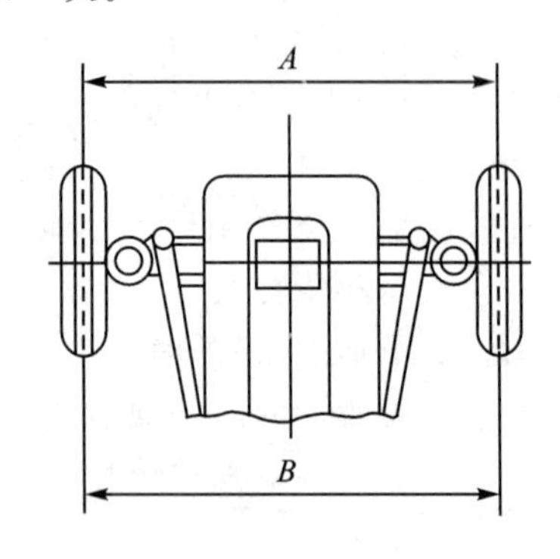

图 4－20　机械转向式拖拉机前束的调整

(2) 液压转向式拖拉机前束的调整

图 4－21 所示，松开左、右转向拉杆的锁紧螺母，使两前轮处于直驶对称位置，调整两转向拉杆，使两转向拉杆长度差值不大于 1 mm，以保证液压缸活塞处于中间位置，再将两转向拉杆向缩短或伸长的方向转动相同的圈数，分别测量两前轮前端及后端的距离，使其差值为 3～15 mm，调整结束后，将锁紧螺母拧紧。

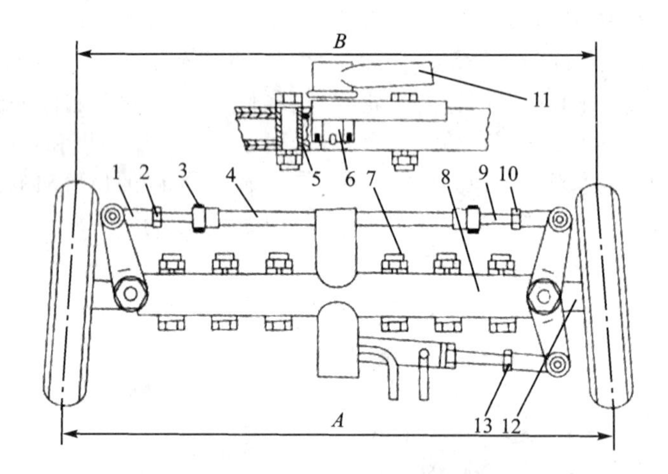

1—横拉杆接头；2—左锁紧螺母；3—夹紧螺栓；4—横拉杆；5—支撑套管；6—开槽螺母；7—紧固螺栓；8—外套管焊接组件；9—右伸长；10—右锁紧螺母；11—转向油缸；12—内套管焊接组件；13—活塞杆锁紧螺母

图 4－21　液压转向式拖拉机前束的调整

4.3　行驶系统的维护保养与故障排除

4.3.1　行驶系统的使用维护

1. 前轮轴承间隙的调整

前轮轴承由于长期使用或润滑不良而磨损，间隙增大，会造成前轮晃动，因此应经常检查，及时调整。通常每工作 800 h，应检查调整一次，一般保证前轮无明显轴向游动，又能灵活转动即可。

2. 轮距的调整

拖拉机在田间作业时，根据农作物的行距不同，轮距需要相应地调整。后轮轮距的调整方法可分为有级调整和无级调整两种。

前轮轮距的调整方法几乎都是采用有级式的，这是因为前轮较窄，容易适应不同作物的行距。一般通过改变左、右转向节支架与前轴的相对位置来调整前轮轮距。前轮轮距的调整方法是：拔出左、右定位销，松开夹紧螺栓，改变左、右拉杆长度，拉出或推进转向节支架管到规定值，而后装复固紧。

3. 前轮前束的检查调整

每工作 500 h，应调整一次前轮前束；当前轮前束有明显改变或调整轮距后，必须检查调整前束。

4. 轮胎的使用维护

轮胎在使用中应注意如下几点：

① 轮胎气压应经常保持规定值(夏季应比其他季节低些)。气压过高，胎体帘布层过分拉伸而断裂，加速胎面磨损，降低减振作用。气压过低，使轮胎帘布层脱胶和断线，而轮胎过分变形，还会加速胎面磨损，并增大行驶阻力。

② 拖拉机行驶速度应根据实际情况掌握，不允许在不平坦路面上高速行驶和急刹车，尽量不用拖、拉的方法启动发动机，以免轮胎早期磨损。

③ 轮胎不得沾染油、酸、碱等，以防腐蚀。

④ 经常保持前轮前束值正确，以防前轮早期磨损。

⑤ 长期不工作时，应将机车顶起，使轮胎不承受压力，但不要放气。另外，应防止轮胎受曝晒。

⑥ 拆装轮胎时，首先应将内胎中的空气放掉，并应在无油污、平整、坚硬、干净的地面上进行；使用专用工具，不用有缺口、尖角的工具，切不可乱敲乱打。安装时不得将泥沙带入，花纹方向不得装反。如果条件具备，应使用轮胎拆装机进行拆装。

⑦ 四轮驱动拖拉机在硬路面作一般的运输作业时，不允许接合前驱动桥，否则会引起前轮胎早期磨损，增加燃油消耗。只有当雨雪天气、路面较滑、上大坡后轮容易打滑时，才能接合前桥。当拖拉机驶出困难路段后，应将前驱动桥分离。

⑧ 前轮胎磨损较快且轮胎花纹左右两侧磨损不均时，可根据实际情况将左右轮胎调换使用。

4.3.2　行驶系统的故障排除

1. 前轮左右摇摆

前轮左右摇摆产生的原因与排除方法如下：

① 前轮轴承间隙过大。检查轴承间隙，调整到规定值，必要时更换新件。

② 转向节支架内铜套和转向节轴磨损，使配合间隙增大。按前述方法修复。

2. 轮胎早期磨损

轮胎早期磨损产生的原因与排除方法如下：

① 前轮前束调整不当。重新调整至规定值。

② 操作不当。换挡起步猛松离合器、重负荷大油门高速起步、不必要的急刹车、超负荷作业引起轮胎打滑、转死弯和打死转向盘前轮滑移及用拖拉法启动发动机等，均会造成轮胎与地面猛烈摩擦。

③ 拖拉机停放和轮胎保管不当，阳光曝晒，油污侵蚀，使轮胎老化腐蚀变质。

④ 轮胎气压不适当。轮胎充气时,应注意使用充气压力表来衡量充气压力,确保符合规定值。

4.3.3 故障维修实例

一台东方红-504型轮式拖拉机工作时,前轮驱动失效。

1. 故障现象

一台东方红-504型轮式拖拉机工作时发现后轮打滑,前轮不转现象,致使拖拉机不能驶出。

2. 故障原因解析

该拖拉机为四轮驱动,其驱动能力较大,一般恶劣环境是可以克服继续前进的,此时拖拉机不能够继续前进,其原因就是前驱动能力失效。

前驱动失效可能原因有:①操纵手柄未在接合位置;②前桥差速器有故障;③前桥总成有零件损坏;④驱动连接盘磨损或固定螺钉松动。

根据上述故障的可能原因逐一排查,首先检查传动箱,操纵手柄的位置,齿轮与传递接合是否正常,其结果均属正常。再将拖拉机架起,使前轮悬空,该拖拉机接合前驱动挂挡工作;检查前轮是否转动,是否有异常声音,检查结果是前轮不转,且其内部有摩擦响声,这可能就是故障的所在。拆卸前轮总成,经检查,发现驱动连接盘与前轮轴总成的紧固螺钉松脱,这无疑为故障的根源。当驱动连接盘与驱动轴总成的紧固螺钉松脱后,致使驱动连接盘与前驱动轴总成之间脱离关系,两者不能一起转动,故驱动连接盘不能转动,自然固定其上的前轮胎亦不转动。再则,在驱动轴总成转动时其端面与驱动连接盘端面之间产生相对摩擦现象,因而发生摩擦响声。

3. 故障排除

驱动连接盘与前驱动轴总成的紧固螺钉之所以会松脱,其原因可能是:一没有将螺钉拧紧,二螺孔磨损严重。经检查,当螺钉拧入后其旷量较大,为此对螺孔重新攻螺纹,配以加大直径的螺钉并加上新的止推垫片,将螺钉按规定力矩拧紧。

该拖拉机经过上述处理装复后,经拖拉机前轮悬空检查,前轮恢复了转动。后经作业试验一切正常。

第 5 章　转向系统

学习目标：

- 能描述转向系统的功用和类型；
- 能描述转向系统的组成和工作原理；
- 能进行转向系统的维护与保养；
- 能选择适当的工具拆装转向系统；
- 会诊断和排除转向系统故障。

5.1　转向系统的作用、类型及特点

5.1.1　转向系统的作用

轮式拖拉机的转向系统是使车轮或机架偏转以实现转向的系统。至于那些改变两侧驱动力和两侧驱动轮转速的机构(如差速器、转向牙嵌等)，虽然与转向有关，但它们只是将发动机动力传给驱动轮的一个环节，因此仍属于拖拉机的传动系统。

转向系统的功用是改变拖拉机的行驶方向和保证其直线行驶。拖拉机不仅在田间作业时必须头转弯，而且在平直的大道上行驶，由于两侧驱动轮轮胎气压的不等及路面高低不平等原因，拖拉机也会自动跑偏。因此，驾驶员需要经常操纵转向系统以达到拖拉机的转向目的或操纵转向系统来保持拖拉机既定的行驶方向。

5.1.2　轮式拖拉机的转向方式

为了使拖拉机转向，必须给拖拉机施加一个与转弯方向相同的转向力矩，以克服拖拉机转弯时的转向阻力矩。施加转向力矩的转向盘有以下几种：

① 偏转车轮；

② 偏转机架；

③ 使两侧车轮的驱动力不等；

④ 综合式。

1. 偏转车轮转向

偏转左、右前轮转向大多数拖拉机后部带牵引式或悬挂式机具，并由前轮导向，后轮驱动。转向力矩由地面对导向轮的侧向力产生。

2. 偏转机架转向(折腰转向)

拖拉机的前后机架铰接，并在水平面内可相对转动，以实现拖拉机的转向运动。有的机架还能绕着摇摆销作相对摆动，使各车轮与水平的地面能良好地接触，如图 5－1 所示。

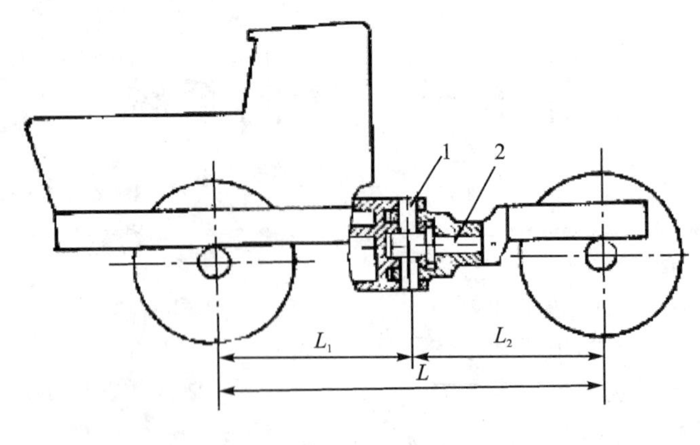

1—铰销;2—摇摆销

图 5-1 折腰转向

5.1.3 转向系统的类型

按偏转车轮或机架的力的来源,转向系统分为机械转向系统和动力转向系统两种类型。

1. 机械转向系统

机械转向系统一般由转向操纵机构、机械转向器和转向传动机构三部分组成,驾驶员用人力操纵转向盘使车轮或机架偏转,一般在中小型拖拉机上采用机械式转向系统。

2. 动力转向系统

动力转向系统是用发动机的动力经转化后来推动车轮或机架偏转的,驾驶员操纵其控制部分,从而降低了劳动强度,通常用于大中型拖拉机上。动力转向系统根据工作介质的不同,可分为气压式和液压式两类。

(1) 气压式转向系统

气压式转向系统对加工精度要求较低。主要缺点是工作压力一般不超过 1 MPa,气缸尺寸及质量大,不便布置,由于气体的可压缩性,转向系统的灵敏度较差,因与制动系统共用气源,当制动后储气筒内的气压下降时,会出现压力不足现象,使转向变得沉重。由于上述缺点,故很少采用气压式转向系统。

(2) 液压式转向系统

液压式转向系统的工作压力可达 7～10 MPa,甚至更高些。其液压缸尺寸和质量都较小,系统结构紧凑。由于液体几乎不可压缩,因此转向灵敏度高。油液的阻尼还能减缓来自地面的冲击,而且无需考虑润滑问题。因此虽然其结构复杂,对加工精度和密封要求高,但仍是目前采用的主要类型。

液压式转向系统又分为液压助力转向系统和静液压转向系统两种。液压助力转向系统在转向盘与导向轮或机架之间有机械联系,因此当液压助力失灵时还可实现机械操纵。静液压转向系统的转向盘与导向轮或机架之间没有机械联系,只能通过油液传力来推动导向轮或机架偏转。

静液压转向系统与液压助力转向系统的主要区别在于:系统中没有机械转向器和机械外反馈机构,转向盘与导向轴之间无任何机械联系,反馈作用不是由外部与导向轮相联系的杆件来实现,而是自液压转向器内部的机构或在转向控制阀和转向计量泵以外设置的反馈液压缸来实现。

与液压助力转向系统相比，静液压转向系统无需机械转向器，具有结构简单紧凑，布置方便，润滑、保养和调整的部位少，成本较低等优点。因此，在国内外大中型轮式拖拉机上广泛应用。这种转向系统统一般没有(或稍有)地面反馈感觉和自动回正作用，适用于行驶速度不高于 40 km/h 的轮式拖拉机。这种系统的缺点主要是当液压元件出现故障时，转向动作可能失灵。因此，系统的可靠性要求高。另外，其地面反馈感觉和自动回正性能较差，但低速车辆对这一点的要求并不突出。

5.2　机械式转向系统

机械式转向系统主要由转向操纵机构(包括转向盘和转向轴)、转向器和转向传动机构等组成，如图 5-2 所示。

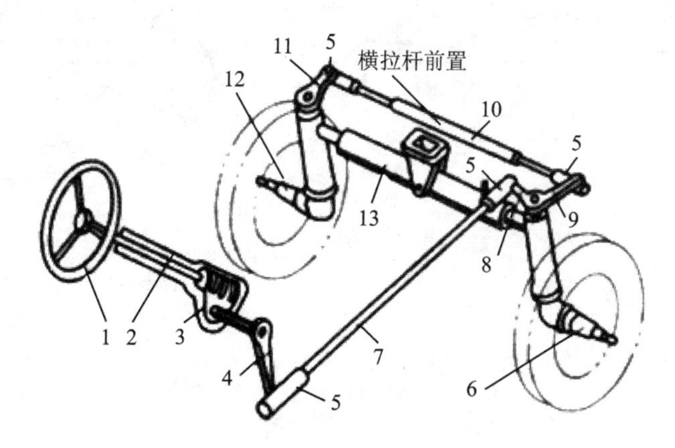

1—转向盘；2—转向轴；3—转向器；4—转向摇臂；5—转向球接头；6—右转向节；7—纵拉杆；8—转向节臂；9—右梯形臂；10—横拉杆；11—左梯形臂；12—左转向节；13—前梁

图 5-2　机械转向系统

在转向时，驾驶员转动转向盘 1，通过转向轴 2 将转向力矩输入转向器 3(转向器具有减速增矩作用)。经转向器 3 减速后的运动和增大后的转向力矩传到转向摇臂 4，再通过纵拉杆 7 传递给固定在右转向节 6 上的转向节臂 8，使右转向节 6 及装于其上的右转向轮绕右转向节立轴轴线偏转。左、右梯形臂 12 和 9 的一端分别固定在左、右转向节 13 和 6 上，另一端则与横拉杆 10 通过转向球接头 5 作球铰链连接。当右转向节 6 偏转时，经右梯形臂 9、横拉杆 10 和左梯形臂 12 的传递，左转向节 13 及装于其上的左转向轮随之绕左转向节立轴轴线同向偏转相应的角度。梯形臂、横拉杆 10 和前梁 13 构成转向梯形，其作用是在拖拉机转向时，使内、外转向轮按一定的规律进行偏转。

1. 转向器

转向器将方向盘的操纵力矩传递给转向摇臂，再通过转向传动机构使导向轮偏转，它同时起减速、增扭和改变力矩方向的作用。转向器主要有球面蜗杆滚轮式、循环球齿条齿扇式、蜗杆曲柄指销式等几种。

(1) 球面蜗杆滚轮式转向器

1) 组成及工作原理

球面蜗杆滚轮式转向器，如图 5-3 所示，主要通过球面蜗杆 9 和滚轮 15 进行减速增矩。转向轴通过平键固定在球面蜗杆上，而球面蜗杆又用两个圆锥滚子轴承支承在转向器壳体上，转向摇臂轴的一端通过铜套支承在壳体上，另一端通过圆柱滚子轴承支承在侧盖上，摇臂轴的中部有凸起的U形销座，其上通过转向滚轮轴、轴承座和钢球支承转向滚轮，滚轮与球面蜗杆相啮合。当转动方向盘时，力经过转向轴12使球面蜗杆9转动，滚轮15沿球面蜗杆的螺旋槽滚动，从而带动转向摇臂轴4转动，使转向摇臂摆动。摇臂的摆动拉动了转向纵拉杆，从而操纵了转向梯形促使两个导向轮偏转。

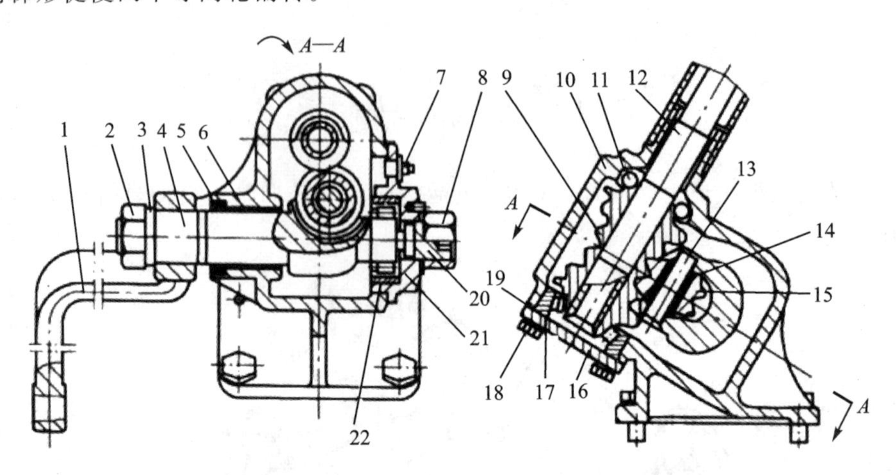

1—转向摇臂；2—螺母；3—弹簧垫圈；4—转向摇臂轴；5—密封圈；6—铜套；7—注油嘴；8—锁紧螺母；9—球面蜗杆；10—壳体；11、17、22—轴承；12—转向轴；13—滚轮轴；14—滚针；15—滚轮；16—下盖；18—螺栓；19—调整垫片；20—调整螺钉；21—转向摇臂轴端盖

图5-3 球面蜗杆滚轮式转向器

2）蜗杆轴承预紧度调整

蜗杆轴承预紧度的调整方法是增减壳体10和下盖16之间的调整垫片19的厚度。要求不装转向摇臂轴总成时，转动转向盘的阻力矩为0.49～0.98 N·m。

3）啮合间隙调整的调整

调整球面蜗杆9和滚轮15之间的啮合间隙时，应先调整好蜗杆轴承预紧度，且滚轮15应处于球面蜗杆9的中间位置。如果滚轮15与球面蜗杆9在两端啮合较紧，而在中间位置有较大的啮合间隙时，则表明球面蜗杆9与滚轮15磨损严重，应予以更换。调整时，将转向摇臂轴调整螺母8旋松，然后转动转向摇臂轴调整螺钉20，顺时针转动时啮合间隙减小，反之则增大。调整后，当滚轮15处在中间位置（即转向摇臂处于垂直位置）时，不得有啮合间隙，此时，转动转向盘的阻力矩应为1.47～2.45 N·m。

（2）循环球齿条齿扇式转向器

1）组成及工作原理

图5-4所示为拖拉机常采用的循环球齿条齿扇式转向器，主要由转向螺杆、转向螺母和齿扇等组成。与其他形式的转向器相比，这种转向器在结构上的主要特点是有两级传动副。第一级传动副是螺杆-螺母；第二级传动副是齿条-齿扇。在螺杆-螺母传动副中加进了传动元件——钢球。

在转向螺杆上松套着转向螺母。在螺杆和螺母的内圆面上制出断面近似为半圆形的螺旋槽，二者的槽相配合即成近似圆形断面的螺旋形通道。螺母侧面有孔，将钢球从此孔塞入通道内。螺母外面有两根钢球导管，每根导管的两端分别塞入螺母侧面的孔内，导管内也装满钢

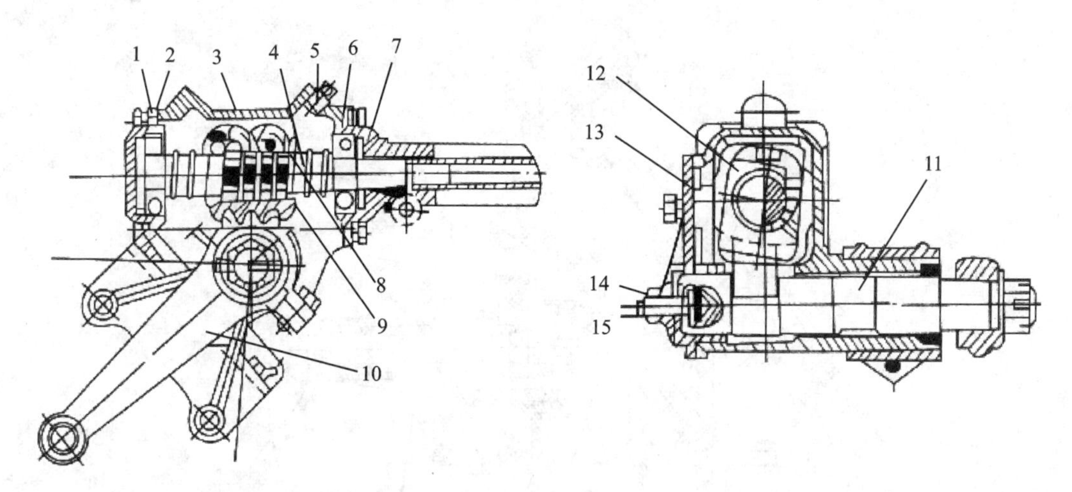

1—下盖；2、6—垫片；3—外壳；4—转向螺杆；5—加油螺塞；7—上盖；8—导管；9—钢球；10—转向摇臂；11—转向摇臂轴；12—转向螺母；13—侧盖；14—锁紧螺母；15—调整螺钉

图 5-4　循环球齿条齿扇式转向器

球。这样，两根导管和螺母内的螺旋形通道组合成为两条各自独立的封闭的钢球“流道”。当转动螺杆时，通过钢球将力传给螺母，螺母即产生轴向移动。同时，由于摩擦力的作用，所有钢球便在螺杆与螺母之间滚动，形成“球流”。钢球在螺母内绕行两圈后，流出螺母而进入导管，再由导管流回螺母内。故转向器工作时，两列钢球只是在各自的封闭流道内循环，而不会脱出。

螺母的外表面切有与变齿厚的齿扇相啮合的等齿厚的齿条，齿扇与转向摇臂轴制成一体，支承在壳体内的衬套上。当转动螺杆时，螺母轴向移动，通过齿条和齿扇，使转向摇臂轴转动，再通过转向传动机构带动转向轮偏转。

2）轴承预紧度和啮合间隙的调整

转向螺杆 4 支撑在两个推力球轴承上，轴承的预紧度可通过增减下盖 1 的调整垫片 6 和上盖 7 的调整垫片 2 来调整。

转向摇臂轴的端部嵌入调整螺钉 15 的圆柱形端头。调整螺钉拧在侧盖上，并用螺母 14 锁紧。因齿扇的高度是沿齿扇轴线变化的，故转动调整螺钉可使转向摇臂轴 11 产生轴向移动，调整齿扇与齿条的啮合间隙。

（3）蜗杆曲柄指销式转向器

在蜗杆曲柄指销式转向器中，传动副以转向蜗杆为主动件，从动件是装在摇臂轴曲柄端部的指销。转向盘带动转向蜗杆转动时，与之啮合的指销即绕摇臂轴的轴线沿圆弧运动，并带动摇臂轴摆动。这种转向器的特点是结构较简单，传动效率较高，可逆性适中，摇臂轴转角较大，啮合间隙可调等。

蜗杆曲柄指销式转向器可以根据指销数目分为单销式和双销式。图 5-5 所示为单销式转向器。锥形指销与蜗杆相啮合。蜗杆具有不等距梯形螺纹，它支承在两个圆锥滚子轴承上。指销与转向蜗杆的啮合间隙可以通过调整螺钉进行调整。

2. 转向传动机构

（1）转向传动机构的布置形式

转向传动机构有梯形式和双拉杆式。转向梯形式是由横拉杆、纵拉杆、转向梯形臂、转向节臂、转向摇臂和前轴组成的机构，在水平面内的投影呈梯形，所以将该机构叫做转向梯形。

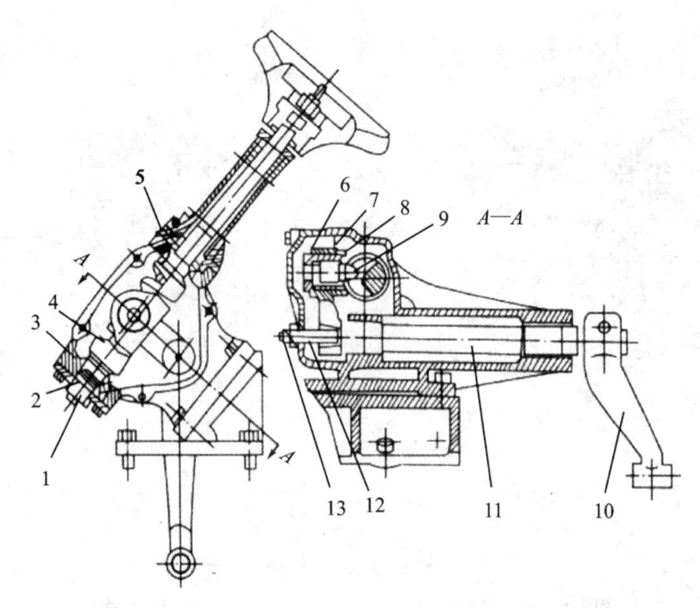

1、12—调整螺钉；2、13—调整螺母；3、5—锥轴承；4—蜗杆；
6—指销座；7—止推轴承；8—滚针轴承；9—指销；10—摇臂；11—摇臂轴

图 5-5 蜗杆曲柄指销式转向器

其作用是使两前轮获得不同的偏转角度，使两个前轮都做无侧滑的纯滚动，从而降低行驶阻力，减少轮胎磨损。

拖拉机转向时，两前轮同时偏转，而转向梯形保证了两前轮的偏转角近似地达到无侧滑所要求的关系(即内侧轮偏转角大于外侧轮偏转角)。根据转向梯形设置在前轴之前或之后，梯形式转向操纵机构又可分为前置式转向梯形和后置式转向梯形两种，如图 5-6 所示。

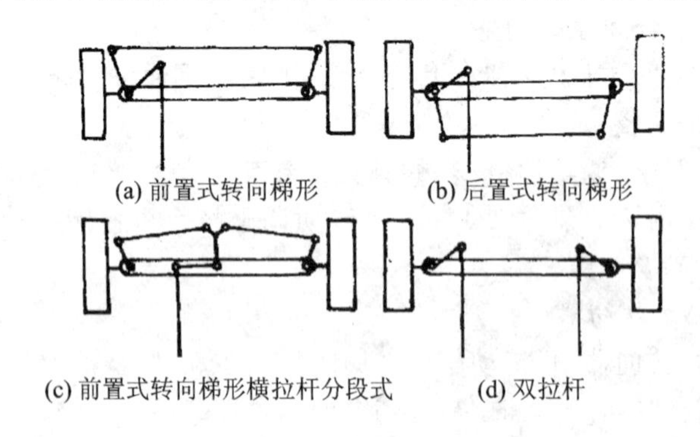

图 5-6 拖拉机转向传动机构的布置形式

前置式转向梯形(见图 5-6(a))的横拉杆布置在前轴之前，较易因碰撞而弯曲或损坏，另外由于前置式转向梯形的梯形臂向外偏斜，为了避免与导向轮相碰，必须加大转向节立轴与导向轮之间的距离，因而必然会增大转向阻力臂而使操纵费力。

后置式转向梯形(见图 5-6(b))没有这个缺点，但为了使横拉杆不致与发动机相碰，须将发动机往后布置。这样，后置式转向梯形有时就受总布置条件限制而不能采用。

有的拖拉机采用分段式转向梯形(见图 5-6(c))，梯形由中央的梯形臂带动。这种布置有利于获得较大的偏转角。当变型为单前轮时，结构改动较少。

与单拉杆转向梯形相比，双拉杆机构(见图 5-6(d))可以使两导向轮的偏转角更接近无侧滑的要求，并且可以得到较大的导向轮偏转角。由于没有横拉杆，因此不受发动机底部的限制而较易布置；另外，由于可以缩短导向轮与转向节立轴之间的距离，可减小操纵力。但是它的转向器内要增加一对传动副，结构较复杂。

（2）转向传动机构的结构

1）转向摇臂

转向摇臂与摇臂轴的连接一般多用三角花键，其下部以球头销与纵拉杆作铰链连接。它在摇臂轴上轴向位置的固定通常有两种方法：一种是摇臂上端铣有豁口，摇臂轴上有环槽，通过螺钉将摇臂夹紧在臂轴上，并靠螺钉卡在环槽中以防止其轴向窜动；另一种是将摇臂的花键孔和摇臂轴的花键部分都做成锥面，并利用螺母在端面紧固。

注意：

转向摇臂安装后从中间位置向两边摆动的角度应大致相等，故把摇臂安装到摇臂轴上时，二者有装配记号。

2）纵拉杆

纵拉杆是一根空心管，用以连接转向摇臂和转向节臂。许多拖拉机上的纵拉杆在转向过程中都要做空间运动，因此它与转向节臂和转向摇臂都采用球接头销连接，以保证其运动可靠灵活。为了消除球头磨损后产生的间隙，保持转向操纵机构的灵敏性，纵拉杆两端都设有补偿弹簧，始终将球头销座压紧在球头上。补偿弹簧有横向和纵向两种布置形式，如图 5-7 所示。

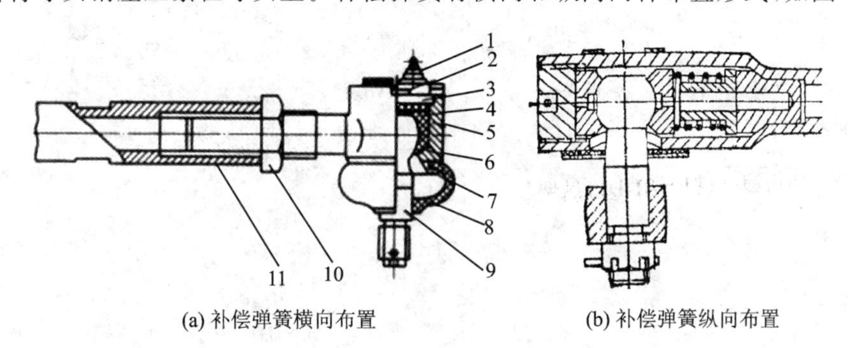

1—润滑脂嘴；2—开口销；3—密封盏；4—弹簧；5—球头销盖；6—球头销座；7—拉杆接头体；8—油封套；9—球头销；10—锁紧螺母；11—纵拉杆

图 5-7　转向纵拉杆及球头销

同时，弹簧还起缓冲作用，为了缓和来自两个方向的冲击，两弹簧应设在两球头的同一侧。有时前轮轮距调整后，为了保持前轮的正确位置，纵拉杆的长度也应随着发生变化，所以一般将空心管两端分别做成左右螺纹，以便调节纵拉杆的长度。

3）转向球接头

转向球接头的作用是在转向杆件机构中，连接两个需要有空间运动的杆件，并传递沿杆件轴线方向的动力，如图 5-8 所示。为防止球头销 9 在使用中磨损松动，在上球头座 6 上部安装有弹簧 3，如果使用中不能自动通过弹簧压力补偿且磨损量在允许范围内，则可以通过螺塞 5 进行压力调整。

4）横拉杆

在转向梯形转向机构中设有转向横拉杆，见图 5-8，它与纵拉杆一样，也要做空间运动，所以，其两端也采用球头销连接，并且补偿弹簧横向布置，以保证工作中长度不变。纵、横拉杆

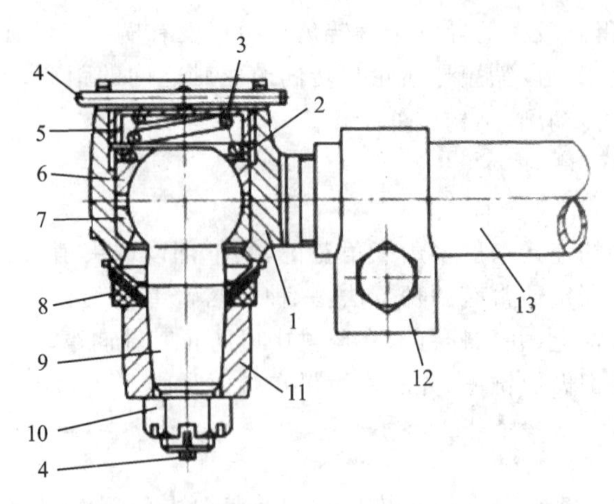

1—球接头体；2—限位套；3—弹簧；4—开口销；5—螺塞；6—上球头座；7—下球头座；
8—密封圈；9—球头销；10—开槽螺母；11—梯形臂；12—夹紧螺栓；13—横拉杆

图 5-8 转向球接头和横拉杆

球头一般都设有注油嘴，加注润滑脂润滑。旋松夹紧螺栓后，转动横拉杆体，即可改变转向横拉杆的总长度，从而调整转向轮前束。

5.3 液压式动力转向系统

对于大中型拖拉机，仅靠机械式转向系统来兼顾转向轻便和灵敏两方面要求已显得比较困难。因此，在大中型拖拉机特别是四轮驱动拖拉机上，较广泛地采用了液压转向系统，使转向操纵十分省力，同时适当选择转向器传动比以保证满足转向灵敏的要求。

5.3.1 组 成

如图 5-9 所示，液压式动力转向系统由液压系统和机械装置两部分组成。其中，液压系统由转向油箱(含滤清器)、转向液压泵(含溢流阀)、液压转向器、转向控制阀、转向油缸和油管等组成。机械装置由方向盘、转向轴、万向节、传动轴、转向节臂、梯形臂和横拉杆等组成，用以

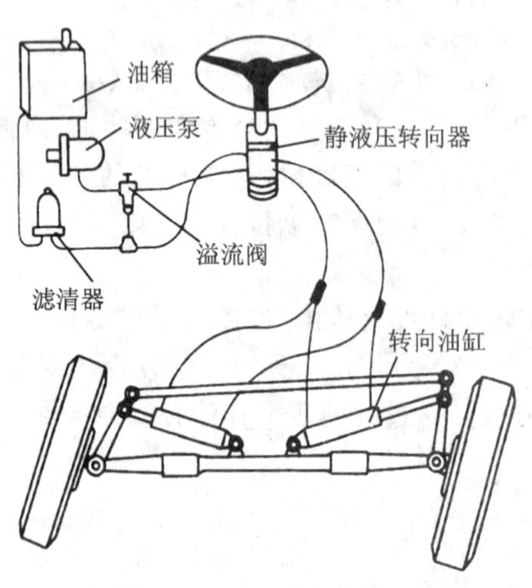

图 5-9 液压转向系统

实现转向操纵，将液压力转变为机械力，并推动转向轮偏转。液压转向系统所用的高压油液由发动机所带动的油泵供给。油泵的类型包括齿轮泵、转子泵、叶片泵和柱塞泵等，齿轮式油泵用得较多。

5.3.2 类 型

液压动力转向系统可分为液压助力式和全液压式两种。全液压转向系统按转向油缸与转向器的位置关系，又分为分开式和整体式两种类型。

1. 液压助力式动力转向系统

(1) 组成及工作原理

液压助力式动力转向装置的转向加力器由蜗轮、蜗杆、油泵、阀套、滑阀和油缸等组成，如图5-10所示。整个转向加力器是由机械式转向器部分和液压式加力器部分组成。机械转向器部分主要是蜗轮、蜗杆，蜗杆的轴向定位与一般的机械式转向器不同，它可在轴向有少量窜动。液压式加力器部分主要由油泵、阀套、滑阀和油缸等组成。

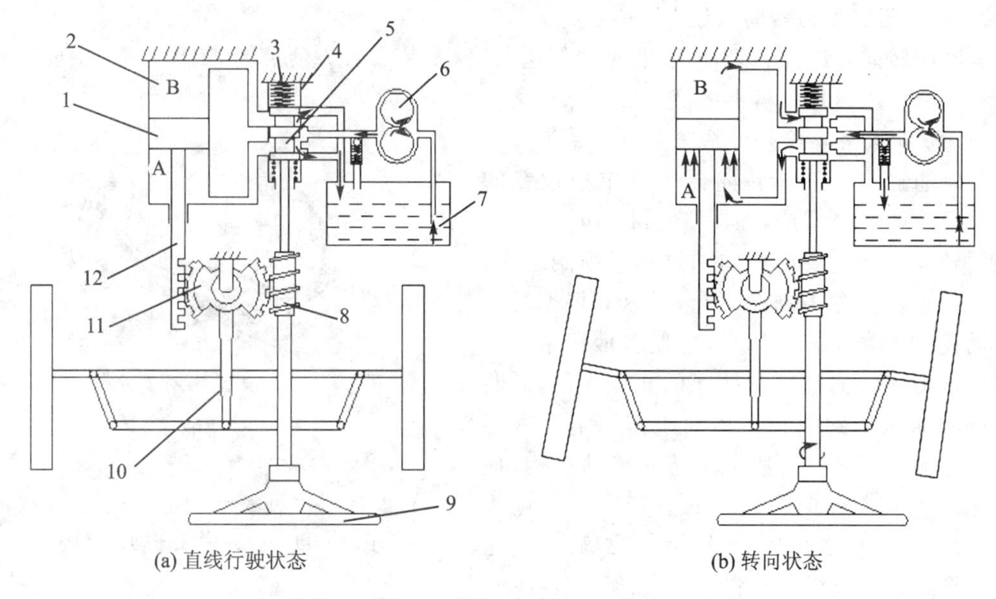

(a) 直线行驶状态　　(b) 转向状态

1—活塞；2—油缸；3—弹簧；4—阀套；5—滑阀；6—油泵；
7—油箱；8—蜗杆；9—转向盘；10—摇臂；11—蜗轮；12—齿条

图5-10 液压式转向加力器原理图

当拖拉机处于直线行驶状态时，滑阀在弹簧作用下处于“中立”位置，即由发动机驱动的油泵所输出的油液经过油管进入阀套，并经回油道流回油箱(图5-10(a))，此时油缸的A、B两腔都与油箱相通，两腔内的压力都等于零，活塞保持不动，拖拉机保持原来的行驶状态。

若向右转向时，即顺时针转动一下转向盘，则蜗杆试图使蜗轮转动。但因为转向轮上受转向阻力，所以蜗轮是暂时动不了的。这样蜗杆就沿着蜗轮按图5-10(b)所示的箭头方向运动，正像螺栓在一个不动的螺母上拧动一样。由于蜗杆向前推动了滑阀，使从油泵通往油缸B腔的油路被堵死，压力油经油道进入油缸A腔，推动活塞向前运动，而B腔的油被压，流回油箱。活塞的移动将通过齿条使蜗轮沿顺时针方向转动，从而通过摇臂和转向梯形使前轮向右偏转。另一方面蜗轮转动时又逐渐将蜗杆拨回初始位置，使滑阀重新回到其“中立”位置，于是活塞又停止不动了，前轮也不再偏转。若要继续使前轮偏转，就需要再转动转向盘，重复上述过程。

转向加力器发生故障时，人力转动转向盘，仍可通过蜗杆、蜗轮实现转向。

（2）使用要求

液压助力式动力转向装置是利用液压动力，协助驾驶员操纵机械转向器，通过转向摇臂及转向传动杆系操纵导向轮偏转。对液压助力式转向装置的要求如下：

① 不转向时，能自动保持转向轮在中间位置，维持拖拉机直线行驶；

② 转向时，转向轮转角的大小与转向盘转角大小成比例，转向与转向盘一致；

③ 转向灵敏，转向轻便，且有路感；

④ 防止反向冲击，拖拉机行驶中发生转向轮与障碍物相撞时，传到转向盘上的撞击力较小；

⑤ 控制阀能自动回正和防止车轮产生振动；

⑥ 良好的随动作用；

⑦ 当转向助力装置失效时，仍可由人力通过机械系统进行转向，确保安全可靠。

2. 全液压式动力转向系统

全液压转向系统操纵轻便灵活，系统结构紧凑，安装布置方便灵活，工作可靠，主要用于四轮驱动和一些进口拖拉机上。

（1）分开式全液压转向系统

转向油缸与全液压转向器分开单独设置的称为分开液压转向系统，如图 5－11 所示。分开式液压转向机构主要由转向油缸和操纵阀组成。驾驶员通过转向盘控制操纵阀，操纵阀根据转向盘转动比例输送相应的油量，以使自液压泵供来的高压油流入转向油缸中活塞的相应一侧，同时另一侧的油流回到油箱。在油压作用下活塞与油缸产生相对运动，于是带动转向传动机构，使导向轮产生向左或向右的偏转。当发动机熄火或液压泵失效时，也可以通过手动方式转向。这种结构形式在拖拉机上布置比较灵活。

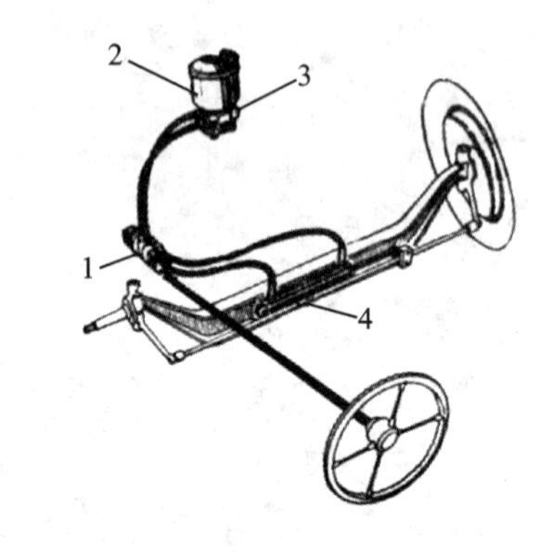

1—操纵阀；2—油箱；3—液压泵；4—转向油缸

图 5－11　分开式液压转向系统

（2）整体式全液压转向系统

转向油缸与全液压转向器做成一体的，称为整体式液压转向系统。整体式液压转向器结构紧凑，管路较少，但当转向负荷很大时，若采用整体式，则结构尺寸会很大，往往使总布置很困难，并且由于转向器需要传递很大的力，路面对车轮的冲击也会传到转向器，容易使转向器磨损。因此，在转向桥负荷大的四轮驱动拖拉机上常采用分开式液压转向机构，即把转向油缸和转向器分开安装。

1）全液压转向器的结构

全液压转向器的具体结构有很多种，比较常用的是 BZZ 系列全液压转向器。全液压转向器由阀芯、阀套、阀体、转子和定子等组成，如图 5－12 所示。

阀芯表面铣有 12 道排油槽和钻有 12 排孔眼，通过连接块与转向轴相连。阀套上钻有许多孔，阀套在阀芯的外面。三组背靠背装配的弹簧片穿过阀芯的长孔与阀套的槽口装配，使得阀芯的各道排油槽和阀套的各个进出油孔保持相对的位置。联动轴一端的叉槽叉在阀套的拨

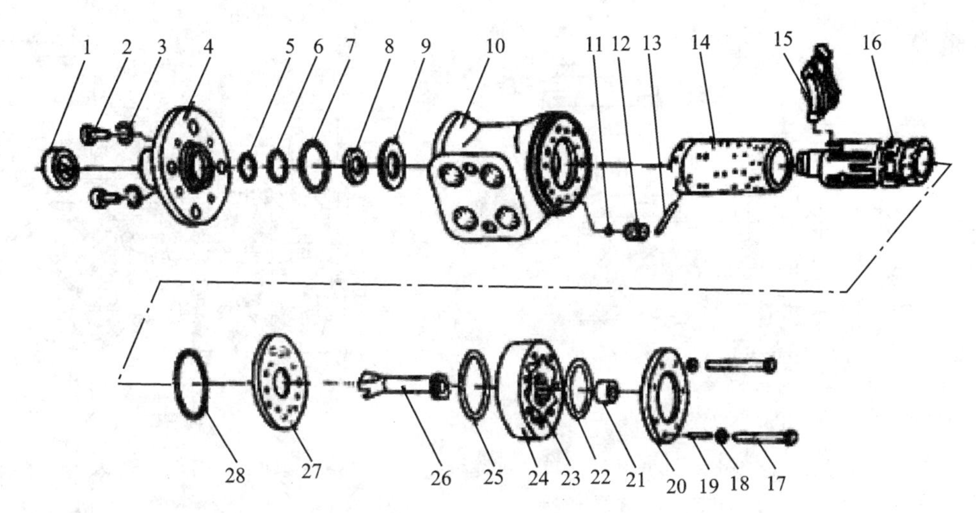

1—连接块；2—螺钉；3—垫圈；4—前盖；5、6、7、22—密封圈；8—挡环；9—滑环；10—阀体；11—钢珠；12—螺套；13—轴销；14—阀套；15—弹簧片；16—阀芯；17—限位螺栓；18—铜垫圈；19—限位销；20—后盖；21—限位柱；23—转子；24—定子；26—联动轴；27—隔套；28—密封圈

图 5－12　全液压转向器的结构

销上，另一端花键齿插入转子的内花键齿中，起传递扭矩的作用。因此，转子旋转时，将带动阀套一起旋转。这样，阀芯、阀套和阀体构成随动转阀，起控制油流方向的作用。

转子和定子构成摆线针轮啮合副。定子为 7 个齿，转子为 6 个齿，它们相啮合后形成 7 个封闭的油腔与阀体上的 7 个油孔相通。转子的公转转速为转子自转转速的 6 倍，两者旋转方向相反。它们在静液压转向器中有两个作用：一是动力转向时当作随动计量马达，以保证流进液压缸的油量与转向盘的转角成正比；二是在人力转向时起手油泵作用。

2）全液压转向系统的工作过程

①“中立”位置（图 5－13(a)）

当转向盘未转动时，阀芯依靠回位弹簧片处于中间位置，从油泵来的油液沿着图中箭头所示方向进入阀体进油口环，此时阀套和阀芯与回油孔是相通的，而其他油口均被堵死，油经分配阀回油孔流回油箱。因此，液压机构不起作用。转向油缸活塞两端腔内的油，由于两个油口均被转向阀芯所堵，即不能递能进也不能出，油缸的活塞不能移动，拖拉机沿原来的方向行驶。

② 转向阶段（图 5－13(b)）

当转向盘向右转动时，带动阀芯转动克服回位弹簧片的弹力，阀芯相对于阀套旋转一个角度。此时，转阀的作用有四项：一是将阀芯上的进油道与阀套的回油孔错开；二是阀芯上三条回油槽与转向液压缸左腔油口相通；三是阀芯上三条进油槽与计量马达的三个油腔相通；四是将计量马达的另外三个油腔与转向液压缸右腔油口相通。

计量马达的三个进油腔在高压油的作用下，迫使转子旋转（其旋转方向与转向盘转向相同），使另外三个油腔的容积逐渐缩小，被挤出的油液流向油缸的油腔，迫使活塞向左移动。同时，转向油缸左腔的油液流回油箱，以实现拖拉机向右转向。

当停止转动转向盘的瞬时，一是靠回位弹簧片的力量使阀芯与阀套迅速回到“中立”位置；二是靠转子通过联动轴带动阀套旋转，迅速沟通阀芯与阀套的回油孔，堵死其他的油口，使拖拉机按转向盘转动的角度转向。

当转向盘向左转动时，其原理与向右转向相似。

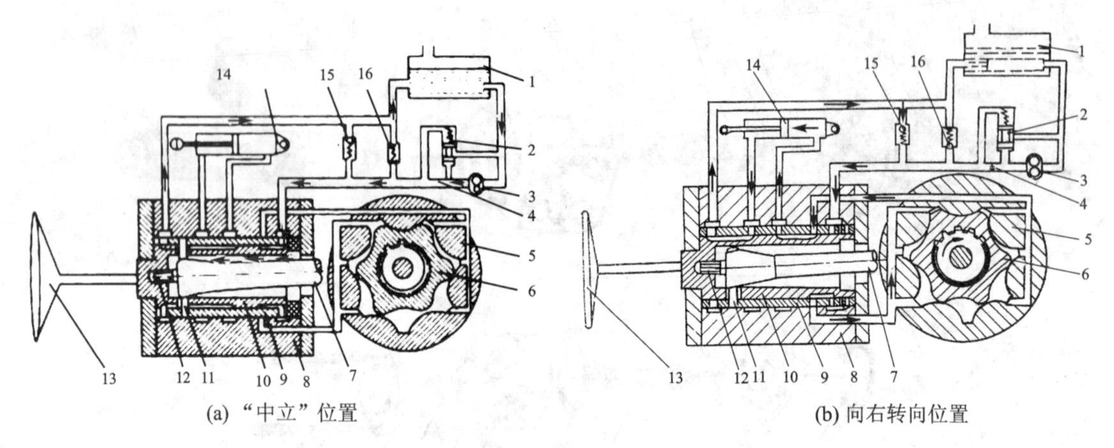

1—油箱；2—稳流阀；3—液压泵；4—量孔；5—定子；6—转子；7—联动轴；8—阀体；9—阀套；
10—阀芯；11—拨销；12—回位弹簧片；13—转向盘；14—转向液压缸；15—单向阀；16—安全阀

图 5-13　全液压转向系统的工作原理

拖拉机在转向过程中是靠压力油进行的，驾驶员转动转向盘仅是克服弹簧片的弹力来转动转阀，所以不必使用很大的力。

③ 人力转向过程

如果发动机熄火或者油泵发生故障，则液压转向不但不能使转向省力，反而增加了转向阻力。为了减小这种阻力，在转向控制阀的进油道和回油道之间，装有单向阀。在正常情况下，进油道中油压为高压，回油道则为低压，单向阀被弹簧和油压所关闭，两油道不相通。在发动机熄火或油泵失效后，进油道变为低压，而回油道却有一定的压力（由于此时油缸活塞起泵油作用），进、回油道的压力差使单向阀打开，两油道相通，液压油从油缸的一边（被活塞挤压的一边）流向另一边（活塞离开后产生低压的一边），这就减少了人力转向时的油液阻力。不过，此时驾驶员转动转向盘还是很费力的。

转向过程中，安全阀的作用是限制系统内的最高压力，以避免油泵及其他机构因过载而损坏。稳流阀和量孔的作用是保证发动机怠速时系统内供油充足，发动机高速运转时供油量不致过大。

5.4　履带式拖拉机转向系统

履带式拖拉机是靠转向离合器的左、右分离或结合来改变传给左、右驱动轮上的动力实现转向的。其转向系统主要由转向离合器、制动器和操纵装置组成。

1. 转向离合器

转向离合器安装在中央传动和最终传动之间，采用多片干式常压式离合器，与轮式拖拉机的转向方式有较大的差异。

(1) 转向离合器的构造

如图 5-14 所示，转向离合器由压盘、主动鼓、从动鼓、主动片、从动片、大小压紧弹簧及弹簧杆等组成。

主动鼓 4 安装在后桥轴 19 的花键上，在主动鼓外表面有许多齿，上面套有内齿并能轴向移动的主动片 2。从动鼓 1 通过从动鼓轮毂 11（俗称喇叭盘）与最终传动主动齿轮轴 10 连接在一起，从动鼓内表面有内齿，与有外齿的从动片 3 套在一起，从动盘两表面铆有摩擦片。主

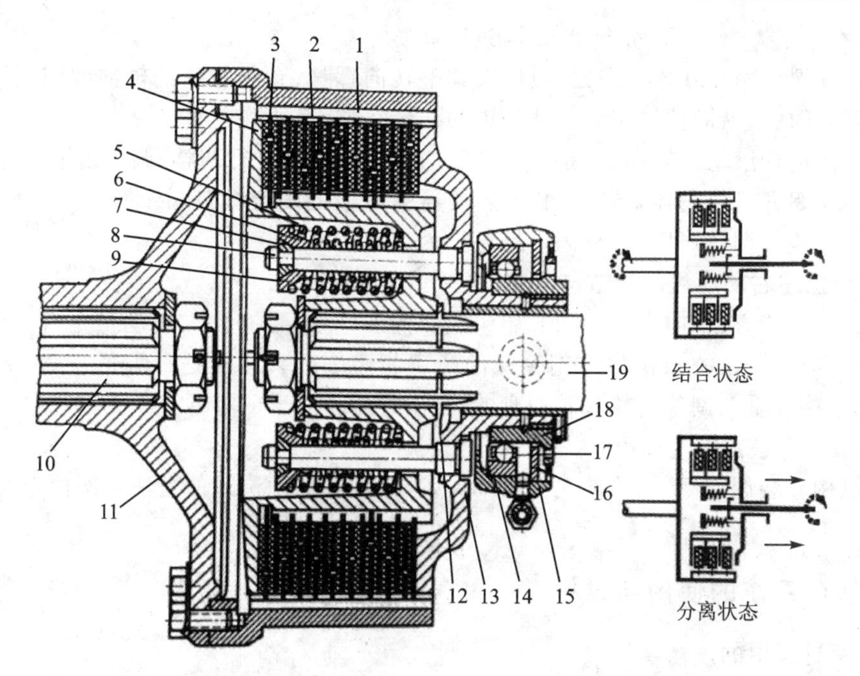

1—从动鼓；2—主动片；3—从动片；4—主动鼓；5—大压紧弹簧；6—小压紧弹簧；7—豆瓣销；8—弹簧销钉；9—弹簧座；10—最终传动主动齿轮轴；11—从动鼓轮毂(喇叭盘)；12—支承垫圈；13—压盘；14—挡油垫圈；15—轴承座；16—挡油环；17—分离轴承；18—压盘螺母；19—后桥轴

图 5－14　转向离合器的构造

动盘和从动盘相互间隔排列。压盘 13 套在后桥轴 19 上，依靠弹簧销钉 8 和压紧弹簧 5、6 与主动鼓连接在一起。

(2) 转向离合器的工作原理

在结合状态时，分离轴承将盘和从动盘压紧(见图 5－14 结合状态)。这样，后桥轴上的动力就由主动鼓经主动片、从动片、从动鼓、从动鼓轮毂传给最终传动装置而带动驱动轮旋转，实现拖拉机的直线行驶。

在分离状态时(见图 5－14 分离状态)，分离轴承将压盘向右拉动，带动弹簧销钉将弹簧压缩，使主动片与从动片之间出现间隙，这时桥轴上传给驱动轮某一边的动力被切断，速度变慢；而另一边的驱动轮则以原速前进，这样就可以实现拖拉机转向。

2. 转弯注意事项

具有转向离合器的拖拉机没有差速器，其转向依靠转向离合器。有些履带式拖拉机在耕地作业转弯时，均需要转向离合器与制动器协调使用。其原则是先分离后制动，当转过弯后，应先松开制动器，后放松分离操纵杆。

5.5　转向系统的维护保养

5.5.1　转向系统的检查与调整

1. 转向盘自由行程的调整

使两前轮对正前方，转动转向盘直到前轮开始偏转，转向盘向左和向右空转的角度称为自由行程，应不大于15°。若不符合要求，应进行调整。

采用螺杆螺母循环球式转向器，应依次调整转向螺杆、止推轴承的轴向间隙、转向螺母与固定销的配合间隙、纵横拉杆接头与球头销的配合间隙，直到符合要求为止。

采用球面蜗杆滚轮式转向器，是通过专门的调整螺钉来进行调整，调后用锁紧螺母锁紧。

采用蜗轮蜗杆式转向器，是通过松开转向器壳后边的固定螺钉，转动调芯衬套，改变蜗轮的位置进行调整。调整好以后，将固定螺钉拧紧。

2. 转向盘左右转动量的检查与调整

两前轮正对前方，转向盘从中间开始向左和向右转动，检查左右转动量是否一致，能否达到最大值(转向节主销的限位块与副套管的凸肩相碰表示转动量达最大值)。如果不符合要求，应卸下纵拉杆重新调整前轮和转向盘的位置，并矫正变形的零件。

3. 检查与调整前轮前束

转向机构安装调整后，无论前轮前束如何，都应按照前面讲过的方法再次检查与调整前轮前束。

5.5.2 转向系统的使用与维护

1. 使用过程中的注意事项

转向系统在使用过程中应注意的事项如下：

① 经常检查各螺纹连接处，如有松动应及时拧紧。全液压转向系统工作时各连接处不得有漏油现象；所有油管螺纹及螺栓应拧紧；扭紧力矩应符合规定值。

② 经常检查转向油箱液面，不足时按要求添加足够的油液。

③ 使用过程中，如发现转向沉重或转向失灵时，应首先仔细查找原因，不可用力转动转向盘，更不要轻易拆开转向器，以防零件损坏。

④ 安装全液压转向系统时，转向器应保证与转向盘柱管同轴，且轴向应有间隙。安装后对转向系统进行试运转，整个系统应运转正常，不应有漏油、转向沉重和卡滞等不正常现象，转向盘回位应灵活。

⑤ 检查和维护转向油箱。打开油箱盖观察油尺，如箱体内油量不足，应检查找出原因，然后补充加油至油尺的中间刻线。油箱内滤网应定期清洗或更换。

⑥ 检查转向油液的清洁度。应经常检查滤清器滤芯和油液的情况，以保证动力转向油液的清洁。检查方法：将油液滴一滴到吸墨纸上，如油迹有一黑色中心，即应更换油液。

2. 排放转向系统中的空气

转向液压系统维修后、更换或加注油液后必须排尽系统中的空气。

① 装配完成后，应拧松油缸上的两个管接头，低速运转油泵进行放气，直至流出的油中不含泡沫为止。

② 拆除转向油缸活塞杆与转向轮的连接，转动转向盘，将转向盘向左或向右打到底，使活塞达到最左或最右，在两个极端位置不要停留，将液压转向油液添加至油液液面指示器的最低标记。

③ 启动发动机，使发动机在怠速下运行，重新检查液面。必要时，添加油液，使液面达到最低标记。

④ 使转向盘回到中心位置，发动机继续运行2～3 min。

⑤ 重新添加、检查油液液面，确保系统达到正常工作温度并稳定后，液面达到规定的最高

标记。

⑥ 将所有螺纹连接处拧紧(不要在有压力的情况下拧紧),连接活塞杆。检查转向系统在各种工作条件下,工作是否正常。

⑦ 路试车辆,确保转向功能正常且没有噪声。

5.6　转向系统的故障诊断与排除

拖拉机转向系统技术状况的好坏对拖拉机的行驶安全有着重要的影响。在对转向系统故障进行诊断时,除考虑转向系统方面的原因外,还要考虑行驶系统方面的原因。

5.6.1　机械转向系统的故障诊断

1. 转向沉重

(1) 现　象

在拖拉机转动转向盘转向时,感到比平时沉重费力。

(2) 原　因

由于各部分间隙过紧、运动机件变形、缺油以及其他方面的原因,造成机件运动阻力增大甚至运动发卡所致。具体原因如下:

① 转向器方面。啮合间隙过小,转向器各轴承轴向间隙过小,转向器缺油,转向轴弯曲、转向盘柱管凹陷导致与转向轴碰擦等。

② 转向传动机构方面。各拉杆球头销配合处过紧,或者缺油;横、直拉杆或者转向节变形;转向节推力轴承缺油、损坏,或者轴承轴向间隙过小。

③ 其他方面原因。前轮胎气压过低,前轮定位失准,前轮毂轴承过紧,前桥或者车架变形。

(3) 故障诊断与排除方法

应先诊断出故障的大概原因,再进一步继续诊断。

① 大概诊断。顶起前桥,使前轮悬空,转动转向盘。若感到明显轻便省力,则故障在前轮、前桥或车架;若转向仍然沉重费力,应将摇臂拆下,然后继续转动转向盘,若明显轻便省力,则故障在转向传动机构;若仍沉重费力,则故障在转向器。

② 转向器检查。若故障在转向器,则应对转向器进行检查。先检查外部转向轴,有无变形凹陷等。再检查啮合间隙是否过小,轴承间隙是否过小,是否缺油,有无异响等。

③ 转向传动机构检查。检查各部连接处是否过紧而运动发卡,检查各拉杆及转向节有无变形,检查转向节主销轴向间隙是否过小。

④ 其他方面检查。检查轮胎气压、轮毂轴承松紧程度、前轮定位等。必要时,应对前轮及车架是否变形进行检查。

2. 转向不灵敏,操纵不稳定

(1) 现　象

操纵转向盘时感觉松旷量很大,需较大幅度转动转向盘,才能控制拖拉机行驶方向;拖拉机在直线行驶时又感到行驶不稳。

(2) 原　因

由于磨损和松动导致的各部间隙过大所致,主要有以下原因:

① 转向器啮合间隙过大,安装松动;

② 转向轴与转向盘配合松动;

③ 转向传动机构各球头销处配合松动;

④ 前轮毂轴承间隙过大;

⑤ 拖拉机前轮前束过大。

(3) 故障诊断与排除方法

采用分段方法,诊断出何处间隙过大。

① 应先检查转向盘的自由转动量,若过大,则说明转向系统内存在间隙过大的故障;若正常,则故障原因可能是前轮毂轴承间隙过大、主销与转向节衬套孔间隙过大、主销与转向节轴向间隙过大及前束过大等原因。

② 一人原地转动转向盘,另一人观察垂臂摆动,当垂臂开始摆动时转向盘自由转动量不大,说明是转向传动机构松旷;否则,是转向器松旷。

③ 检查前轮毂轴承、主销等处,找出松旷部位。

④ 必要时应检查前束,前束值过大时,伴随有轮胎异常磨损。

5.6.2 液压转向系统的故障诊断

1. 转向沉重

(1) 现　象

转向盘快转沉,慢转轻;油缸动作迟缓,有不规则响声;转向沉,且转向油缸无动作;空载转向轻,重载转向沉。

(2) 原　因

① 前轮胎气压过低;

② 转向泵油箱油位不足;

③ 液压齿轮油泵供油量不足,齿轮油泵内漏或转向油箱内滤网堵塞;

④ 转向系统中有空气;

⑤ 人力转向单向阀失效;

⑥ 过载阀或油缸内泄漏;

⑦ 安全阀垫堵泄漏,安全阀弹簧失效或钢球不密封;

⑧ 动力转向液不合适或液压油黏度太高;

⑨ 阀体内钢球单向阀失效,阀座损坏;

⑩ 转向系统漏油,包括内漏(油缸)、外漏。

(3) 排除方法

① 按规定要求充气;

② 加油至规定液面高度;

③ 检查油泵是否正常,并清洗滤网,油泵不正常,应拆下修理或更换;

④ 排除系统中空气,并检查油泵进油口是否漏气,若漏气,应更换油管;

⑤ 检查并清洗单向阀,若单向阀失效,应更换;

⑥ 检查油缸并清洗过载阀,更换活塞密封圈;

⑦ 清洗检查安全阀或更换安全阀,调整安全阀压力弹簧的弹力或更换失效的弹簧;

⑧ 更换符合规定的液压油;

⑨ 清洗、保养或更换钢球单向阀,更换阀座;

⑩ 检查并排除漏油点,必要时更换活塞及其密封圈。

2. 转向失灵

(1) 现　象

转向不能回中位;压力波动明显,甚至不能转向;当转动转向盘时,转向盘立即向反方向转或左右摆动;车辆行驶中跑偏,转动转向盘时无反应。

(2) 原　因

① 弹簧片失效;

② 拨销弯曲或折断,联动轴销槽处断裂;

③ 联动轴与转子相互位置装错;

④ 双向过载阀被脏物垫住或弹簧失效;

⑤ 转向油缸活塞或活塞密封圈损坏。

(3) 排除方法

① 更换弹簧片;

② 更换拨销或联动轴;

③ 重新装配;

④ 检查清洗过载阀,更换失效的弹簧;

⑤ 更换活塞或密封圈。

3. 转向器漏油

(1) 现　象

零件结合面、前盖处、螺栓(堵)等漏油。

(2) 原　因

结合面有污物;轴承密封圈损坏;螺栓(堵)拧紧力矩不够。

(3) 排除方法

将结合面清理干净;更换密封圈;拧紧螺栓(堵)。

5.6.3　转向系统的故障案例解析

1. 案例(一)

纽荷兰 SNH500 型轮式拖拉机在行驶途中跑偏。

(1) 故障现象

有一台纽荷兰 SNH500 型轮式拖拉机,在操纵转向机构时发现,将拖拉机摆正后,拖拉机不能保持直线行驶,而是有规律地向右侧跳偏(走斜)。

(2) 故障原因解析

根据上述故障现象,认为该纽荷兰 SNH500 型轮式拖拉机在行驶中自动跑偏可能原因如下:

① 左右轮胎气压不一致;

② 左右轮胎的磨损不一致,或轮胎花纹安装不一样;

③ 左右轮胎型号不一样;

④ 两侧车轮距拖拉机中心不对称或轮辋(幅板)变形;

⑤ 双拉杆式转向操纵机构(纽荷兰 SNH500 型轮式拖拉机属于此种转向操纵机构)的一侧传动杆件弯曲、变形或连接松动;

⑥ 摇摆轴支架松动；

⑦ 前轴弯曲、变形，使前轴倾斜；

⑧ 前束失调；

⑨ 拖拉机带农具时，有可能是农具偏牵引。

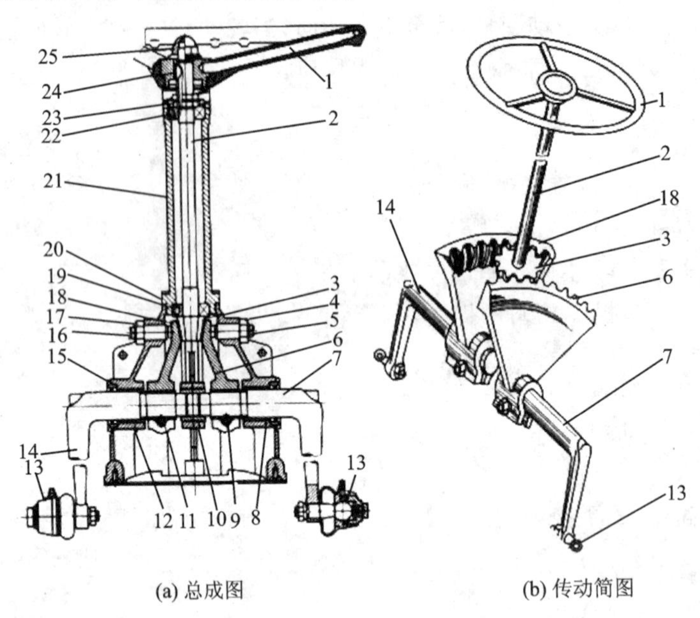

(a) 总成图　　(b) 传动简图

1—转向盘；2—转向齿轮轴；3—螺旋锥齿轮；4、17—锁紧螺母；5、16—调整螺钉；6、18—扇形齿轮；7、14—转向垂臂；8、10、12—衬套；9、11—夹紧螺钉；13—球形关节；15—下壳体；19、22—圆锥滚子轴承；20—垫片；21—套管；23—调整螺母；24—半圆键；25—圆头螺母

图 5-15　从动锥齿轮轴承预紧度调整

根据上述故障的可能原因，对各项进行检查，结果发现转向操纵机构中的右拉杆有弯曲现象，右拉杆靠中部的喷漆有明显脱落，其拉杆用肉眼可以看出有弯曲现象。据该拖拉机驾驶员回忆，该拖拉机借给别人用过，可能是拖拉机碰撞了硬质物造成的。该拖拉机自借给别人用过之后，就出现了自动走偏现象。其他各项经过检查均未发现异常。

原来，纽荷兰 SNH500 型轮式拖拉机的转向操纵机构属于双拉杆机构，如图 5-15 所示。该转向机构采用螺旋锥齿轮 3 和扇形齿轮 6、18，左右两侧都有转向垂臂 7 和 14，分别通过左、右纵拉杆，以及转向臂、主轴和前轮轴带动前轮偏转，从而达到拖拉机转向的要求(不像其他拖拉机采用一根纵拉杆通过转向梯形结构实现转向)。

当转动转向盘 1 时，转向齿轮轴 2 上的螺旋锥齿轮 3 带动左、右扇形齿轮 18 和 6 向相反方向转动，使左右转向垂臂 14 和 7 一个向前、一个向后摆动，并通过左右纵拉杆、转向臂、主轴和前轮轴带动前轮偏转。

从上述转向过程来看，当某一侧的纵拉杆出现问题时，就会对拖拉机的直线行驶影响较大。现在，该拖拉机的右纵拉杆受到碰撞变形后，就会造成直线行驶性能变差，导致拖拉机会向右跳偏(走斜)。

(3) 故障排除

根据上述故障的原因，将右纵拉杆拆下，校直，装复后，经过试车，拖拉机的行驶直线性恢复正常。

2. 案例(二)

(1) 故障现象

某中型拖拉机转向困难,或跑偏,或拉动操纵杆时拖拉机即不转向也不行走。

(2) 故障分析

左右两侧行星机构的制动带紧度不够,或两侧不一致。左右两侧制动器制动带磨损或紧度不一致。

(3) 故障排除

① 首先检查调整操纵杆的自由行程。自由行程应在 10°±5°范围内,否则应通过调整拉杆进行调整。

② 卸下后桥壳体后壁上的两个防尘盖,通过调整螺母来调整行星机构制动带紧度。先使制动带尽可能地抱紧制动鼓,然后再退回 1～2 圈。

③ 调整制动踏板的自由行程。当踏下右侧的脚踏板时,踏板上的齿应落在扇形板的第一个齿槽中,并且这时制动轮应被制动带抱紧;否则,应打开后桥壳体后壁上的两个防尘盖,通过调整螺母来进行调整。

④ 为了恢复制动带下面部分的间隙,应松开调整螺栓的锁紧螺母,旋转调整螺栓,调紧后退回 1.5 圈。

第 6 章　制动系统

学习目标：

- 能描述制动系统的用途；
- 能描述制动系统的工作原理；
- 能认知制动系统组成部件，并说出它们之间的装配关系；
- 能选择适当的工具拆卸和安装制动器；
- 会诊断制动器故障并进行维修和保养。

6.1　制动系统的认知

6.1.1　制动系统的工作原理及分类

1. 制动系统的功用及工作原理

广义的制动器泛指能使运动部件按意图迅速减速或停止运动的工作装置。本章所讲的制动系统是使车辆迅速减速和停车的制动装置。在拖拉机行进中，减小油门，可使其减速；切断传给驱动轮上的动力（如将变速器换到空挡或使发动机熄火），亦可使其减速，直至停车。但采用以上办法，机车在停车前的滑行距离都太长，而且不能完全由人工控制，满足不了使用要求。因此，必须设置制动装置，使机车能在高速行进中由人工强制减速并迅速停车，即行车制动系统。此外，还可使机车停在斜坡上不致滑溜，即驻车制动系统。对拖拉机来说，在田间作业时还可用单边制动来协助转向，并配合离合器确保安全而可靠地挂接农机具。在履带拖拉机上，制动系统往往又是实现转向的必要机构之一。

制动就是要使运动的部分迅速减速并停下来。目前，拖拉机上广泛使用的制动方法是让转动部分和固定部分相互摩擦，依靠摩擦力矩使转动部分迅速停止转动。现以一台轮式拖拉机的蹄式制动器为例，说明制动系统的工作原理，如图 6 - 1 所示。车轮上固定一个以内圆表面为工作面的制动鼓 2，车桥上固定一块底板，底板上由支承销 6 支承着两个弧形的制动蹄 5，制动蹄的外圆表面紧挨着制动鼓的内圆表面。两制动蹄的上端之间安装有制动凸轮 1。在不制动时，依靠回位弹簧 4 将制动蹄拉离制动鼓。制动时，踩下制动踏板，通过杠杆和拉杆使凸轮转动，将制动蹄向外张开，挤向制动鼓，利用制动蹄和制动鼓之间的摩擦作用，由静止不转的制动蹄使旋转的制动鼓停止转动。车轮停转后，车轮和地面之间只有滑动摩擦，这个摩擦力也很大，因此整台车辆便会很快减速直至停车。松开踏板后，回位弹簧 4 使制动蹄恢复原位，消除对车轮的制动。

由此可见，制动系统包括两大部分，其中用来直接产生制动力矩（摩擦力矩）的部分称为制动器；用来操纵制动器的另一部分称为操纵机构。

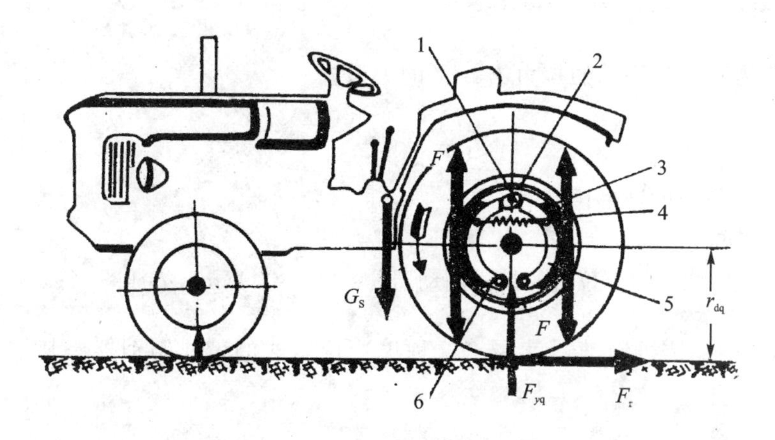

1—制动凸轮；2—制动鼓；3—摩擦片；4—回位弹簧；5—制动蹄；6—支承销

图 6-1　制动器的作用原理简图

2. 制动器的分类、构造及工作

拖拉机上广泛采用的是摩擦式制动器，借助摩擦力对车轮产生制动作用。制动器按结构形式分为带式、蹄式和盘式三种。

(1) 带式制动器

带式制动器主要应用在履带式拖拉机上，由筒形制动鼓和一条钢带上铆有摩擦片的制动带组成。根据制动带拉紧方式的不同分为单边拉紧、双边拉紧和浮动三种，如图 6-2 所示。

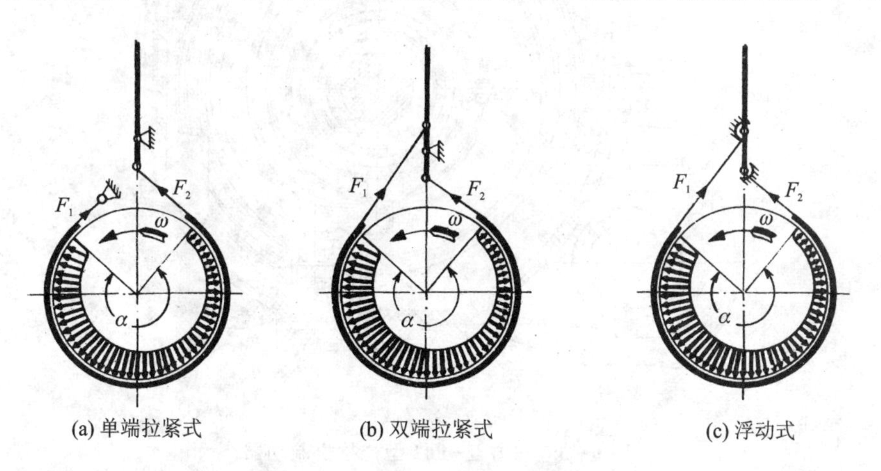

F_1—制动带紧边拉力；F_2—制动带松边拉力；α—摩擦衬带对制动鼓的包角

图 6-2　带式制动器简图

1) 单边拉紧式带式制动器(见图 6-2(a))

单边拉紧式带式制动器一端铰链固定，另一端由杠杆操纵。拖拉机向前行驶时，制动鼓逆时针旋转，当制动带与制动鼓接触时，摩擦力使固定端的制动带进一步拉紧，故固定端拉力为 F_1 增大，操纵端的制动带则有被放松的趋势，故操纵拉力为 F_2 减小；倒退行驶时，制动鼓顺时针方向旋转，固定端拉力和操纵端拉力的变化与拖拉机向前行驶时刚好相反，即固定端拉力 F_1 减小，操纵端拉力 F_2 增大。因此，拖拉机在向前行驶时，制动器有自行增力效果，且操纵省力；在倒退行驶时，操纵费力，一般比前进时增大 5～6 倍。

知识链接：

下列公式为紧端和松端的拉力 F_1、F_2 的关系：

$$F_1 = F_2\ e^{\mu\alpha}$$

式中：e——自然对数的底；

μ——带与鼓间的摩擦因数；

α——带的包角。

例如，东方红-802 型拖拉机的带式制动器 $\alpha = 275^\circ = 4.8\ \text{rad}$，$\mu = 0.3$，则 $F_1 \approx 4.2\ F_2$。

东方红-802 型拖拉机制动器就属于这种单边拉紧式的带式制动器。其结构如图 6-3 所示。

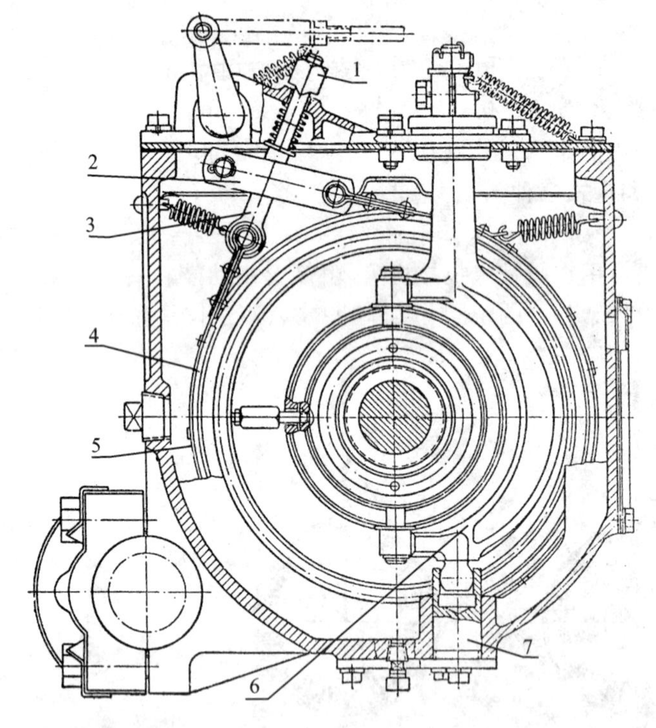

1—调整螺母；2—连接板；3—拉板；4—制动鼓；5—制动带；6—分离叉；7—支座

图 6-3　东方红-802 型拖拉机制动器

制动带一端用拉板、拐臂拉杆与制动器踏板相连；另一端通过拉杆螺母支承在后桥壳体盖上。钢片制动带内侧铆有摩擦衬片，套装在制动鼓上，即转向离合器从动鼓。在不制动时，带与鼓有 2～2.5 mm 的间隙，称为制动器间隙。

2）双边拉紧式带式制动器（见图 6-2(b)）

双边拉紧式带式制动器的两端分别与操纵机构传动杆相连。因此，当制动时，制动带两端同时拉紧，无论前进还是倒退制动，都是一半省力另一半费力。这种制动器由于双边拉紧，消除了制动带与制动鼓之间的间隙，所需踏板的行程可减小。因此，可用增大操纵机构的传动比，减小操纵力。这种带式制动器的制动过程较单边拉紧式平顺些。东方红-28 型拖拉机上采用这种制动器。

3）浮动带式制动器（见图6－2(c)）

浮动带式的制动带两端均与杠杆铰链连接，但无固定支点。当制动时，制动带接触制动鼓后，制动带连同传动杆一起，在摩擦力的带动下，顺制动鼓旋转方向转动，直至制动带一端靠在其邻近的支点上成为固定端为止，便成为单边拉紧的带式制动器。制动鼓旋转方向改变，制动带另一端变成固定支点，仍然成为单边拉紧带式制动器。所以浮动制动器无论是前进制动还是倒退制动操纵皆省力，缺点是构造较复杂。东方红－1002型拖拉机采用这种形式的制动器（见图6－4）。

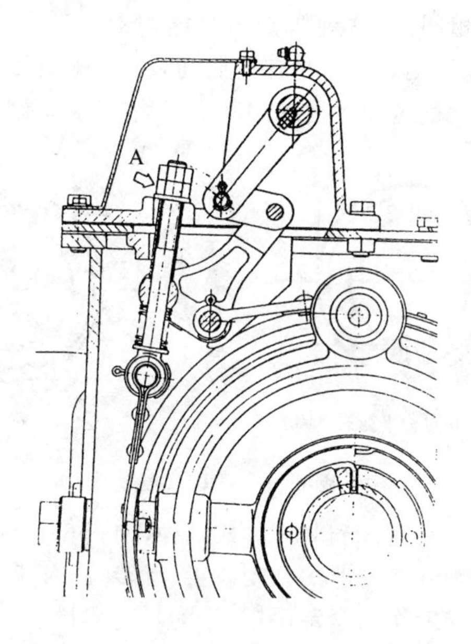

图6－4　东方红－1002型拖拉机制动器

带式制动器结构简单，但操纵费力，制动不够平顺，摩擦衬面磨损不均，散热较差，径向力较大。这种制动器较多地用于履带拖拉机上，因为它利用转向离合器的从动鼓作为制动鼓，便于结构布置，在轮式拖拉机上较少使用。

(2) 蹄式制动器

蹄式制动器也称鼓式制动器，其工作原理如前所述（见图6－1），它由制动毂和制动蹄组成。

1）分　类

蹄式制动器按其结构形式可分为简单非平衡式制动器、平衡式制动器、自动增力式制动器和固定支点凸轮张开式制动器等。

所谓平衡性，是指左右制动蹄对制动鼓的压力是否相等，相等即为平衡式，否则为不平衡式；所谓对称性，是指在机车前进和倒退时，制动器的制动效能（即制动力矩）是否相同，相同即为对称式，否则为不对称式。

简单非平衡式制动器　如图6－5所示，这种形式的制动器，两蹄支承点和张开力作用点是轴对称的，且对两蹄施加的张开力也是相等的。但两蹄对制动鼓的制动力矩却是不相等的。顺着制动鼓转动方向张开的制动蹄与制动鼓压得更紧，制动力矩增大，称为增势蹄。

逆着制动鼓转动方向张开的制动蹄与制动鼓压紧力减弱，制动力矩减小，称为减势蹄。倒车时，两蹄的制动力矩与上述相反，因此制动效能不变。

该制动器优点是结构简单,前进与倒车制动效能相同,磨损后调整方便,所以应用较多。缺点是两蹄压力不同,使摩擦衬片磨损不均匀,制动效能较差。

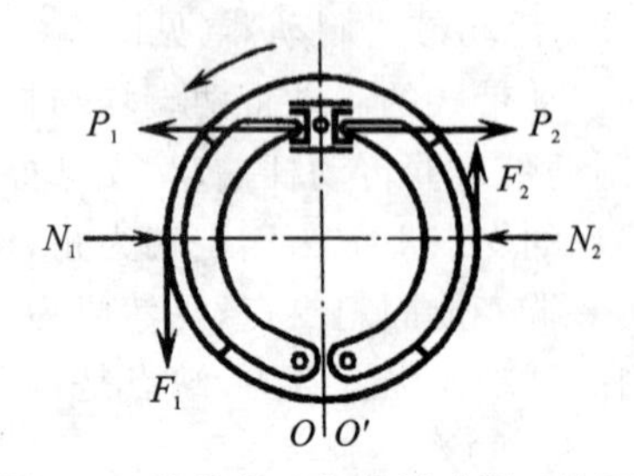

图 6-5　简单非平衡式制动器工作原理

平衡式制动器　又分为对称平衡式和非对称平衡式两种,如图 6-6 所示。非对称式的左蹄支承点下端,而右蹄支承点在上端。左、右制动蹄在一个旋向上都是紧蹄,在另一个旋向上都是松蹄,因此是非对称平衡式的(两蹄对制动鼓的压力相同)。这种制动器只能与对称式制动器同时使用,以保证倒车时有足够的制动效能。对称平衡式制动器的制动鼓正、反转制动时,两蹄都是紧蹄,因此前进和后退的制动效能均较高,但结构复杂。

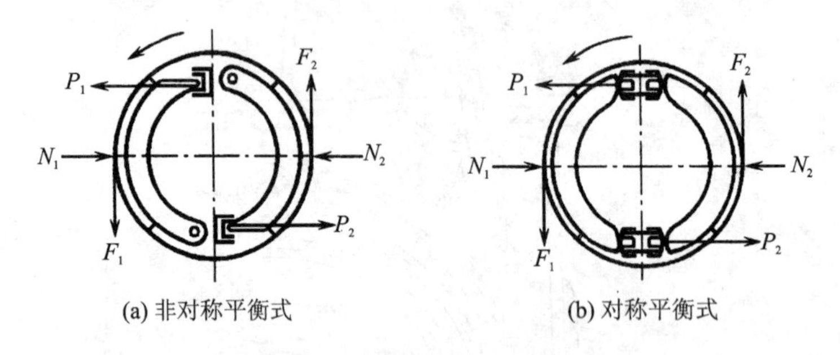

图 6-6　平衡式制动器

自动增力式制动器　也有对称和非对称式两种,如图 6-7 所示。其特点是两制动蹄一端浮动铰接。对称式自动增力式制动器的制动鼓正、反转时,两蹄交替为紧蹄和增力紧蹄。非对称自动增力式制动器前进时一个为紧蹄,另一个为增力紧蹄;倒车时一个为松蹄,另一个为增力松蹄。自动增力式制动器虽然制动效能较高,但它存在许多缺点,如制动力矩随操纵力增加而增加过猛,使工作不平顺、衬片磨损不均等。

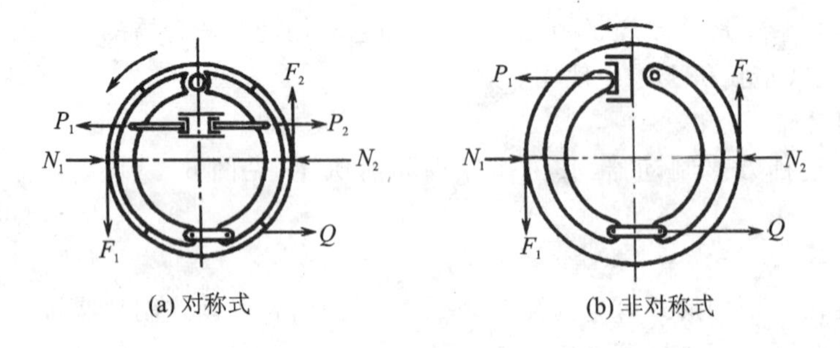

图 6-7　自动增力式制动器

固定支点凸轮张开式制动器　如图 6-8 所示,这种制动器的蹄片由固定支点凸轮张开,很像简单非平衡式制动器。当摩擦片是新的时,通常是不平衡的。但经磨合后,该制动器便由非平衡逐渐达到平衡。

2) 蹄式制动器的结构

在轮式拖拉机中最普遍采用的是简单式双蹄制动器。制动毂由螺栓连接在车轮上并随车轮转动。在制动毂内,有一组制动蹄安装在制动底板上,基本结构如图 6-9 所示,一对制动蹄上铆有摩擦衬片,蹄的一端铰链连接在固定不动的底板上,另一端可做径向运动。制动毂是一个薄壁短圆筒，两制动蹄张开一般用凸轮或液压油缸控制。当踏下踏板凸轮转动时，两蹄张开压紧制动毂内圆表面，产生摩擦力矩，使拖拉机减速或刹车。当放松踏板时，制动蹄在回位弹簧作用下，恢复原位使蹄和毂出现间隙，制动解除。

蹄式制动器操纵轻便，维修方便。但由于制动蹄片与制动鼓为圆弧面接触，制动平顺性较差，蹄片磨损后需要调整，而且制动鼓内容易进水或污物，使制动效能下降。

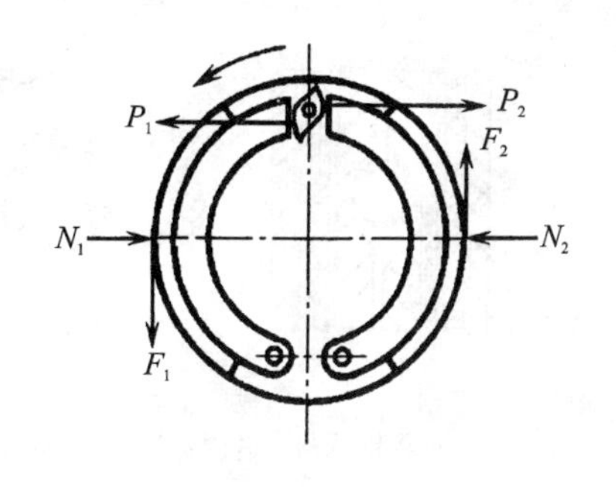

图6-8　固定支点凸轮张开式制动器

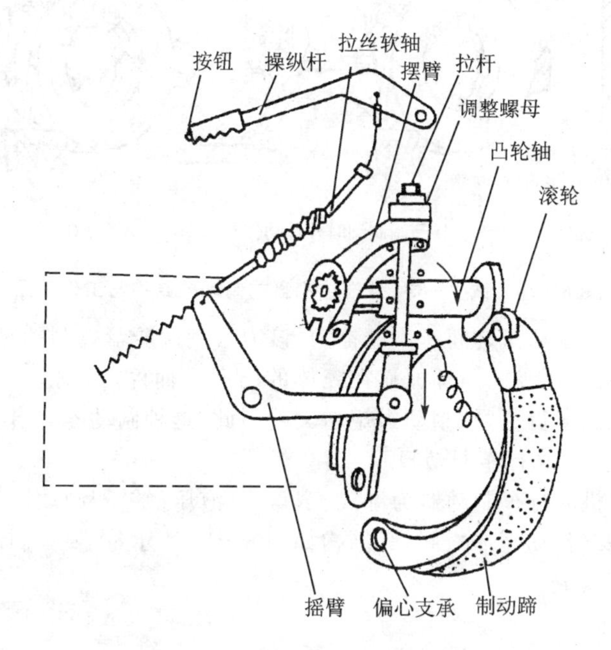

图6-9　蹄式制动器结构简图

3）盘式制动器

盘式制动器结构上类似于离合器，是通过与半轴花键连接的摩擦盘同与车桥固接的制动压盘相互压紧产生的摩擦力使半轴制动来实现的。盘式制动器按结构不同分为钳盘式和全盘式两种；按操纵方式不同分为机械操纵式、液压操纵式和气动式三种。目前，大中型轮式拖拉机普遍采用全盘式液压操纵型制动器，如上海SH-500/504、铁牛-654、SNH系列拖拉机等。

3. 典型制动器

(1) 铁牛-654型拖拉机行车制动器

铁牛-654型拖拉机制动器为干式、全盘式、机械操纵型制动器，其结构如图6-10所示。两片铆有摩擦衬片的制动盘装在差速锁齿轮轴上，与轴花键连接，既能与轴一起旋转，又能在轴上做轴向移动。两制动盘之间夹装两块环状压盘，它们浮动支承在制动器壳体的3个凸肩上。两压盘内侧面的5个卵形凹坑中装有钢球，并用3根拉紧弹簧将两压盘拉紧。每块压盘上有两个凸耳和一个铰链点，凸耳可与制动器壳上的凸肩压靠，铰链点上连接的连接杆与操纵杠杆相连。

制动时，踏下制动踏板使制动杠杆向上移动，将压盘向外张开并使制动盘与制动器壳体端

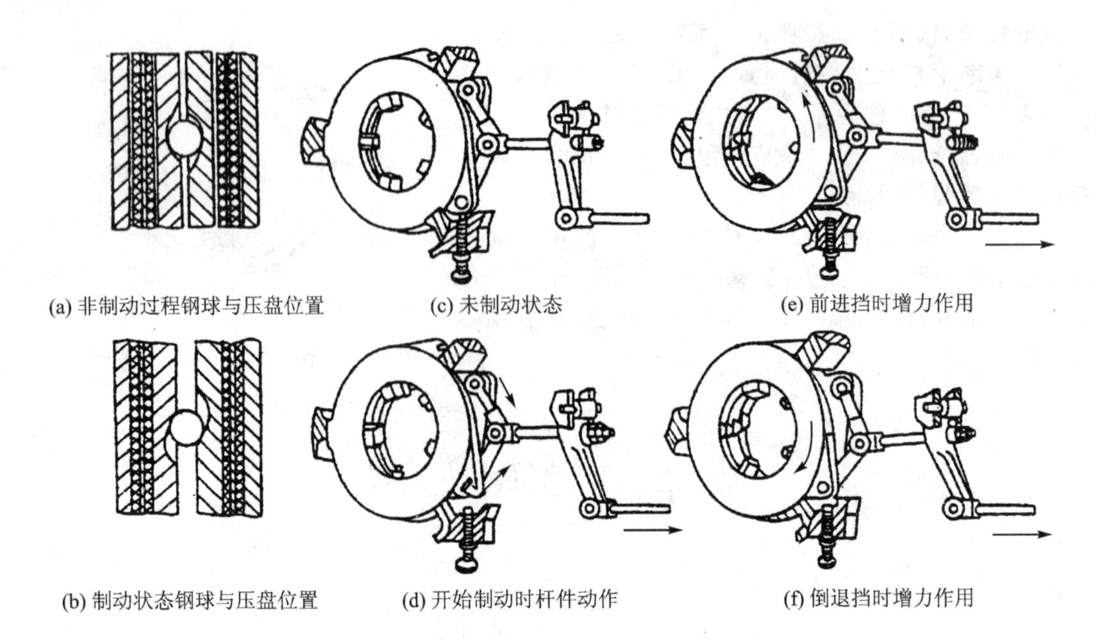

(a) 非制动过程钢球与压盘位置　(c) 未制动状态　(e) 前进挡时增力作用

(b) 制动状态钢球与压盘位置　(d) 开始制动时杆件动作　(f) 倒退挡时增力作用

图 6－10　铁牛－654 型拖拉机盘式制动器结构与工作简图

面制动。压紧后压盘与制动盘之间产生摩擦力，该力带动两压盘按制动盘的旋转方向旋转，转过某一高度后，就有一个压盘的凸耳抓靠在壳体的凸肩上而停转，钢球向针槽更浅处移动，使压盘推动制动盘与端面压得更紧，制动力矩增大。因此，这种制动器有自行增力作用。

(2) SNH800 型拖拉机行车制动器

SNH800 型拖拉机的行车制动器为湿式、全盘式、液压操纵型制动器。两个制动器分别位于左右半轴壳体和最终传动壳体之间，其结构如图 6－11 所示，主要由制动油缸、制动活塞、制动盘及制动摩擦盘等组成。

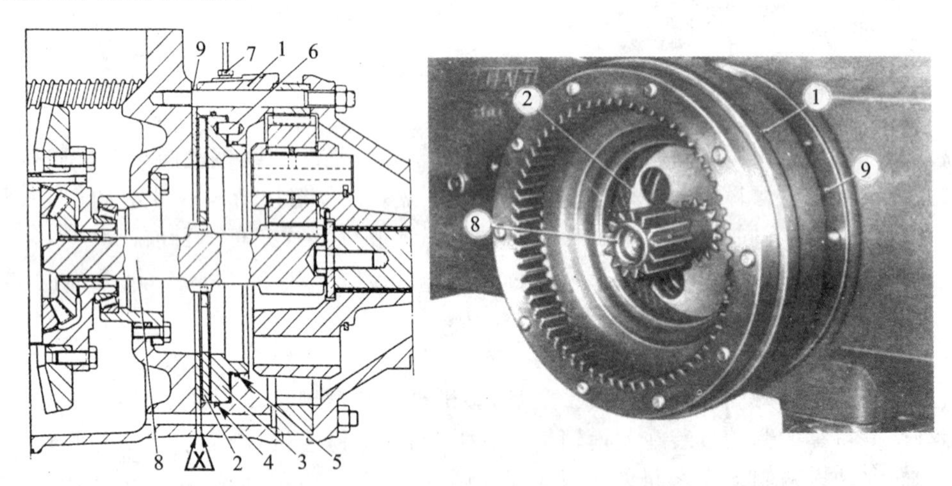

1—制动油缸；2—安装在右侧最终传动半轴上的制动摩擦盘；3—制动活塞；
4、5—密封件；6—定位销；7—制动器油管；8—右侧最终传动半轴；9—制动器盘

图 6－11　SNH800 型拖拉机行车制动器

制动器盘 9 和制动油缸 1 通过螺栓连接在后桥壳体上，制动活塞在制动油缸内可轴向移动，并通过定位销向制动油缸传递制动力矩。当踏下制动踏板时，压力油进入制动油缸环形腔

内，推动制动活塞压紧制动摩擦盘，从而使半轴8制动。

盘式制动器除结构较复杂外，具有结构紧凑、操纵省力、制动效果好、摩擦片磨损均匀、间隙不需要调整、封闭性好、散热好、寿命长等优点，广泛应用于轮式拖拉机上。

6.1.2 制动器的操纵机构

操纵机构应满足制动系统所提出的要求。操纵机构分为机械式、液压式和气压式三种，而在拖拉机上大多应用机械式和液压式操纵机构。

1. 机械式操纵机构

如图6-12所示为铁牛-654型拖拉机机械式制动操纵机构。踏板与制动器之间用一系列拉杆连接起来。该机构有左、右两个制动踏板，在田间作业时，可单独使用协助转向。在运输时，用锁片将踏板连成一体使两驱动轮同时制动，以保证安全行驶。踏板上设有定位齿板和定位爪，以便在坡地长时间停车时，锁定制动器踏板。

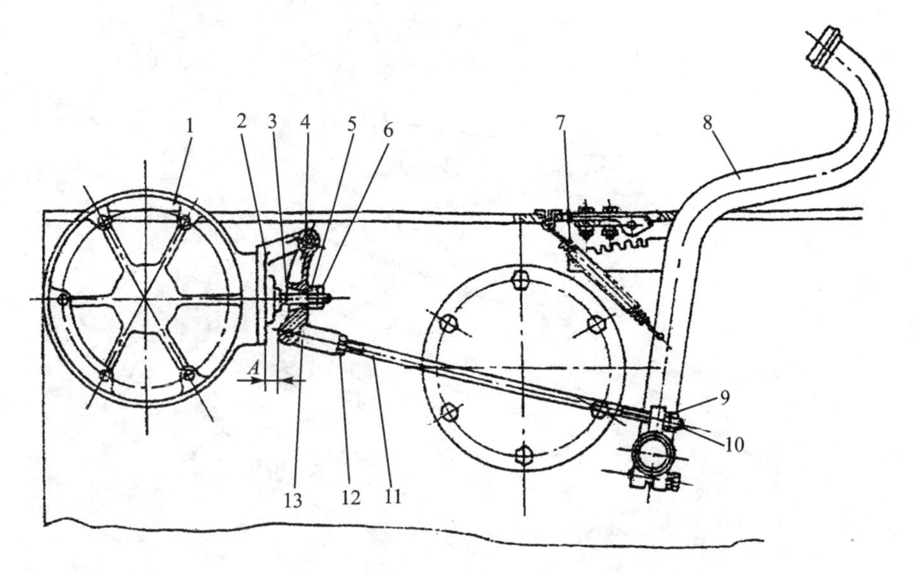

1—制动鼓；2—支座；3—内拉杆调节叉；4—拉杆；5—调整螺母；6—锁定螺母；7—回位弹簧；
8—制动踏板；9—调整螺母；10—锁定螺母；11—拉杆；12—拉杆螺母；13—调节叉

图6-12 铁牛-654型拖拉机制动系统操纵机构

2. 液压式操纵机构

如图6-13所示为FIAT90系列拖拉机的液压式制动操纵机构，主要由制动踏板、制动油箱、制动油管及制动泵等组成。

(1) *左右制动踏板联锁制动过程(见图6-13(a))*

当踩下踏板制动时，制动连杆L1、L2压活塞1、2，活塞移动使补偿阀3、4关闭，切断了通往制动器油箱S的油路，同时打开平衡阀5、6以保证油压在整个回路中一致，在活塞的行程中，活塞压缩主油缸中的油，压力油通过分流阀7、8作用在制动器活塞上。完全制动时，系统的压力约为1.76 MPa (18 kgf/cm^2)。当制动踏板放开时，压力油从制动器油箱的环状油腔中通过节流阀的节流，返回制动泵油缸，致使踏板缓慢回位。当活塞回到自由位置时，补偿阀打开，通往油箱的油路接通，平衡阀关闭。

(2) *左右制动踏板独立制动过程(见图6-13(b))*

当踩下一个制动踏板时，制动泵活塞1在主油缸制动连杆L1的作用下移动，补偿阀3关

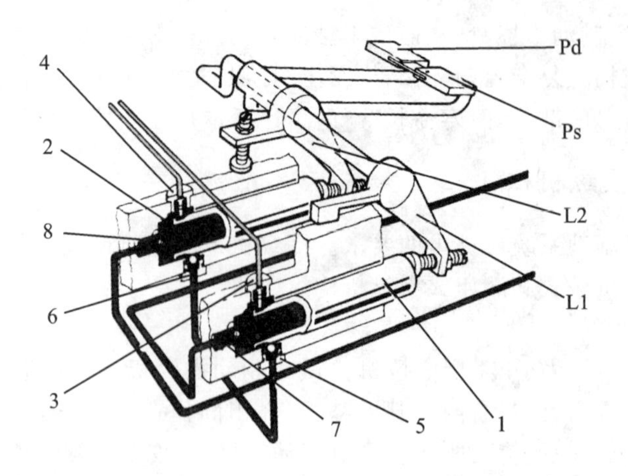

(a) 左右制动踏板联锁制动过程

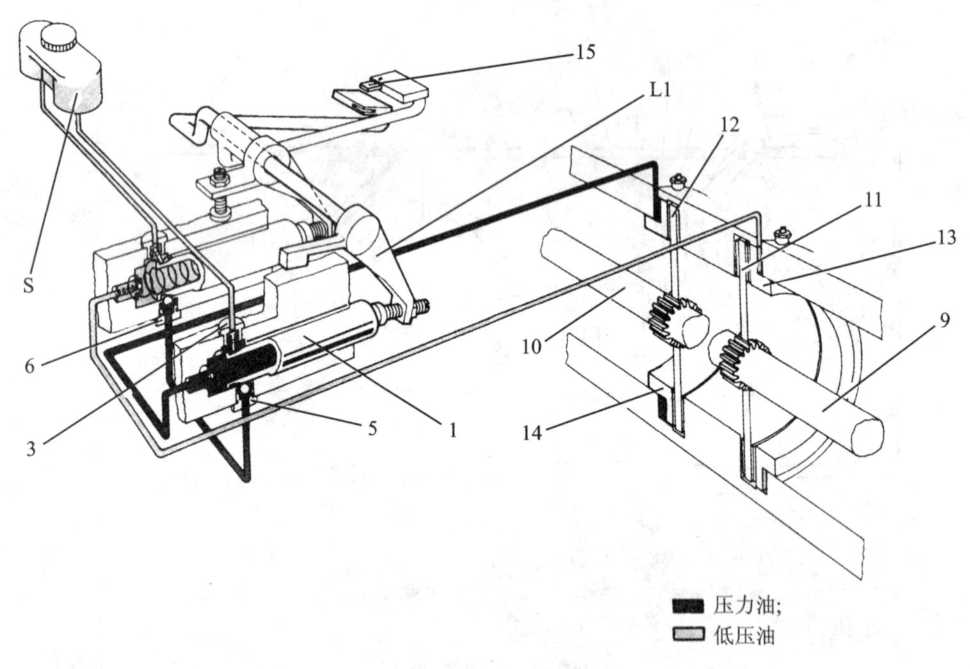

(b) 左右制动踏板独立制动过程

L1、L2—主油缸制动连杆；Pd—右侧制动踏板；Ps—左侧制动踏板；S—制动器油箱；1、2—制动泵活塞；3、4—补偿阀；5、6—平衡阀；7、8—分流阀；9、10—最终传动半轴；11、12—制动摩擦盘；13、14—制动活塞；15—联锁板

图 6-13 FIAT90 系列拖拉机液压式制动操纵机构

闭，从而通往油箱的油路关闭，平衡阀 5 打开，在相应的油缸建立起压力，在这些条件下，平衡阀 6 仍保持闭合，防止压力油与另一个油缸贯通。

如图 6-14 所示为该系列拖拉机液压制动操纵机构的制动泵结构图，主要由主油缸体 1、活塞(8、9)、活塞回位弹簧 10、补偿阀(14、15)、平衡阀(11、12)及分流阀(16、17、18)等组成。制动泵由制动踏板操纵，用于产生压力油推动制动器活塞使半轴制动。

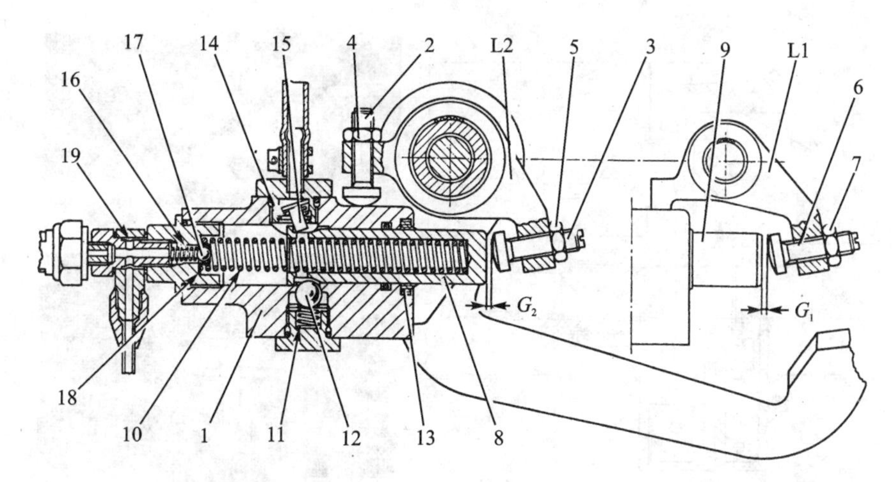

G_1、G_2—左右活塞与调整螺钉之间的间隙，0.1～0.2 mm；L1、L2—左右操纵连杆；1—主油缸壳体；2、3、6—调整螺钉；4、5、7—锁定螺母；8、9—活塞；10—活塞回位弹簧；11、12—平衡阀弹簧和球体；13—油封；14、15—补偿阀弹簧和阀板；16、17、18—分流阀弹簧、球体和阀罩；19—出油口；

图 6－14　FIAT90 系列拖拉机制动泵

注意：

SNH800 型拖拉机制动器油箱的两个油腔对两个制动泵油缸分别供油，以保持即使在一根制动油管失效的情况下，也能使制动器有效、正常地工作。

SNH 型拖拉机和纽荷兰 M 系列拖拉机均采用另一种形式制动泵，其结构类似于汽车上用的制动泵，如图 6－15 所示。

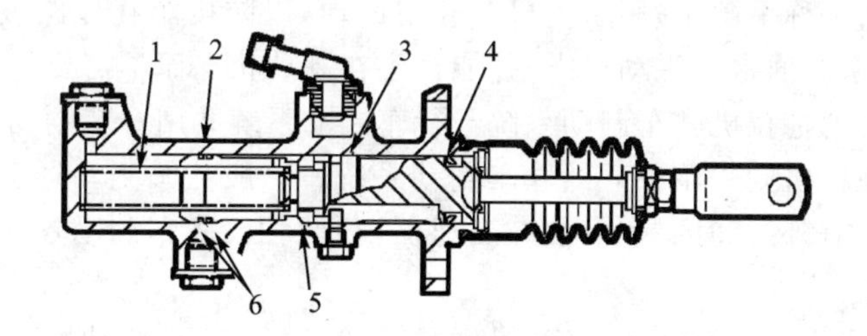

1—弹簧；2—缸体；3—活塞；4—后密封圈；5—中心密封圈；6—前密封圈

图 6－15　SNH800 型拖拉机制动泵

其前端的连接叉与活塞推杆通过螺纹连接，并由锁紧螺母锁定。连接叉另一端与制动踏板操纵推杆连接。制动踏板高度(或踏板自由行程)的调整是通过改变连接叉与活塞推杆的距离来完成的。除这些区别外，其他液压操纵部分及制动器与前述制动系统完全相同。

6.1.3　四轮驱动拖拉机的前桥制动器

两后轮驱动拖拉机(2WD)，一般仅在后驱动桥上装有行车制动系统。而四轮驱动(4WD)的拖拉机，还装有前桥制动器，其结构如图 6－16 所示。FIAT90 系列四轮驱动拖拉机的前桥制动器结构上类似于轿车上用的钳盘式制动器，安装在前驱动桥传动轴上，主要由单作用油缸操纵的制动钳、制动摩擦块和制动圆盘等组成。

液压操纵的行车制动系统，作用于所有的四个车轮。前制动器回路是后桥制动器回路的

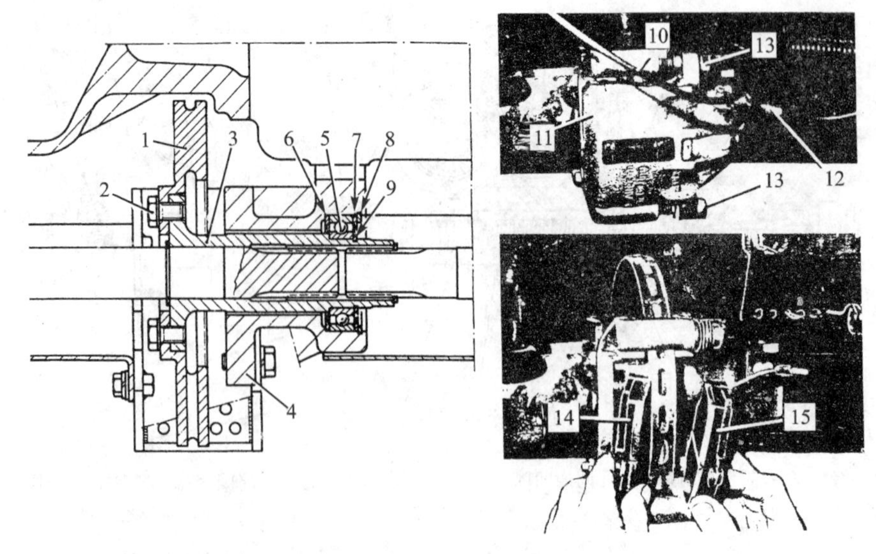

1—制动圆盘；2—制动圆盘固定螺钉；3—制动器轴套；4—保持架；5—轴承；6—前垫圈；7—后垫圈；8—外卡环；9—内卡环；10—摩擦块磨损指示器导线；11—制动钳；12—制动油管；13—固定螺钉；14、15—左右摩擦块

图 6-16　FIAT90 系列四轮驱动拖拉机前桥制动器

分支，通过单作用油缸操纵的制动钳使左右摩擦块夹紧制动圆盘，使前桥传动轴制动。当踩下行车制动系统操纵踏板（道路运行时联锁在一起）时，前桥制动器和后桥制动器同时起作用；当仅踩下一个制动器踏板时，安装在后部的液压装置不会使前桥制动器起作用，即仅制动后桥。

6.1.4　驻车制动系统与工作

驻车制动系统（俗称手刹车）用于使机车驻留原地，以防机车在坡路或其他外力作用下自动滑溜。驻车制动系统通常由手动操纵，并能锁定在制动状态而不需要人为干预（行车制动需要脚一直踏下）。有的拖拉机驻车制动系统与行车制动系统共用一套制动器，只是分设两套操纵机构；而大多数拖拉机则采用独立的驻车制动系统。一般驻车制动器安装在变速器输出位置与传动轴相连处，有外置和内置（安装在变速器内）两种。驻车制动器多采用盘式或蹄式制动器。

如图 6-17 所示为 FIAT90 系列拖拉机的驻车制动系统，由制动器、操纵手柄、锁定机构、操纵传动杆件（或远程操纵拉索）等组成。

该系列拖拉机采用内置于变速器的多片盘式制动器，安装于变速器底部或侧面（适用于东方红-1004/1204 型拖拉机）。现以 SNH800 型拖拉机为例说明其结构和工作过程。

从动齿轮轴 24 通过螺钉 C2 固定在制动器壳体上，其上通过滚针轴承套装着从动齿轮，从动齿轮与变速器输出轴（即小锥齿轮轴）上的中速挡从动齿轮常啮合。在从动齿轮的轮毂外表面制有花键，3 个（或 4 个）制动盘 17 与从动齿轮轮毂外花键配合。在 3 个制动盘之间分别安装了 5 个摩擦衬片 16（注：其中一片安装在从动齿轮与壳体之间），并通过长导向螺栓 26 固定在壳体上（即摩擦衬片不能转动）。当操纵制动手柄至制动位置时，远程操纵拉索 6 拉动制动器外连接叉 11，外连接叉带动内摇臂转动，内摇臂上的凸轮压下制动压盘，将制动盘与摩擦衬片相互压紧，从而通过从动齿轮使变速器输出轴制动。由于变速器输出轴又是后驱动桥的小锥齿轮轴，因此，又通过后驱动桥使机车制动。

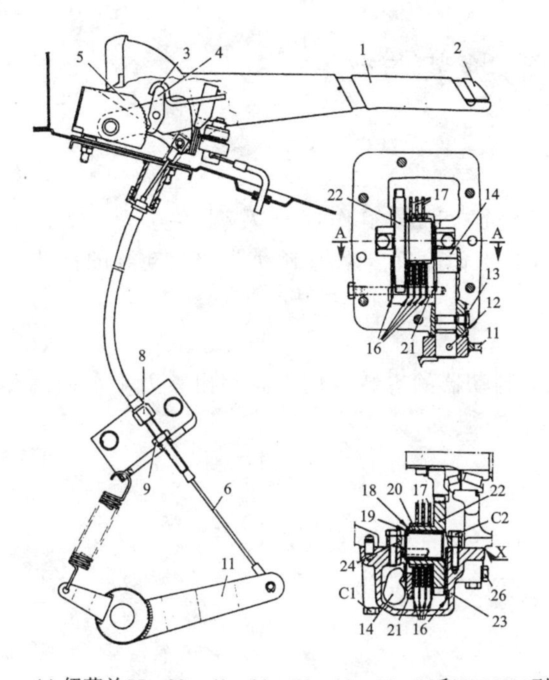

(a) 纽荷兰55—90、60—90、70—90、80—90和SNH800型

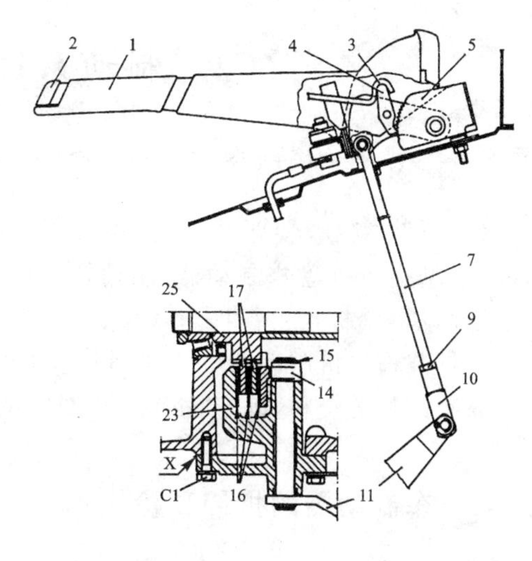

(b) 纽荷兰90—90、100—90和东方红-1004/1204型

C1—壳体连接螺钉；C2—从动齿轮轴固定螺钉；1—操纵手柄；2—手柄位置锁定按钮；3—限位爪控制杆；4—限位爪；5—扇形齿板；6—远程操纵拉索；7—拉杆；8—手柄行程调整螺母；9—锁定螺母；10—传动杆调节叉；11—制动器外连接叉；12—圆柱销；13—内摇臂轴定位螺钉；14—内摇臂轴；15—卡环；16—摩擦衬片；17—制动盘；18—止推垫圈；19—卡环；20—滚针轴承；21—制动压盘；22—从动齿轮；23—壳体；24—从动齿轮轴；25—轮毂；26—导向螺栓

图6-17 FIAT90系列拖拉机的驻车制动系统

知识链接：

1. 制动液的类型

按原料、工艺和使用要求不同，分为醇型、矿油型、合成型三种类型。

醇型制动液是以精制蓖麻油和醇配置而成的，其沸点低，工作温度范围窄，对温度变化适应性差，高温时产生气阻，低温－30 ℃即凝冻，制动失灵。因此在严寒和炎热地区不宜使用。

矿油型制动液以精制的轻柴油馏分，经深度脱蜡后，加入增粘剂、抗氧化剂、防锈剂、染色剂调合而成。其润滑性能好，腐蚀作用小，换油期长，使用不受地区、季节的限制。

合成型制动液由醚、醇、酯等物质加入添加剂调合而成。性能优良，沸点高，高温下使用不会产生气阻；凝点低，低温下使用时能顺利供油。粘温特性好。

2. 使用制动液应注意的问题

（1）制动液使用前必须检查，如发现白色沉淀，应过滤后再用。

（2）各种制动液不能混存，以免分层，失去制动作用。

（3）换制动液时，必须将制动系统洗净擦干，并严禁把脏物加入制动阀贮油室内。

6.2 制动系统的拆装与检修

引导：

通过拆装实习，使学生了解液压制动系统的组成、工作原理及调整方法。掌握SNH800型拖拉机盘式制动器、制动泵的构造和工作原理。掌握制动器和制动泵的拆装方法及制动器踏板自由行程。

1. 拆装拖拉机制动器应注意哪些事项？

2. 查阅相关资料，确定SNH800型拖拉机制动器的拆装专用工具和扭紧力矩数据。

6.2.1 行车制动器的拆卸和检修

1. 准备工作

① 待修拖拉机；

② 常用拆装工具；

③ 制动器专用拆装工具，厂家提供；

④ 专用支撑台架；

⑤ 零件摆放台和盛油盆。

2. 行车制动器的拆卸和检修

如图6－18所示为SNH800型拖拉机行驶制动器总成的所有零件及装配位置关系。

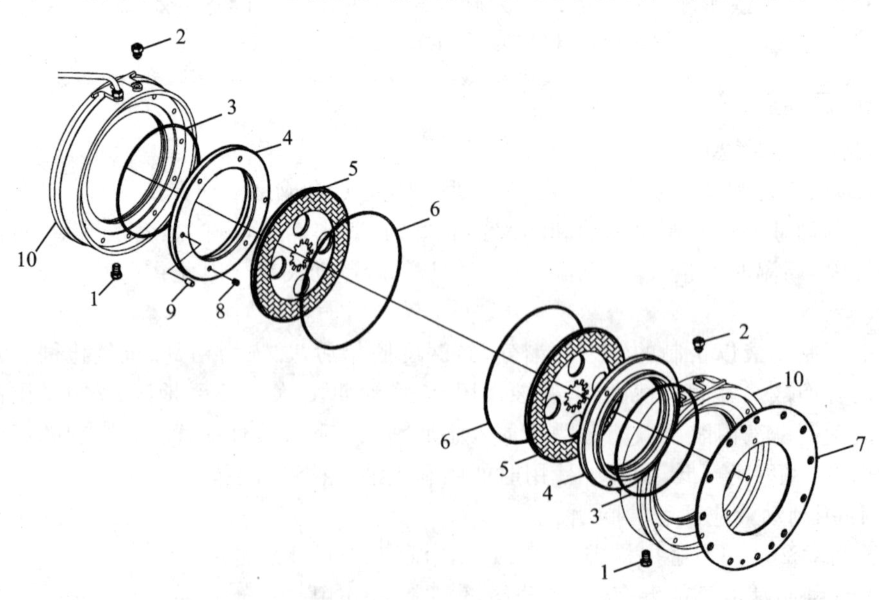

1—制动器放油螺塞；2—放气螺钉；3—制动器活塞内油封；4—制动活塞；5—制动摩擦盘；6—制动器活塞外油封；7—制动盘；8—弹簧；9—导向销；10—制动油缸

图6－18 SNH800型拖拉机行车制动器分解轴测图

(1) 从车上拆卸制动器

从车上拆卸制动器如图6－11所示。

① 拆下最终传动总成。

② 断开油管。

③ 从后桥壳体上拆下制动油缸 1、制动摩擦盘 2、最终传动半轴 8 和制动器盘 9。

④ 检查行车制动摩擦盘 2 和制动器盘 9 的磨损情况，如果超出厂家规定的磨损极限，应更换。

(2) 行车制动器总成的拆卸与检修

如图 6－19 所示，拆卸与检修制动器总成注意以下几点：

① 拆制动器活塞 2 之前，在活塞和油缸 1 上都要做好标记，以保证定位销 5 和销孔 6 在装配时能对准；

② 如果需要更换密封圈，在装配前要涂润滑脂，并确保安装位置正确以防止装活塞时损坏密封圈；

③ 在往传动箱壳体上安装前，应彻底清理制动器衬盘和制动器壳体结合面，去除油污并涂以密封胶。

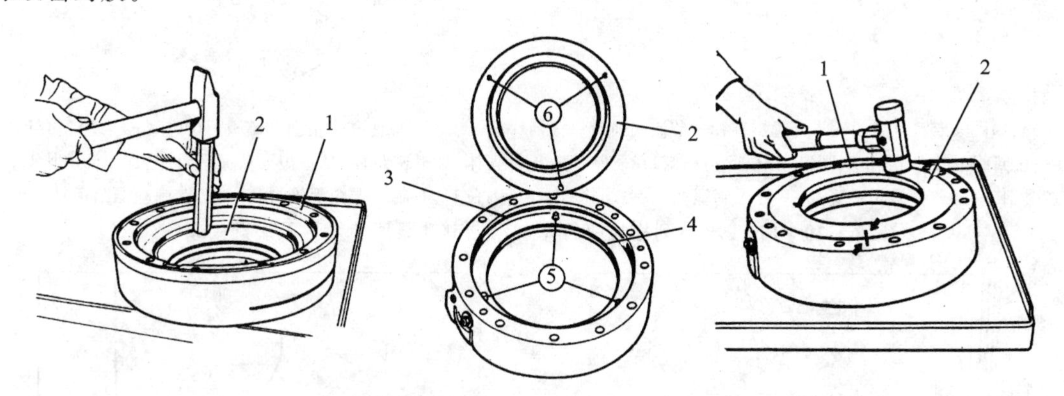

1—油缸；2—活塞；3、4—密封圈；5、6—定位销和销孔

注：箭头所指标志是便于正确装配所做的参照标记

图 6－19 制动器油缸活塞的拆卸(装配)

6.2.2 行驶制动器制动泵的拆装

如图 6－20 所示为 FIAT90 系列拖拉机制动泵的所有零件及其装配关系，拆装制动泵时可参考此图。

1. 从拖拉机上拆下制动泵

从拖拉机上拆下制动泵的步骤如下：

① 断开蓄电池的负极搭铁线(见图 6－21)。

② 拆下右侧防护机罩 1(见图 6－22)。

③ 排出制动油路中的油。

④ 拆下仪表板。

⑤ 断开制动泵进油管 2，拆下制动压力传感器连接插头 1(见图 6－23)。

⑥ 拆下制动泵出油管接头。

⑦ 拆下螺栓 2，连同踏板一起把制动泵拆下(见图 6－24)。

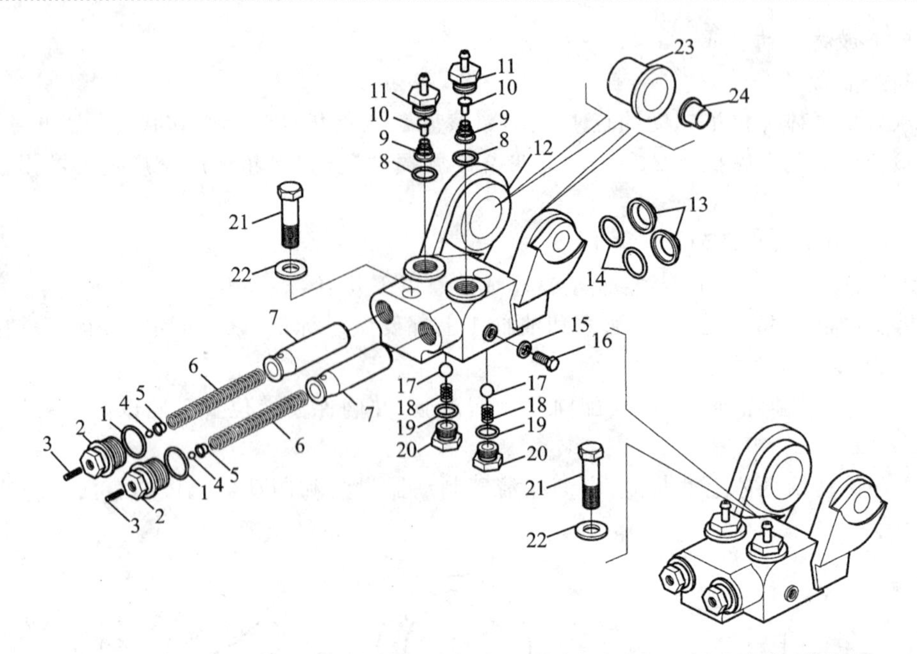

1、8、14、19—O形密封圈；2—节流阀螺塞；3—节流阀弹簧；4—钢球；5—节流阀球座；6—活塞和踏板回位弹簧；7—主油缸活塞；9—止回阀弹簧；10—止回阀；11—止回阀螺塞；12—制动液压泵壳体；13—密封环；15—矩形截面密封圈；16—油管堵头；17—钢球；18—补偿阀弹簧；20—补偿阀螺塞；21—螺栓；22—垫圈；23—右制动器踏板轴衬套；24—左制动器踏板轴衬套

图 6-20　FIAT90 系列拖拉机行车制动器制动泵所有零件及装配关系

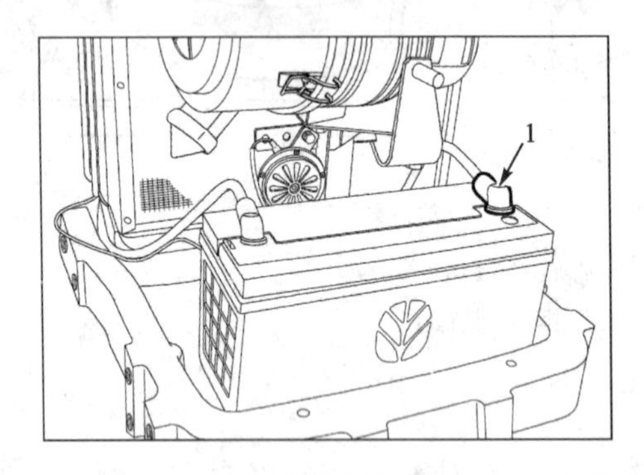

1—负极连接桩

图 6-21　拆下蓄电池负极电缆

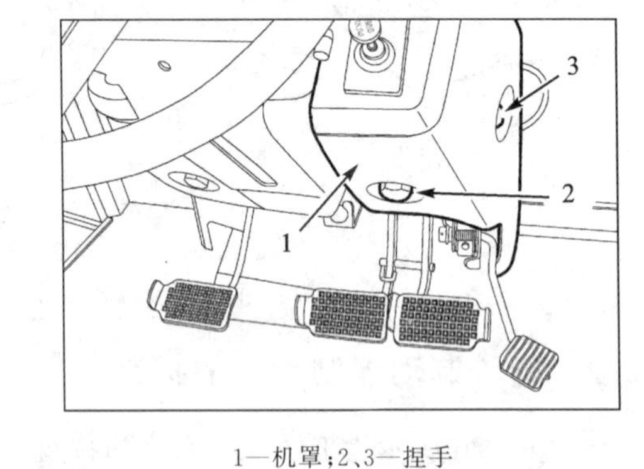

1—机罩；2、3—捏手

图 6-22　拆下右侧防护机罩

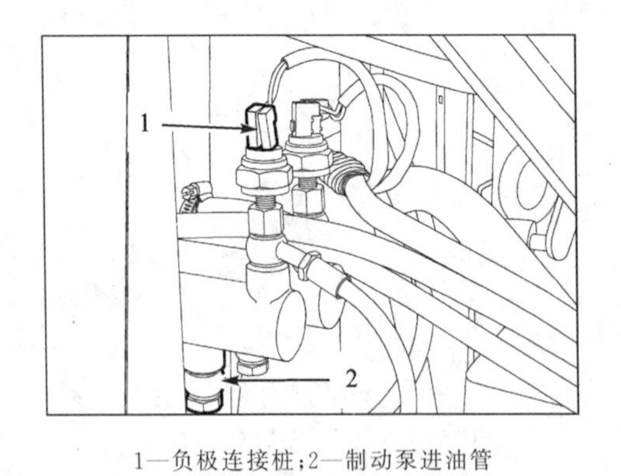

1—负极连接桩；2—制动泵进油管

图 6-23　拆下蓄电池负极电缆

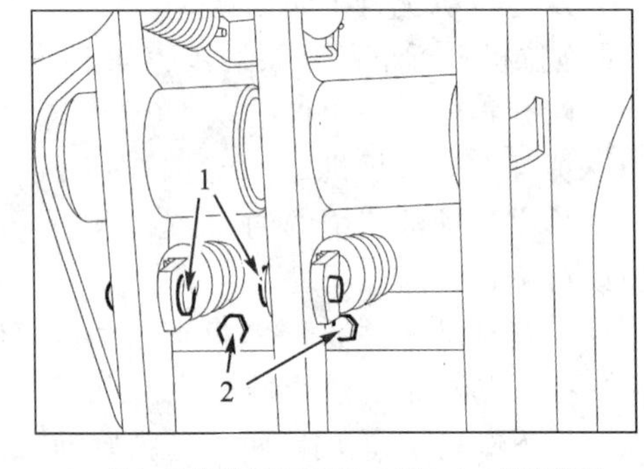

1—油缸活塞推杆（SNH800 型）；2—固定螺栓

图 6-24　拆下制动泵

2. 制动泵的拆装注意事项

① 拆卸制动泵时，注意活塞7(见图6-20)要从出油管的一端抽出，检查主油缸孔和活塞工作表面的氧化和粗糙度状况以及磨损情况。活塞与主油缸孔的配合间隙应符合厂家维修手册中的规定。

② 检查密封圈，必要时更换。

③ 装配时，在装活塞之前，应先把单向阀装上，以防止活塞卡住单向阀(见图6-25)。

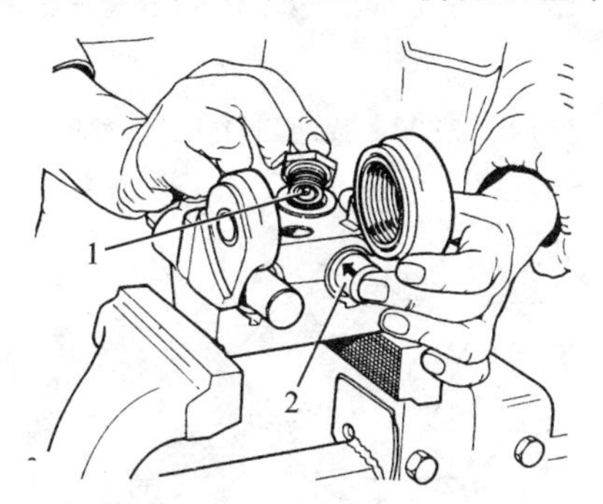

1—阀片；2—主油缸活塞

图6-25 主油缸上单向阀的安装

注意：

装单向阀时，如果活塞已经在主油缸内，应把活塞向前推，以防止单向阀损坏。

6.2.3 行车制动器踏板的调整与安装

1. 制动器踏板的调整

① 如图6-26所示，把带衬套的左制动器踏板Ps装在制动液压泵壳体1上，装上带调整螺钉2、3(见图6-14)的操纵连杆L2，用卡环2锁紧定位，把右踏板Pd装在操纵连杆L1上，使得杆的前端支承在制动液压泵壳体上，操纵连杆L1上的标记要与右踏板轴上的标记对准。

② 按图6-27所示，调整螺钉6(见图6-14))，保证间隙$G_1=0.1\sim0.2$ mm后，用螺母7(见图6-14)锁定，用踏板上的联锁板把两个踏板并齐。

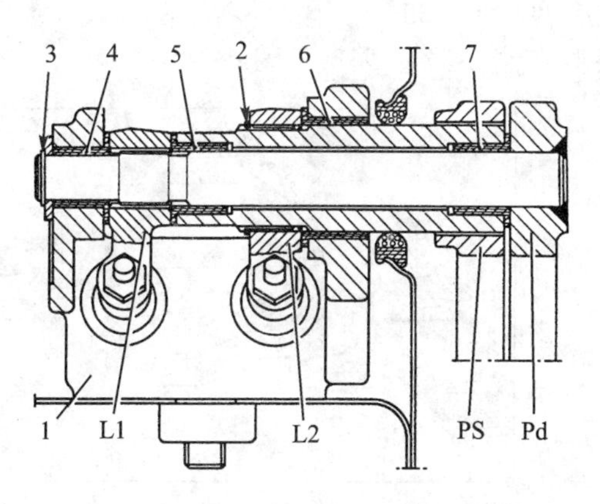

L1、L2—左右操纵连杆；Ps、Pd—左右制动器踏板；
1—制动液压泵壳体；2、3—卡环；4、5、6、7—轴套

图6-26 制动器踏板轴与制动液压泵操纵杆件的装配图

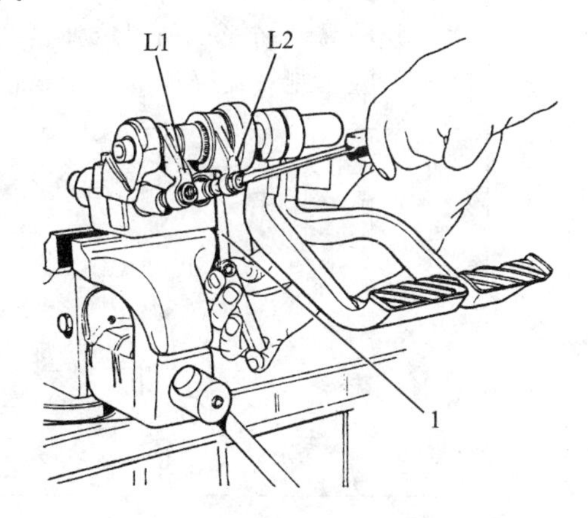

1—塞规；L1、L2—操纵连杆

图6-27 在台架上调整踏板

③ 调整螺钉 2(见图 6－14)，直到螺钉与制动泵壳体接触时为止，用螺母 4(见图 6－14)锁紧。

④ 调整螺钉 3(见图 6－14)，保证间隙 G_2＝0.1～0.2 mm 后，用螺母 5(见图 6－14)锁定。

注意：

制动器踏板的调整可在将制动泵装在拖拉机上或在台架上进行。

2. 制动器踏板的安装

装配时，应使踏板轴的花键与相关的操纵连杆上的花键配合，以保证制动器踏板离驾驶平台地板的高度尺寸 H＝150 mm，如图 6－28 所示。

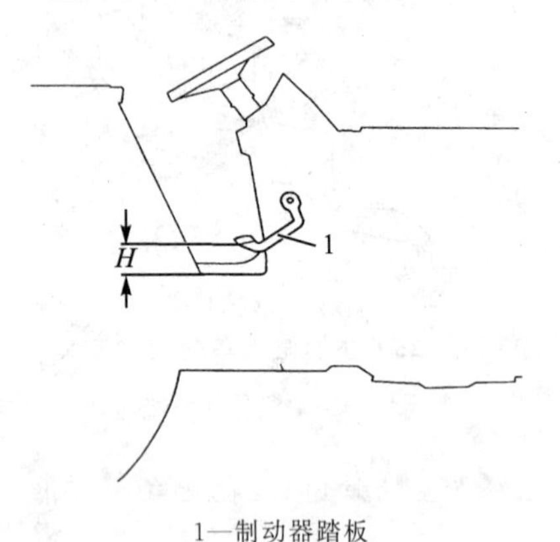

1—制动器踏板

图 6－28 制动器踏板的安装

6.2.4 驻车制动器的拆装

1. 驻车制动器的拆卸

将驻车制动器从车上拆下和分解的步骤如下：

① 断开电池负极引线 1(见图 6－21)的连接。

② 用楔块楔住前轮。

③ 排净变速器内的润滑油。

④ 断开操纵拉筋线 1 和回位弹簧 2 的连接(见图 6－29)。

⑤ 拧下驻车制动器壳体的固定螺栓，拆下驻车制动器总成 1(见图 6－30)。

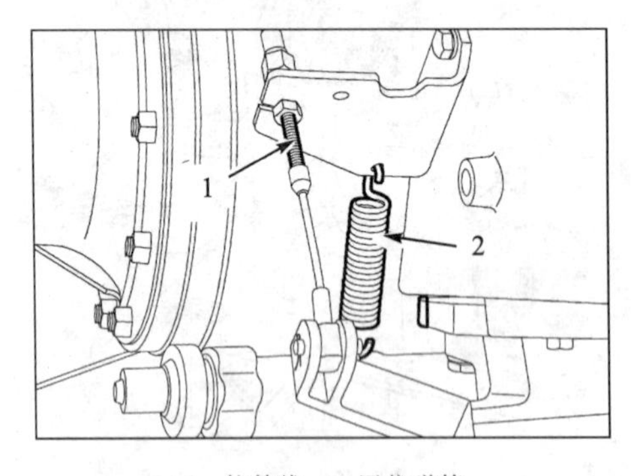

1—拉筋线；2—回位弹簧

图 6－29 断开拉筋线和回位弹簧的连接

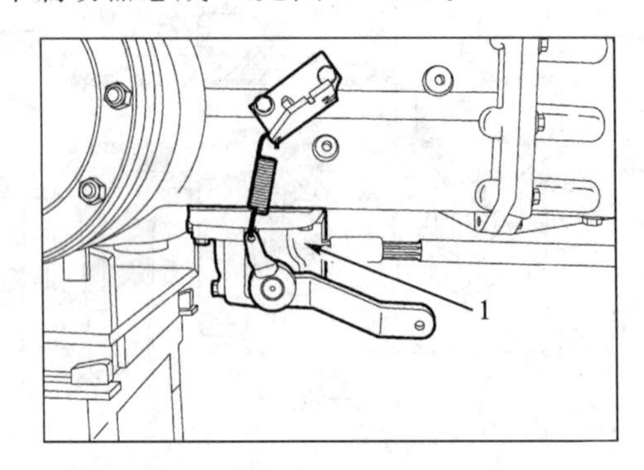

1—驻车制动器总成

图 6－30 拆下驻车制动器总成

⑥ 拧下从动齿轮轴固定螺栓 1 并将从动齿轮轴 2 连同制动盘和齿轮一同拆下(见图 6－31)。

⑦ 拧下制动壳体上的摩擦衬片导向螺栓 1(见图 6－32)。

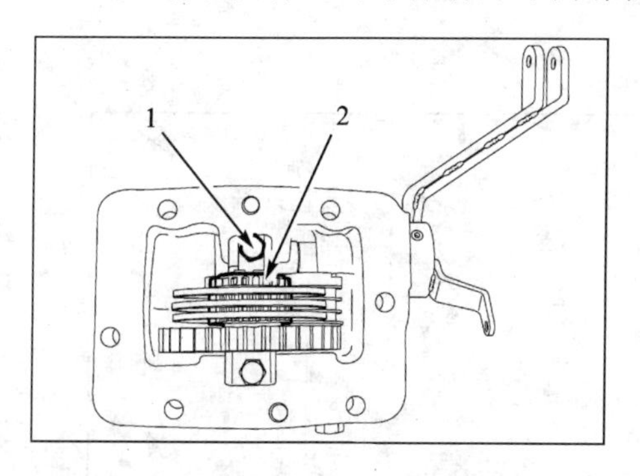

1—固定螺栓;2—从动齿轮轴

图 6－31　拆下从动齿轮轴及制动盘和齿轮

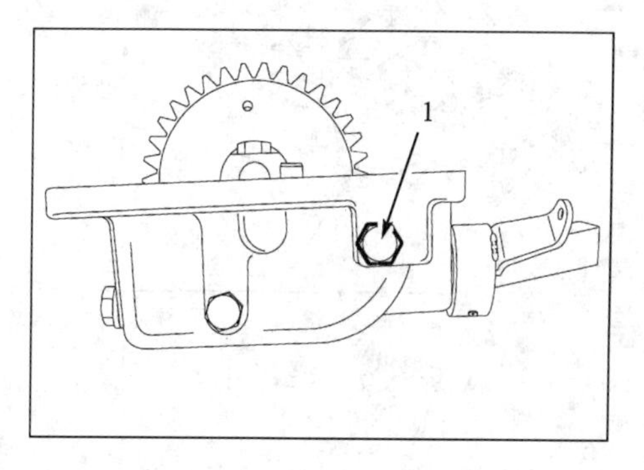

1—导向螺栓

图 6－32　拆下摩擦衬片的导向螺栓

⑧ 拔出固定销 1,并拆下驻车制动器的外部操纵杆(见图 6－33)。

⑨ 拆下定位销钉 1,并拔出驻车制动器的内部操纵杆 2(见图 6－34)

2. 驻车制动器的安装

① 按图 6－35 所示正确定位各个零件,并按与拆卸相反的顺序进行装配。

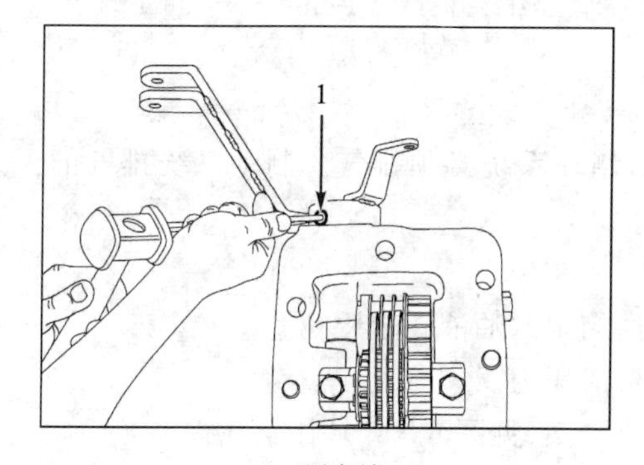

1—固定销

图 6－33　拆下驻车制动器外部操纵杆

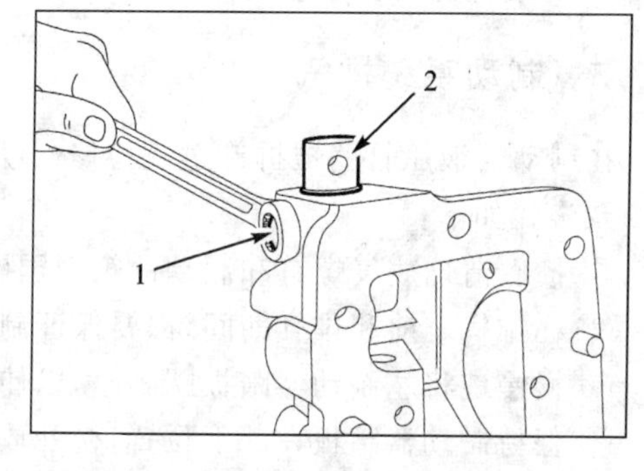

1—定位销钉;2—内部操纵杆

图 6－34　拆下驻车制动器内部操纵杆

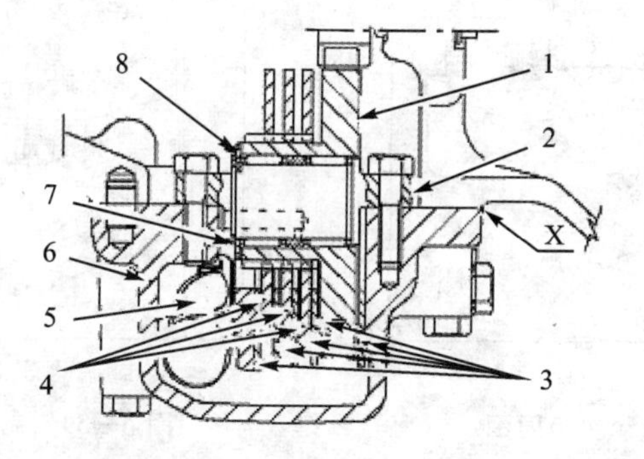

1—从动齿轮;2—从动齿轮销;3—扇形摩擦衬片;4—制动盘;
5—内部操纵杆;6—底座;7—卡环;8—止推垫圈

图 6－35　SNH800 型拖拉机驻车制动器结构

② 重新将驻车制动器装配到后变速器之前,仔细清洗配合表面并除去油污,然后按照图 6－36所示,沿着标记线涂上密封剂(厚度大约 2 mm)。

③ 将带O形密封圈2的内部操纵杆1推入到位，并用螺丝固定(见图6－37)。

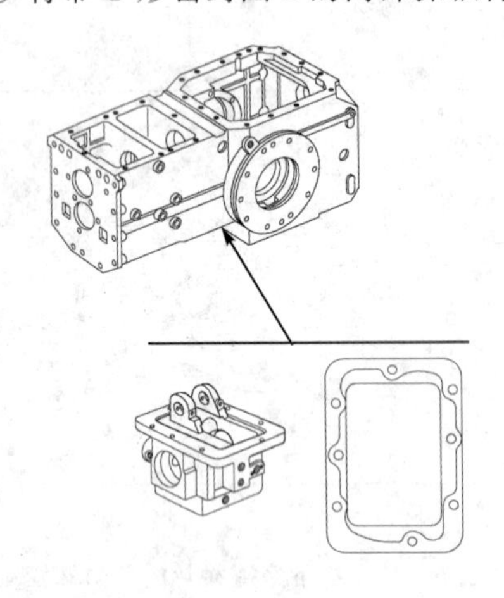

图6－36　驻车制动器壳体密封部位

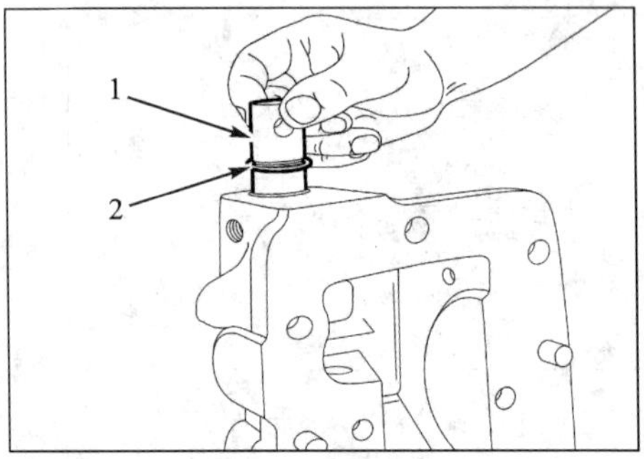

1—内部操纵杆；2—O形密封圈

图6－37　安装内部操纵杆上的密封圈

④ 装配驻车制动外控制杆。

⑤ 安装摩擦衬片、导向螺栓、制动盘和齿轮装置。

⑥ 将装配好的驻车制动器总成安装到后变速器底座上，并按规定扭矩拧紧固定螺栓。

6.2.5　制动系统排气

在制动器液压管路被拆卸过或检修制动器后，制动系统必须排气。制动系统排气的注意事项及步骤如下：

① 彻底清理放气螺钉和制动油箱周围(见图6－38)。

② 在排气之前和排气期间，都要保证制动器油箱中的油液在上限位置。

③ 慢慢地将左制动器踏板踩到底，以使油液形成压力。

④ 保持制动器踏板在踩下位置，松开放气螺钉半圈(见图6－39)，让空气排出。

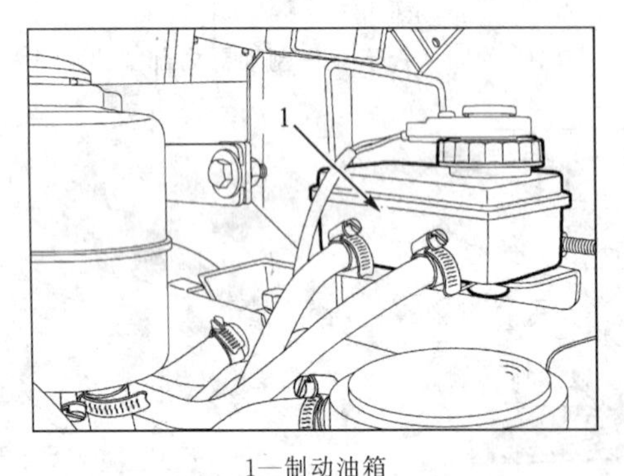

1—制动油箱

图6－38　清理制动油箱周围

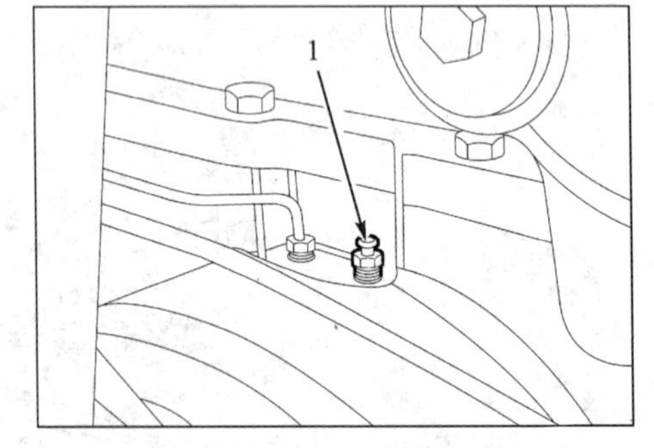

1—放气螺钉

图6－39　制动器放气螺钉的位置

⑤ 拧紧放气螺钉，重复上述步骤，直到从排气孔内冒出的油没有气泡时为止。

⑥ 再次踩下制动器踏板，检查在踏板正常运动时，能否建立起油压。

⑦ 按上述步骤再排放右制动器油路中的空气。

⑧ 最后，将制动器油箱加满液压油。

注意：

对于装有拖车制动遥控阀(多路阀)的拖拉机，应先从放气螺钉处排气，再通过装在阀上的放气螺钉处排气。

6.3　制动系统的故障诊断与排除

引导：

制动器在使用过程中经常出现的故障有制动不灵、制动复位不灵造成刹车卡死、制动时发出响声、液压制动装置制动无力、液压制动器发热、制动跑偏等。

1. 拆装转向油缸应注意哪些事项？
2. 查阅相关资料，找到一些拖拉机制动系统的故障案例与大家分享。

拖拉机制动系统故障的诊断及排除方法见表 6－1。

表 6－1　拖拉机制动系统故障的诊断及排除方法

故　障	故障现象	可能的原因	排除方法
机械式制动系统失灵	踩下制动器踏板后，不能将拖拉机刹住，且路面无刹车印痕	① 摩擦片磨损严重	用制动器盖上的垫片调整制动压盘与摩擦片、摩擦片与制动器盖及制动器壳体之间的间隙
		② 制动器内部进入油或泥水，从而降低了摩擦系数	应更换油封和橡胶密封圈，并用汽油清洗制动器内各零件，晾干后装复
		③ 制动踏板自由行程过大	松开制动器踏板联锁片，分别调整左、右制动踏板的自由行程
		④制动压盘内回位弹簧失效或钢球卡死	拆开制动器，更换回位弹簧，用砂布磨光制动压盘凹槽及钢球，用油布擦净后再装复制动器
		⑤制动器摩擦片的装配是有方向的，若装反，将降低制动效果	应拆卸重新进行安装
液压式制动系统失灵	踩下制动踏板时，拖拉机不能明显减速，制动距离长	① 制动总泵顶杆调整过短，使总泵工作行程减小，造成供油量不足	调整制动总泵顶杆，使总泵顶杆与活塞被顶处有 1.5～2 mm 的间隙
		② 由于制动频繁，制动器温度过高，使油液蒸发成气体	稍停使用制动，使制动器降温
		③ 分泵皮碗翻边，使分泵漏油	处理分泵皮碗，将其调整为正常状态
		④ 快速接头的密封面密封不严或密封圈损坏而漏油	检查密封必要时更换密封圈
		⑤ 压盘与制动盘磨损严重，使制动间隙变大	检查其磨损情况，必要时更换，或调节制动间隙
		⑥ 制动器液压管路中有空气	排出制动系统中的空气

续表 6-1

故障	故障现象	可能的原因	排除方法
制动复位不灵刹车卡死	松开制动时造成忽然“自动刹车”在路面上可能出现侧滑痕，引起制动器发热，严重时摩擦片烧毁	① 制动踏板自由行程过小，导致制动间隙过小	调整制动踏板自由行程
		② 制动压盘回位弹簧失效（太软，脱落或失效），钢球锈蚀，使制动压盘不能复位	更换回位弹簧或用砂布磨光钢球，必要时更换钢球
		③ 轮毂花键孔与花键轴配合太紧	修锉花键，使两者配合松动，直到摩擦盘能在花键上自由地轴向移动为止
		④ 球面斜槽磨损变形以及摩擦面间有杂物堵塞	修复斜槽，清除杂物
		⑤ 液压制动活塞卡死	清除油缸中卡滞物，必要时更换活塞或油缸
制动器发出响声	制动时发出响声	① 摩擦衬片松脱或铆钉头外露 ② 制动鼓或压盘变形、破裂 ③ 回位弹簧折断或脱落 ④ 盘式制动器压盘的凸耳与制动壳体内的凸肩之间的间隙过大	酌情修复或更换，注意正确操纵
制动跑偏	非单边制动时，拖拉机跑偏	① 左、右踏板自由行程不一致	应重新调整，使左、右制动踏板自由行程基本一致
		② 某一侧制动器打滑	应查明原因，清洗制动器内各零件，或更换油封
		③ 田间作业使用单边制动后，制动器内摩擦片磨损严重或有油污	可更换摩擦片或去除摩擦片上的油污
		④ 两驱动轮轮胎气压不一致	应按规定充气
液压制动装置制动无力	拖拉机液压制动装置慢踩制动踏板时有制动效果，而快速踩下时无制动效果	液压制动装置快速接头具有方向性，如果装反或两个压簧压力调整不当，紧急制动时，油压作用会使接头顶珠产生油路自锁，结果使快速踩下时无制动效果。而慢踩制动踏板时却有制动作用	将快速接头拆下，确认正确方向以后再行装上，调整两顶珠的弹簧压力，使前方（来油方）顶珠的弹簧压力小于后方顶珠的弹簧压力

维修案例：

故障一：一台拖拉机的制动器为蹄式制动器，踏下制动踏板，车辆不能立即减速或停车。

诊断与排除：起初怀疑制动器间隙过大，但调整制动间隙到规定值后，情况未得到缓解，遂拆检制动器，发现两后轮的蹄式制动器摩擦片铆钉外露，并且制动鼓内表面形成严重沟槽，经修理制动鼓和更换摩擦片后，故障消除。

故障二：一台拖拉机的制动器为蹄式制动器，时常发生车辆行驶无力，且行驶时间稍长，即发现制动鼓发热烫手。

诊断与排除:发现此情况后,首先怀疑制动器间隙过小,经检查发现制动器间隙完全符合要求。于是对制动器进行拆检,发现制动器回位弹簧部分折断,更换回位弹簧后,该故障消除。

故障三:一台拖拉机的制动器为盘式制动器,踏下制动踏板,车辆左后侧车轮不能立即减速,造成车辆制动跑偏。

诊断与排除:经现场检查,发现制动器间隙和摩擦片状况均正常,经仔细检查后,发现该车轮的制动器制动分泵进油管处,有渗漏油液的痕迹,检查发现是由于该处进油管接头空心螺栓密封铜垫密封不良所致,更换密封铜垫,重新加注制动油并排气后,故障消除。

故障四:一台拖拉机的制动器为盘式制动器,进行制动操作后,发现车辆行驶无力。

诊断与排除:怀疑其制动解除不彻底,发生了制动拖滞的现象,经初步检查排除了制动器间隙过小的可能性。通过对制动器进行仔细拆检,发现该故障是由于制动分泵不能回位所致,经过更换部分制动器分泵的活塞和密封件,该故障消除。

第7章 拖拉机工作装置的使用

学习目标：

- 掌握操纵动力输出轴的步骤及注意事项；
- 掌握液压悬挂系统的控制方式；
- 正确对液压悬挂系统进行操控；
- 掌握悬挂机构与悬挂装置的挂接调整。

7.1 动力输出轴的使用

如图7－1所示的操纵动力输出轴的步骤如下：

① 内燃机熄火将动力输出轴操纵手柄扳至空挡位置，拆下牵引架及动力输出轴盖，装上动力输出轴防护罩，然后将作业机械与动力输出轴相连接。

② 启动内燃机将离合器踏板踏到最低处，调整提升器使作业机械处于合适位置然后操纵手柄至所需转速的挡位。

③ 缓缓地松开离合器踏板，使作业机械开始运转，先用小油门检查运转情况，然后加大油门正式投入工作。

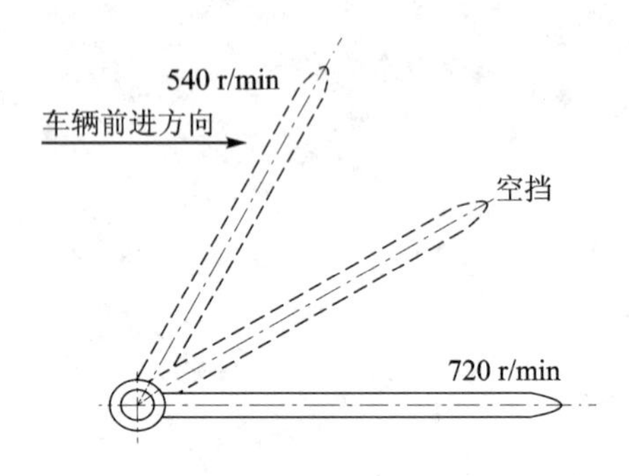

图7－1 动力输出轴操纵示意图

注意：

1. 在使用动力输出轴时，应加装防护罩。
2. 长期不用动力输出轴（如运输等作业），应将动力输出轴操纵手柄置于低挡位置。

7.2 液压悬挂系统的使用

液压悬挂系统的控制方式有力位综合控制、位控制、浮动控制3种。它是通过力控制弹簧总成，提升轴右压板、中间臂焊合件、连接件、反馈杆等零部件实现的。

7.2.1 液压悬挂系统操纵手柄的使用

液压悬挂系统的操纵是通过操纵手柄来实现的。

1. 力位综合控制

耕地作业，土壤阻力变化比较大时，使用力位综合控制，耕深是由操纵手柄移动不同的位置来实现的。操纵手柄在综合控制范围内越向下移，耕深越深；反之，耕深越浅。当调节到要求的耕深后，拧紧手柄限位块的蝶形螺母（见图 7-2），保证每次升降农具后使操纵手柄与定位块相碰，以达到保持耕深大致不变。

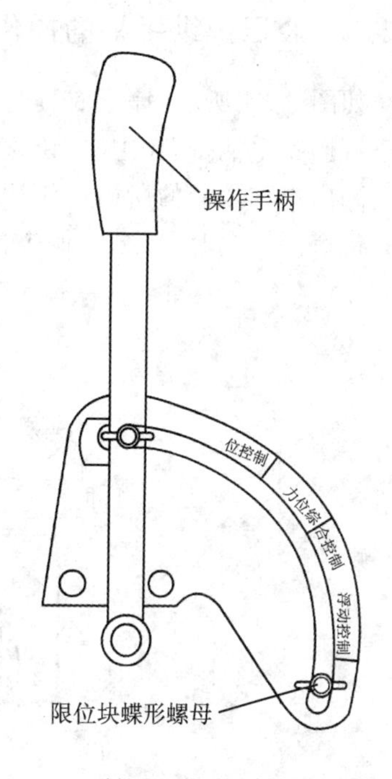

1—手柄；2—限位块蝶形螺母

图 7-2　液压系统的控制方式

2. 位控制

当带着农具进行旋耕、割草、收割等作业时，悬挂上拉杆受拉力，力控制弹簧不起作用。这时，综合控制只能起到位控制作用，在此位范围内，手柄向下推移得越多，农具下降得越多。

3. 浮动控制

当使用带地轮的农具时，可以采用浮动控制，操纵手柄应放在浮动控制范围内。这时，耕深的调节是通过调整地轮的高度来实现的。而地轮与农具的相对位置一经调定，不论土壤条件如何变化，农具总是随着地轮仿形地表形状而起伏，均能保证耕深一致。

7.2.2　农具下降的速度控制

调节下降速度控制手轮，可改变农具下降速度的快慢（见图 7-3）。保持合适的下降速度，可防止农具因下降速度过快与地面激烈的冲击而损坏。

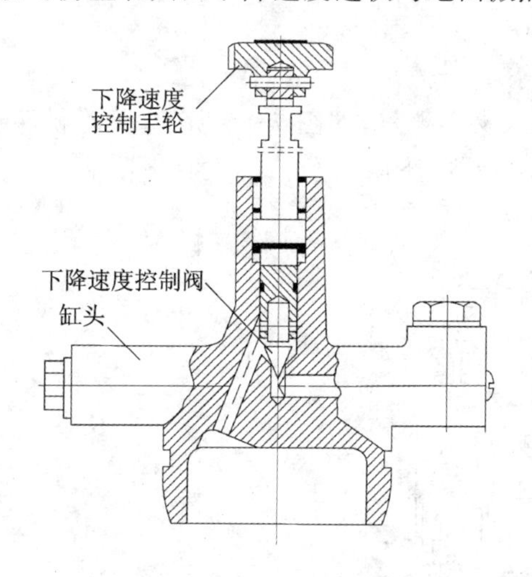

图 7-3 下降速度控制阀的使用

下降速度控制手轮直接控制缸头上的下降速度控制阀，顺时针旋进下降速度控制手轮，使农具下降速度减慢，反之则变快。

拖拉机带农具长距离转移时，将下降速度控制手轮拧至农具不能下降，即下降速度控制阀恰好入座关闭（注意不要拧死），从而起到了液压锁的作用，这样可减少农具沉降，以及运输中油缸的尖峰压力对分配器的影响，以达到拖拉机机组安全转移之目的。值得注意的是，转移完毕，需要将农具下降时，首先将手柄扳到“下降”位置（这时农具可能不动，这属于正常现象），然后将手柄从下降位置向上扳动，同时拧动下降速度控制手轮，使下降速度控制阀向外旋出。再次向下扳动手柄，就应该正常下降了。当操纵阀处于下降位置或农具悬挂“中立”位置时，下降速度控制手轮拧不动，这是因为农具的质量使油缸内部形成一定的压力，施加到下降速度控制阀的背腔，使其紧紧地压在阀座上。

7.2.3 液压操纵手柄的操作

如图 7－4 所示，提升农具时，将操纵手柄置于“提升”位置，带农具升到最高位置，应立即迅速将操纵手柄扳到“中立”位置，以免安全阀长时间开启。农具不带限深轮时，靠自身质量下降达到由挡叉限制的所需耕深后，应立即迅速将操纵手柄扳到“中立”位置，以保证耕深一致。农具带有限深轮时，操纵手柄应置于“下降”位置，耕深由限深轮控制。

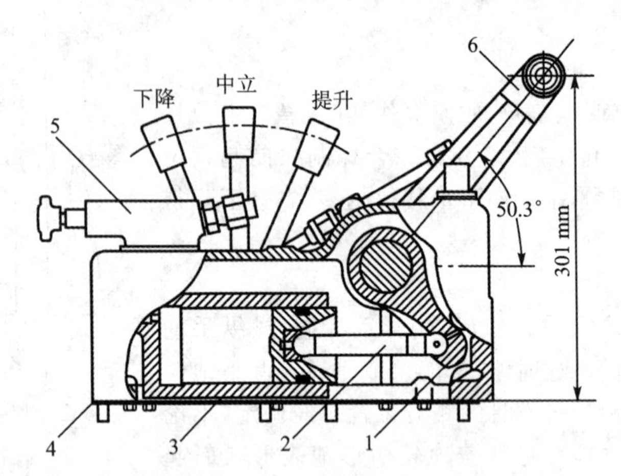

1—内提升臂；2—活塞杆；3—油缸；4—底板；5—下降速度调节阀；6—外提升臂

图 7－4 提升器的调整(一)

液压操纵手柄不能自动回位，再用调节挡叉Ⅰ或挡叉Ⅱ的方法获得农具要求的不同提升高度或下降深度时，导向套碰到挡叉，通过滑杆推动液压操纵手柄，此时操作者应将操纵手柄迅速扳到“中立”位置。

7.2.4 农具下降深度的调整

拖拉机带农具作业时，农具不带限深轮，耕深要求又很严格，如图 7－5 所示，此时耕深靠挡叉Ⅱ在滑杆上的位置限制来调整时，应将操纵手柄扳到“下降”位置，待农具下降到要求耕

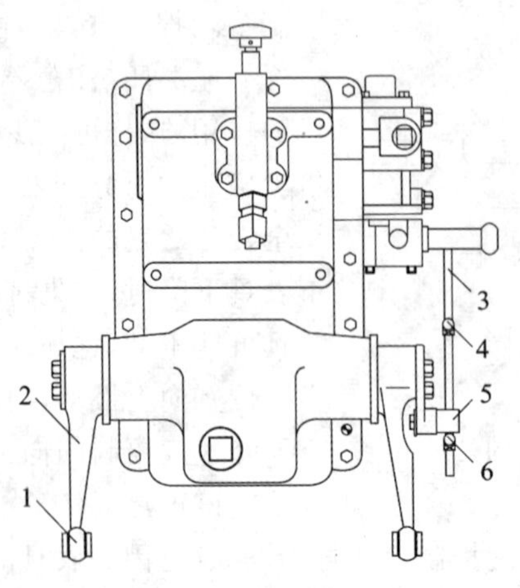

1—球形接头；2—提升臂；3—滑杆；4—挡叉Ⅱ；5—导向套；6—挡叉

图 7－5 提升器的调整(二)

深,立即移动挡叉Ⅱ,使之靠紧导向套固定,再将操纵手柄扳到“中立”位置进行作业。当用带限深轮农具作业时,挡叉Ⅱ一定要移到滑杆的最末端,使之不起作用,耕深由限深轮来控制。

7.2.5　液压输出

需要压力油输出时,可将油缸头上部的液压出口堵头取下,换上油管接头(E300.58.101),接上高压油管,即可实现液压输出,使用时,应把悬挂杆件放在最下面位置,再把下降速度控制手轮拧死。液压输出油路由分配器操纵手柄控制,将操纵手柄置于“提升”位置,压力油即可输入所需的液压装置。将操纵手柄向下推移,输出油液通过分配器流回油箱。该液压输出仅限用于单作用液压油缸所控制的装置。

7.2.6　用液压输出阀进行液压输出

本系列拖拉机可以装1片或2片液压输出阀,液压输出时,可将输出油管和回油管同输出阀上的快换接头连接,液压输出时,提升器不能工作。液压输出阀处于中立位置时,提升器才能工作。

7.2.7　悬挂机构与悬挂犁的挂接调整

1. 犁挂接前的准备

将上拉杆装在力调节弹簧摇臂的上孔上(见图7-6),左提升杆下端与左下拉杆前孔A连接,右提升杆下端与右下拉杆前孔A连接。力控制弹簧摇臂上有4个连接孔。用力位综合控制工作时,正常情况下用上孔,重负荷时向下面的孔移。可根据试耕中力调节变形量的大小来选取,变形量过大或顶死,上拉杆就向下面孔移;反之,挂接上面孔。

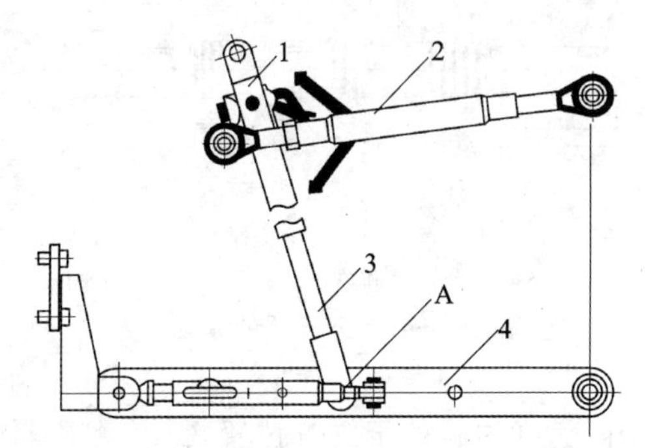

1—右提升杆;2—上拉杆;3—左提升杆;4—下拉杆

图7-6　悬挂机构调整

2. 犁的挂接

首先把左下拉杆与犁的左下悬挂点连接,然后右下拉杆通过右提升杆的调节与犁的右下拉杆连接,上拉杆通过自身调节,由上悬挂点连接销与犁的上悬挂点相连接。

3. 犁的调整

(1) 犁架左右水平调整

一般是调节右提升杆的长度,使犁架水平,保证耕深一致。耕作时犁架右边低,缩短右提升杆长度,反之则加长。左提升杆一般不作调节,只有当右提升杆调节量不够时才调整左提升杆的长度来满足要求。

(2) 前后水平调整

调节悬挂机构的上拉杆,前铧深时,应调长上拉杆;后铧深时应缩短上拉杆,使犁架水平。

(3) 耕幅调整

主要是通过调节犁的耕宽调节器,实现耕幅的调整。调节耕宽调节器可改变左、右下悬挂点前后相对位置。右下悬挂点前移耕幅变宽,反之幅宽减小。通过调节耕宽调节器可保证犁架正位,不出现重耕及漏耕现象。

7.2.8 液压悬挂系统的调整

拖拉机使用一段时间,当液压系统的零件磨损或拆开进行修理后再装配时,其各个部位必须进行调整。

1. 分配器的调整

(1) 检查下降阀行程(见图 7-7)

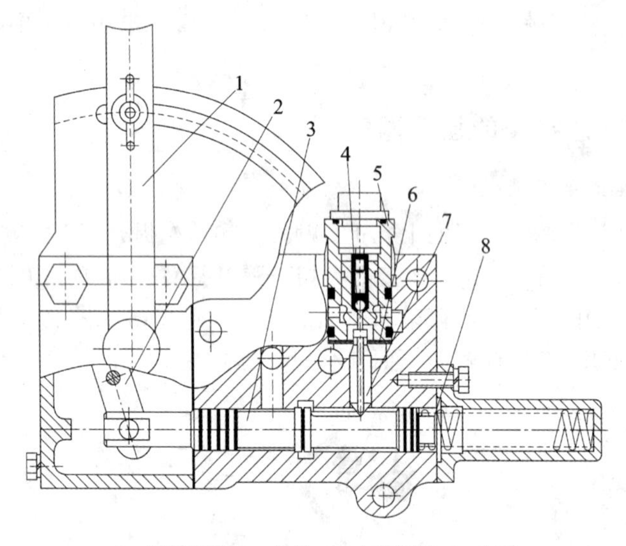

1—操纵手柄;2—摆杆;3—主控制阀;4—钢球

5—下降阀套;6—调整垫片;7—推销;8—主阀

图 7-7 分配器的调整

① 拧开下降阀堵塞。

② 将手柄置于最高提升位置(主阀处于提升位置)。测量钢球 4 到下降阀套 5 的上端面之距离 h_1。

③ 将手柄置于下降位置(主阀处于下降位置),测量钢球 4 到下降阀套 5 的上端面之距离 h_2。

④ 若 h_1-h_2 的值在 2~2.2 mm 之间,则调整合适;否则,用增减调整垫片 6 的方法来调整尺寸。

⑤ 拧紧下降阀堵塞。

(2) 装配分配器总成

将装配调整好的分配器总成装到提升器上。

2. 液压提升器的调整

主要是力位综合控制的调整(见图 7-8)。

① 将摇臂 1、支座 2、力控制弹簧 4 装上,调整调整螺栓 3 使力控制弹簧和摇臂正好接触,

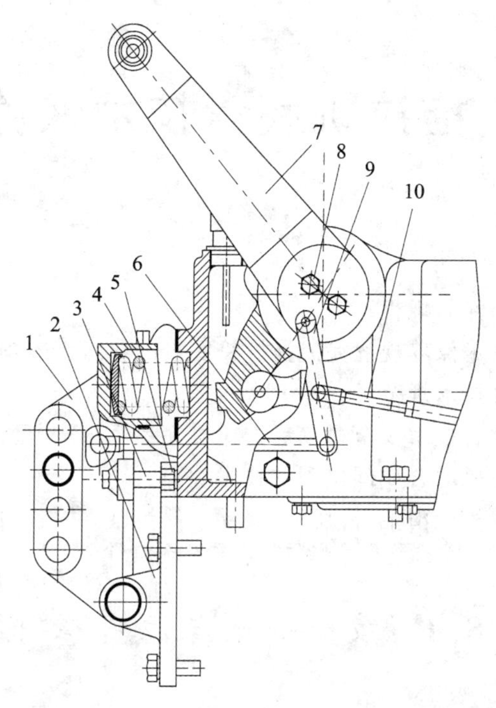

1—摇臂；2—支座；3—调整螺栓；4—力控制弹簧；5—锁紧螺母；
6—连接杆；7—外提升臂；8—右压板焊件；9—中间臂；10—反馈杆

图 7-8　力位综合控制调整机构

然后拧紧螺母 6。

② 将右压板合件 8 装于提升器上，并在右压板上连接好中间臂 9，再连接上连接杆 6 和反馈杆 10。

③ 将操纵手柄放在“下降”位置，启动拖拉机，然后操纵手柄慢慢向“提升”位置移动，如提升高度不够，则放长反馈件 10，反之则缩短，使其操纵手柄在最高提升位置时，外提升臂上的记号距壳体上的记号不大于 3 mm(这时内提升臂与提升器壳体的间隙约 5 mm)。反复提升 3 次，认为正确就锁紧反馈杆防松螺母。

3. 气制动装置的使用

气制动装置是产生并控制用于挂车制动的压缩空气的装置，用于拖拉机运输作业中挂车的制动。

气制动装置的使用方法如下：

① 将挂车气管与气制动阀出气管牢固连接。

② 柴油机启动前应检查气泵内润滑油面高度，油面应保持在油尺两刻度线之间。

③ 打开贮气筒下的放水阀，放尽存水，然后关死(注意：贮气筒应定期放水，否则将影响挂车制动效果可能引起严重后果)。

④ 调整气制动阀操纵连杆及调整螺钉长度，使挂车制动与拖拉机制动同步，或略先于拖拉机制动。

⑤ 启动柴油机，仪表盘上气压表读数到 686 kPa，安全阀开始放气后，才能开动拖拉机挂车机组，如不放气请检查安全阀，必要时更换。在运输过程中应经常观查气压表读数，使其不低于 630 kPa。

第8章 拖拉机底盘技术保养与磨合

学习目标：

- 掌握拖拉机技术保养规程；
- 能按照拖拉机技术保养规程完成拖拉机底盘的各级保养项目；
- 掌握拖拉机磨合技术规范；
- 能按照拖拉机磨合技术规范对修后拖拉机底盘系统进行磨合；
- 能正确处理拖拉机磨合期间出现的技术故障；
- 能正确选用拖拉机润滑油、液压油、制动液等溶液，并能完成这些溶液的更换。

8.1 安全规则与注意事项

8.1.1 驾驶安全规则

拖拉机驾驶安全规则如下：

① 驾驶员应受过专门训练取得驾驶执照，并应仔细阅读使用保养说明书后才能使用拖拉机。

② 启动发动机之前，必须将变速杆放在空挡位置，动力输出操纵手柄处于“分离”位置，提升器操纵手柄放在“下降”位置。

③ 拖拉机起步时，应注意前方是否有障碍物，拖拉机和农具或挂车之间是否有人。

④ 拖拉机在行驶中，驾驶员不能离开座位，任何人不得上下拖拉机。拖拉机严禁发动机熄火、挂空挡或踏下离合器踏板滑行下坡。

⑤ 拖拉机在行驶中，驾驶员的脚绝不允许放在制动器踏板和离合器踏板上。

⑥ 挂车必须有独立的制动系统，否则不能拖挂。

⑦ 拖拉机停车时，一定要将农具下降到地面。拖拉机停放在斜坡上时，应踩下制动踏板，用停车制动手柄锁止。在发动机熄火后，将拖拉机挂上挡。坡度大时，应将拖拉机前、后轮胎处垫上斜块，再次启动拖拉机时，应注意将变速杆拨入空挡位置。

⑧ 拖拉机运输作业时，在转向前必须减低行驶速度后再转向，不能在高速行驶时转弯，以防翻车。

⑨ 拖拉机在道路上行驶时应注意交通标志，遵守交通管理条例。

⑩ 拖拉机在行驶前首先确认差速锁处于分离状态，以防止拖拉机在高速行驶中转向时造成翻车事故。

8.1.2 使用注意事项

拖拉机使用注意事项如下：

① 新出厂或大修后的拖拉机，必须按要求进行磨合后，才能进行正常负荷工作。

② 拖拉机各部件应严格按要求使用推荐牌号的溶液：燃油必须经过至少 48 h 沉淀后，传动系（驱动桥除外）润滑油必须经过与提升器过滤精度相同的滤油器过滤后，才能加注。

③ 各连接部位的螺栓、螺母及其他易松动零部件等应经常检查，发现松动时应及时拧紧。

④ 保养电器系统以前，一定要先拆掉蓄电池搭铁线，以免电器元件烧毁。

⑤ 检查、清洗、调整、修理、保养拖拉机和农具前，一定要停车熄火，并将变速杆置于空挡位置，动力输出轴操纵手柄置于分离位置，使所有运动部件处于静止状态。

⑥ 牵引挂车时，一定要用牵引钩而不能用三点悬挂杆件。

⑦ 当拖拉机配带悬挂农机具行驶时，应防止提升器操纵手柄被碰动，引起农机具突然降落造成事故。

⑧ 拖拉机动力输出轴带负荷工作时，拖拉机不能急转弯，以免损坏万向节。

⑨ 使用动力输出轴驱动农具以前，应检查拖拉机与驱动农具匹配的合理性。一般耕作时，应使动力输出轴与万向节传动轴的夹角不大于 10°，地头转弯提升农具后，动力输出轴及农具输入轴与传动轴的夹角不大于 30°。

⑩ 轮胎的安装调整，只能由经验丰富的专业人员，使用合适的专业工具进行。轮胎安装不正确会引起严重事故。

⑪ 发动机在热车状态时，不要去拧水箱盖或机油加油口盖，以防冷却水或机油喷出烫伤。应在发动机熄火并冷却后，才可拧下水箱盖或机油加油口盖。

8.1.3　维修注意事项

拖拉机维修的注意事项如下：

① 拖拉机拆卸和安装时，必须使用合适的升降机构提升和搬运所有重的部件，用适当吊钩支承零件和部件，并确保在提升的重载附近无人。

② 如果拖拉机上装有不可去掉的配重，须用起重吊钩吊住配重，以防发动机向前翻倾。

③ 拖拉机拆装和调整时，要用适当的工具对中孔，不允许用手或手指对中。

④ 切勿用汽油或其他易燃液体清洗零件，应使用无毒不易燃液体清洗零件。

⑤ 当拖拉机需要断腰时，应停放在平整的地面上，传动装置壳体、前后轮胎等部位应予以可靠的支承或固定。

8.2　拖拉机的技术保养规程

在拖拉机使用过程中，由于各种恶劣因素的作用，零部件的工作能力会逐渐降低或丧失，使整机的技术状态失常。另外，燃料、润滑油、冷却水、液压油等工作物质也会逐渐消耗，使拖拉机的正常工作条件遭到破坏，加剧整机技术状态的恶化。针对拖拉机零部件技术状态恶化的表现形式以及工作物质消耗的程度，驾驶员、修理工适时采取清洗、紧固、调整、更换、添加等维护性能技术措施，以保持零部件的正常工作能力和拖拉机的正常工作条件，这个过程称为对拖拉机进行技术保养。拖拉机的技术保养是一项十分重要的工作。技术保养工作是计划预防性工作。不能认为："只要拖拉机能工作，保养不保养没有啥关系。"重使用、轻保养的思想是十分有害的。

为了使拖拉机正常工作并延长使用寿命,必须严格执行技术保养规程。拖拉机技术保养规程按照累计负荷工作小时划分如下:

① 每班技术保养:每班或工作 10 小时后进行。

② 50 小时技术保养:累计工作 50 小时后进行。

③ 200 小时技术保养:累计工作 200 小时后进行。

④ 400 小时技术保养:累计工作 400 小时后进行。

⑤ 800 小时技术保养:累计工作 800 小时后进行。

⑥ 1 600 小时技术保养:累计工作 1 600 小时后进行。

⑦ 长期存放保养:准备停车超过一个月以上。

1. 每班技术保养

① 清除拖拉机上的尘土和污泥。

② 检查拖拉机外部紧固螺母和螺栓,特别是前、后轮的螺母是否松动。

③ 检查水箱、燃油箱、转向油箱、制动器油箱及蓄电池的液面高度,不足时添加。

④ 按维护保养图加注润滑脂和润滑油。

⑤ 检查并调整主离合器踏板高度。

⑥ 检查前后轮胎气压,不足时按规定值充气。

⑦ 检查拖拉机有无漏气、漏油、漏水等现象,如有三漏应排除。

⑧ 按柴油机生产厂家的使用保养说明书中的“日常班次技术保养”要求对柴油机进行保养。

2. 50 小时技术保养

① 完成每班技术保养的全部内容。

② 按维护保养图和表加注润滑脂。

③ 检查油浴式空气滤清器油面并除尘。

④ 按柴油机生产厂家的使用保养说明书中的“一级技术保养”要求对柴油机进行保养。

3. 200 小时技术保养

① 完成 50 小时技术保养的全部内容。

② 更换发动机油底壳润滑油。

③ 对油浴式空气滤清器油盆清洗、保养。

④ 清洗提升器机油滤清器,必要时更换滤芯。

⑤ 按柴油机生产厂家的使用保养说明书中的“二级技术保养”要求对柴油机进行保养。

4. 400 小时技术保养

① 完成 200 小时技术保养的全部内容。

② 按维护保养图加注润滑脂和润滑油。

③ 检查前驱动桥中央传动及末端传动油面高度,必要时添加。

④ 检查传动系统及提升器的润滑油面高度,必要时添加。

⑤ 检查停车制动器手柄自由行程,必要时调整。

⑥ 清洗保养液压转向油箱滤清器。

⑦ 按柴油机生产厂家的使用保养说明书中的“二级技术保养”要求对柴油机进行保养。

5. 800 小时技术保养

① 完成400小时技术保养的全部内容。

② 更换液压转向用传动液压两用油。

③ 更换传动系统及提升器传动液压两用油。

④ 对燃油箱进行清洗保养。

⑤ 按柴油机生产厂家的使用保养说明书中的“三级技术保养”要求对柴油机进行保养。

6. 1 600 小时技术保养

① 完成800小时技术保养全部内容。

② 更换前驱动桥中央传动和最终传动润滑油。

③ 对启动电动机进行检查、调整、维护和保养。

④ 按柴油机生产厂家的使用保养说明书中的“三级技术保养”要求对柴油机进行保养。

7. 长期存放技术保养

① 若发动机存放不到1个月,发动机机油更换不超过100工作小时,就不需任何防护措施。若发动机存放超过1个月,必须趁热车把发动机机油放净,更换新机油,并让发动机在小油门下运转数分钟。

② 将燃油箱加满油,清洗保养空气滤清器。将冷却系统的冷却水放出(如果使用的冷却液是防冻液则不必放掉)。

③ 所有操纵手柄放到空挡位置(包括电气系统开关和驻车制动器)。将拖拉机前轮放正,悬挂杆件放在最低位置。

④ 取下蓄电池在其极桩上涂润滑脂,存放在避光、通风、温度不低于10 ℃的室内。对普通蓄电池,每月检查1次电解液液面高度,并用比重计检查充放电状态。必要时,添加蒸馏水至规定高度,并用7 A电流对蓄电池进行补充充电。

⑤ 将拖拉机前后桥支撑起来,使轮胎稍离地面,并把轮胎气放掉。否则,要定期将拖拉机顶起,检查轮胎气压。

⑥ 整机擦洗干净,在油漆件表面涂上石蜡,非油漆件表面涂上防护剂,整机套上防护罩。

8.3 拖拉机的技术保养操作

8.3.1 拖拉机的维护保养项目

以东方红X系列拖拉机和纽荷兰SNH系列拖拉机为例,拖拉机的维护保养部位、操纵内容、保养周期见图8-1和表8-1、表8-2。

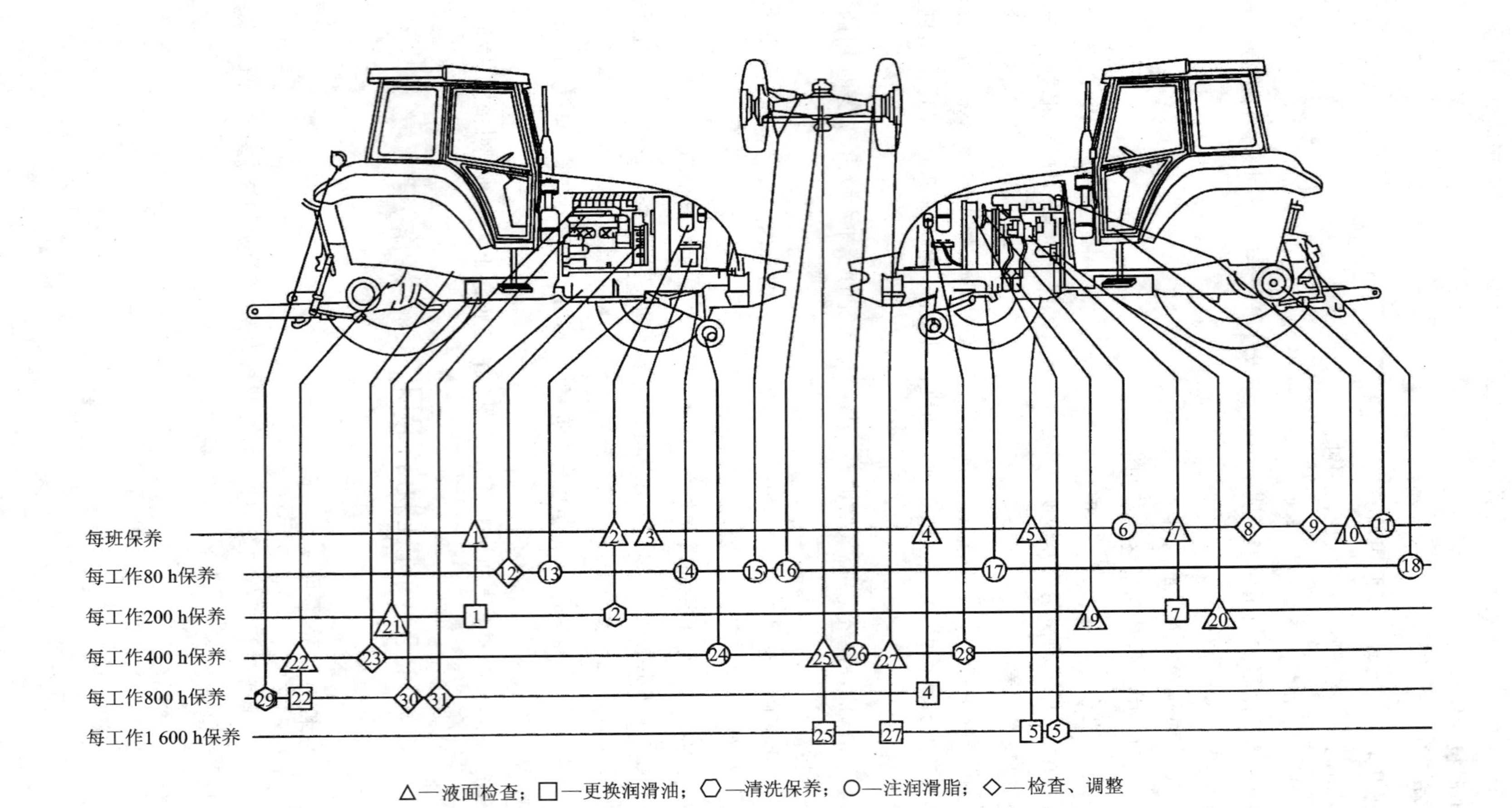

图8-1　东方红X系列拖拉机整机维护保养部位

表 8－1　东方红 X 系列拖拉机维护保养项目

编　号	维护保养润滑部位	操作内容	数　量	保养时间	备　注
1	发动机油底壳	检查油面高度	1	每班	
2	油浴式空气滤清器	检查油面高度	1	每班	必要时
3	蓄电池	检查液面高度	1	每班	必要时
4	液压转向油箱	检查油面高度	1	每班	必要时
5	散热器(水箱)	检查液面高度	1	每班	
6	发动机水泵轴	加注润滑脂	1	每班	
7	喷油泵	检查油面高度	1	每班	
8		检查、调整	1	每班	
9	主离合器踏板	检查踏板高度	1	每班	必要时
10	制动器油箱	检查液压高度	1	每班	需要时加注
11	后轮毂	加注润滑脂	2	每班	
12	风扇皮带	检查张紧度	1	每工作 50 h	
13	两轮驱动转向油缸连接处	加注润滑脂	1	每工作 50 h	无 15 项
14	前轴主销套管	加注润滑脂	1	每工作 50 h	无 16 项
15	四轮驱动转向油缸连接处	加注润滑脂	2	每工作 50 h	无 13 项
16	四轮驱动前桥摆轴	加注润滑脂	2	每工作 50 h	无 14 项
17	前轴中央摆销套管	加注润滑脂	1	每工作 50 h	
18	悬挂杆件	加注润滑脂	3	每工作 500 h	
19	柴油滤清器	更换滤清器	1	每工作 200 h	
20	旋装式机油滤清器	更换滤清器	1	每工作 200 h	
21	提升器机油滤清器	清洗或更换滤芯	1	每工作 200 h	
7	喷油泵	更换润滑油	1	每工作 200 h	
1	发动机油底壳	更换润滑油	1	每工作 200 h	
2	油浴式空气滤清器	保养、清洗	1	每工作 200 h	
22	传动系及提升器	检查油面高度	1	每工作 400 h	需要时加注
23	驻车制动器	调整自由行程	1	每工作 400 h	
24	前轮	加注润滑脂	2	每工作 400 h	
25	前驱动桥中央传动	检查油面高度	1	每工作 400 h	需要时加注
26	四轮驱动主销油杯	加注润滑脂	2	每工作 400 h	
27	前驱动桥最终传动	检查油面高度	2	每工作 400 h	需要时加注
28	液压转向油滤清器	保养、清洗	1	每工作 400 h	
4	液压转向油箱	更换液压油	1	每工作 800 h	
29	燃油箱	保养、清洗	1	每工作 800 h	
30	发动机进排气门	调整气门间隙	8	每工作 800 h	
31	喷油器	调整喷油压力	4	每工作 800 h	
22	传动系及提升器	更换润滑油	1	每工作 800 h	
5	发动机冷却系统	保养、清洗	1	每工作 1 600 h	
5	采用防冻液的发动机冷却系统	更换防冻液	1	每工作 1 600 h	
25	前驱动桥中央传动	更换润滑油	1	每工作 1 600 h	
40	前驱动桥最终传动	更换润滑油	1	每工作 1 600 h	

表 8－2　纽荷兰 SNH800/804/900/904/1000/1004 型拖拉机润滑与维护保养表

保养时间	序　号	保养操作	检　查	加　注	清　洁	润　滑	调　整	更　换
灵活保养	1	发动机离合器					√	
	2	风扇皮带					√	
警示灯亮起	3	制动油缸	√	√				
每工作 10 h	4	发动机机油	√	√				
	5	蓄电池	√	√				
	6	液压转向油缸	√	√				
	7	风挡玻璃雨刷器瓶	√	√				
	8	驾驶室空气滤清器			√			
	9	空调冷凝器			√			
	10	空调及无水滤清器	√					
每工作 50 h	11	轮毂				√		
	12	紧固连接件				√		
	13/14	四轮驱动前轴主销				√		
	15	两轮驱动转向油缸				√		
	16	两轮驱动转向节轴				√		
	17	两轮驱动转向轴				√		
	18	两轮驱动前轴主销				√		
	19	燃油滤清器(冷凝排泄)			√			
每工作 300 h	20	发动机机油						√
	21	燃油滤清器						√
	22	燃油泵过滤器			√			
	23	液压悬挂系统机油滤清器						
	24	发动机机油滤清器						
	25	液压转向(独立油箱)机械油滤清器			√			
	26	干式空气滤清器(外筒体)			√			
	27	后变速器及悬挂	√	√				
	28	前轴壳	√	√				
	29	手制动	√				√	
	30	前轴减速轮毂	√	√				
	31	两轮驱动前轮				√		
	32	四轮驱动转向轴				√		
每工作 900 h	33	发动机气门	√				√	
每工作 1 200 h 或 1 年	34	驾驶室空气滤清器						√
	35	干式空气滤清器(外筒体)						√
	36	燃油箱			√			
	37	液压转向液压油(独立油箱)						√

续表 8-2

保养时间	序　号	保养操作	检　查	加　注	清　洁	润　滑	调　整	更　换
每工作 1 200 h 或 2 年	38	喷油器	√				√	
	39	四轮驱动前轴壳机油						√
	40	四轮驱动前轴减速轮毂机油						√
	41	发动机冷却系统			√			√
	42	变速器润滑油及液压油						√
日常维护与保养	燃油系统排气							
	液压制动系统排气							
	电子设备							

8.3.2　底盘系统的技术保养操作

1. 离合器、制动器的保养

离合器、制动器的保养点分别见图 8-2 上的离合器黄油杯及制动器黄油杯。然后按要点进行保养维护。

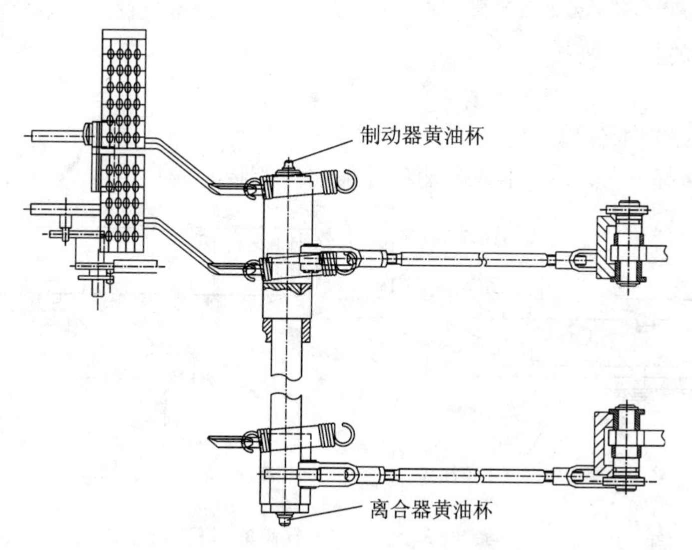

图 8-2　离合器、制动器的保养

2. 离合器的调整

参见第 1 章。

3. 行车制动器的调整

参见第 4 章。

4. 行车制动器油箱的检查

行车制动器油箱如图 8-3 所示。

若仪表板上的红色报警灯亮，说明行车制动器油箱油面低于下限，应检查找出漏油原因，然后补充加油。加油后的油箱油面应达到最高标记线。

5. 驻车制动器的调整

驻车制动器的调整如图 8－4 所示。

驻车制动器操纵手柄必须能卡住棘齿的第 6 节和第 7 节，且带齿扇形板的自由行程为 3 个棘齿。如不符合要求，应按下列方法调整：先松开螺母 1，再转动螺母 2 直至带齿扇形板的自由行程为 3 个棘齿，最后重新锁紧螺母。

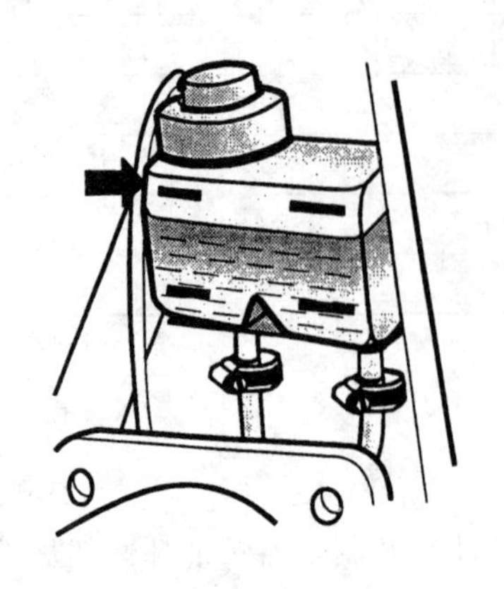

图 8－3 检查行车制动器油箱油面

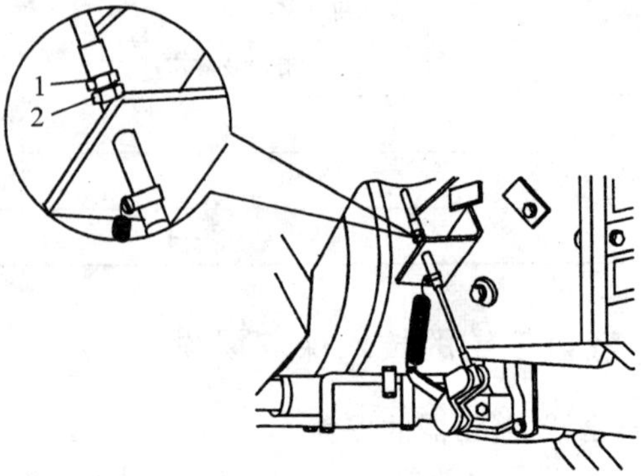

1—锁紧螺母；2—调整螺母

图 8－4 驻车制动器的调整

6. 制动系统的排气

参见第 4 章。

7. 前桥中央摆销的保养

按维护保养要求向图 8－5 中各黄油杯处加注润滑脂。

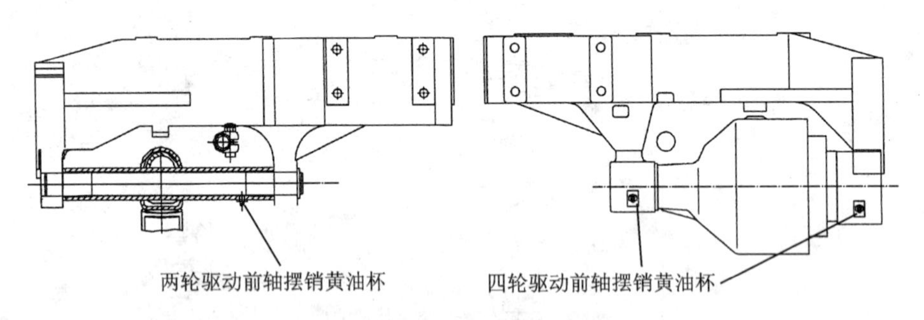

图 8－5 前桥中央摆销的保养

8. 前桥主销、最终传动及转向油缸的保养

按照表 8－1、表 8－2 的要求，在图 8－1 的相关位置加注润滑脂。

9. 前驱动桥中央/最终传动油面的检查

如图 8－6 所示，将拖拉机停放在平地上，检查前驱动桥中央/末端传动油面时应旋下加油孔/油尺，查看油面是否在要求的刻度上面，否则须加油。更换润滑油时，应旋下中央及末端放油塞。放净污油，加注新油直到油尺刻度。

10. 后轮轴的保养

后轮轴如图 8－7 所示，定期检查润滑脂是否注入润滑接头（每边一个），油脂是否会从外部防护装置漏出。为了均匀地把油脂注入轮毂和减速壳间，必须旋转轮胎。当工作在非常肮脏的环境或沼泽地带，必须经常进行该操作以去除进入轮毂的污水。

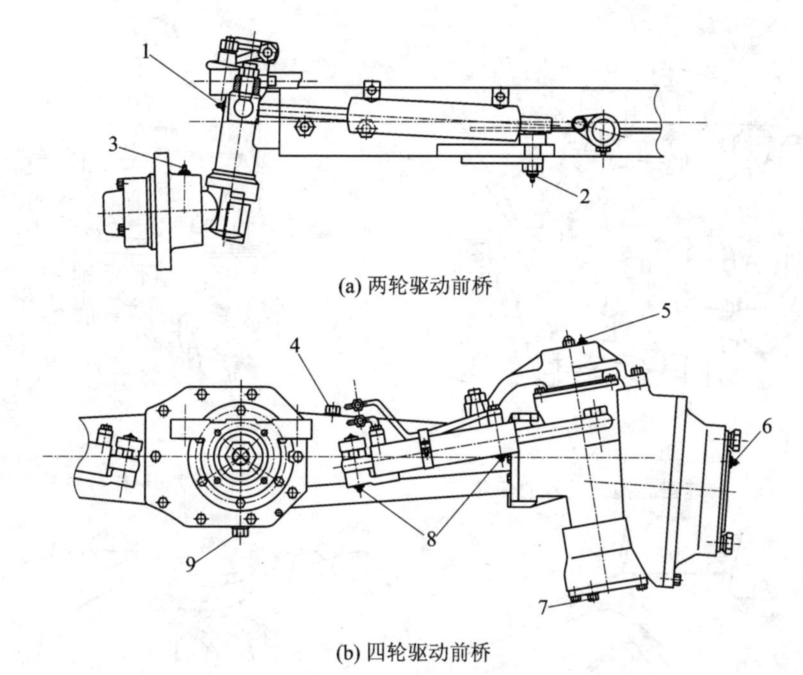

1、5—主销黄油杯；2、8—转向油缸黄油杯；3、6—末端黄油杯；
4—加油孔/油尺；7—末端放油孔；9—中央放油孔

图 8-6　前桥主销、最终传动及转向油缸的保养和前驱动桥中央/末端传动油面检查

11. 变速器与提升装置的保养

如图 8-8 所示，将拖拉机停放在平地上，关闭发动机，提升臂放低，检查油位是否达到油尺 1 标识的“最高”位置，如须加油，则卸下加注口盖 2，通过注入口注入。

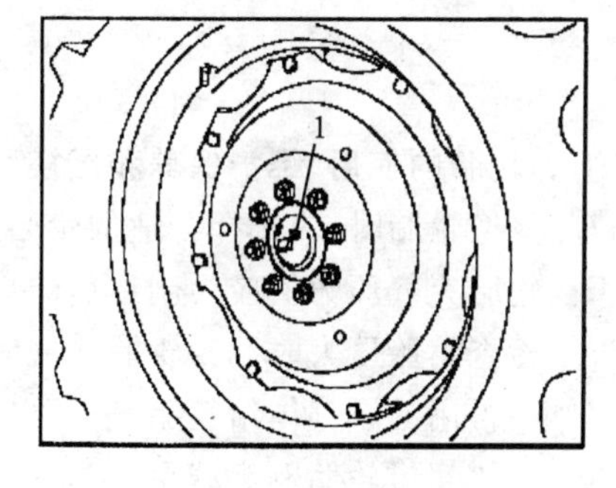

1—黄油杯

图 8-7　后轮轴的保养

12. 悬挂杆件的保养

按维护保养要求向图中箭头所指处黄油杯加注润滑脂，如图 8-9 所示。

13. 转向角的调整(以 SNH1004 型拖拉机为例)

为了避免拖拉机转向时，转向轮与机身或挡泥板相碰，应确保在转向轮偏到极限位置时，轮胎与机身留有 20 mm 的间隙。为避免此类问题，在拖拉机前轴配有转向角限位螺钉 1(见图 8-10)，可以通过调整该螺钉改变拖拉机的转向角。按以下步骤调整转向角：

① 将转向轮偏转到极限位置。

② 按要求调整螺钉的伸出长度(L)。

③ 拧紧锁紧螺母。

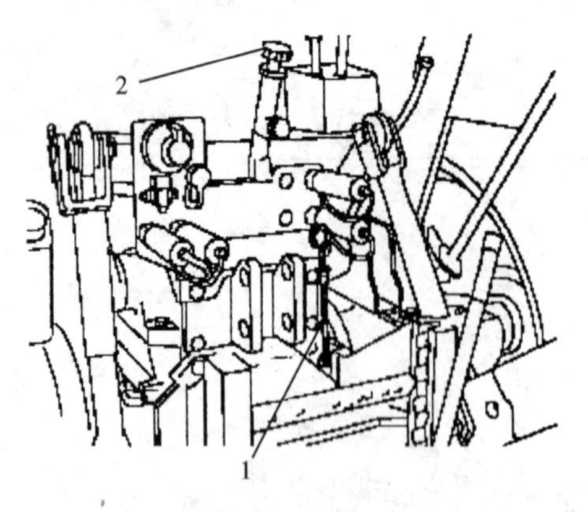

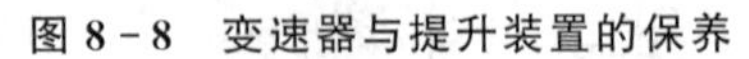
1—油尺;2—加注口盖

图 8-8　变速器与提升装置的保养

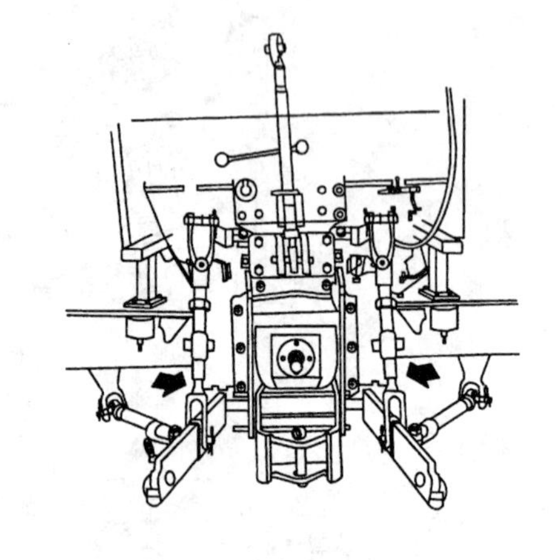

图 8-9　悬挂杆件的保养

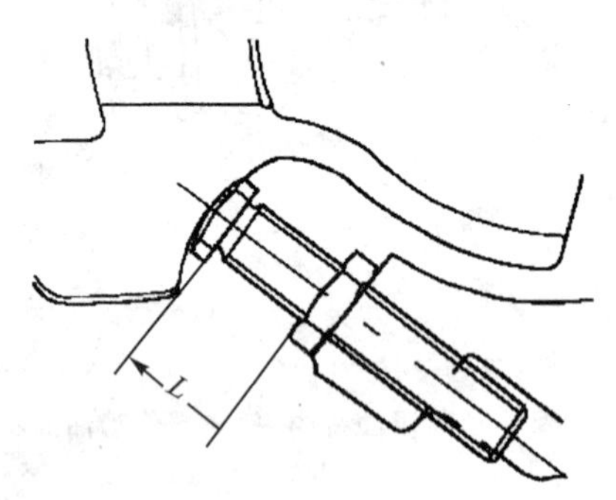

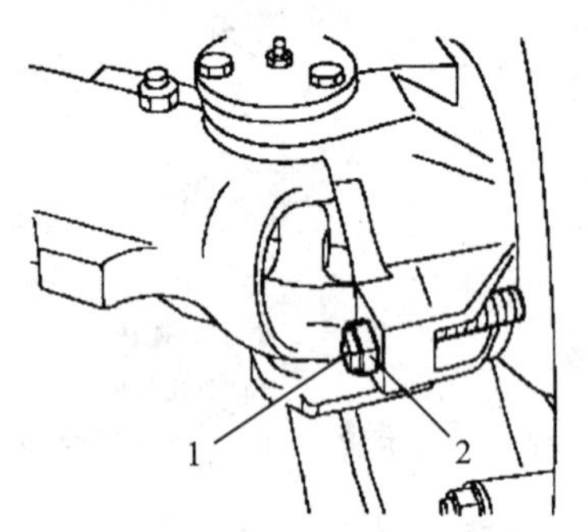

1—转向角限位螺钉;2—锁紧螺母

图 8-10　SNH1004 型拖拉机转向角的调整

14. 轮胎的使用、维护保养和更换

① 更换轮胎时,应选择合适的轮胎。

② 轮胎充气压力值应为制造厂的规定压力值。

③ 检查轮胎压力时和给轮胎充气时,拖拉机应空载,轮胎应处于冷态,以避免过度充气。

④ 不得用易燃气体给轮胎充气,以免造成爆炸或人员受伤。

⑤ 不要超过轮胎额定载重。

⑥ 当不清楚用过的轮胎过去的使用情况时,请不要使用这个旧轮胎。

⑦ 从胎面上卸下物件前轮胎应放气。

⑧ 轮胎安装好,并且行驶 100 km 或作业 3 h 后,检查轮胎螺母是否仍然牢固。按此定期检查轮胎螺母的松紧度。

⑨ 不要把轮胎放在碳氢化合物上(机油、柴油、黄油等)。

⑩ 拖拉机轮胎必须定期检查,重点检查如下内容:

- 轮胎面是否均匀磨损。
- 轮胎壁面绝不能有裂纹、凸起和磨损。(注意:即使轮胎不常使用,甚至未曾使用,轮胎也是有寿命的。轮胎壁面上的裂纹,有时伴随着凸起,预示着轮胎寿命将至。)

⑪ 已经安装在拖拉机上的轮胎如果长期不用,它的折旧速度要比经常使用的轮胎快。因此,建议将拖拉机悬空停放并防止阳光直射。

8.4　拖拉机的磨合

拖拉机在投入使用前，要在规定的润滑、转速、负荷条件下运转一段时间，同时进行必要的检查、调整和保养，使技术状态正常化，这一系列工作称为磨合。

新出厂的或大修后的拖拉机必须经过磨合才能使用，否则将缩短拖拉机的使用寿命。

1. 磨合前的准备工作

拖拉机磨合前的准备工作如下：

① 磨合期间对拖拉机进行每班技术保养和 50 h 技术保养。

② 检查拖拉机外部螺栓、螺母及螺钉的拧紧力矩，若有松动应及时拧紧。

③ 在前轮毂、前驱动桥主销及水泵轴的油杯处加注润滑脂。检查发动机油底壳、传动系及提升器、前驱动桥中央传动及最终传动油面，不足时按规定加注。

④ 加注燃油和冷却水。

⑤ 检查轮胎气压是否正常。

⑥ 检查电器线路是否连接正常、可靠。

⑦ 使各操纵手柄均处于空挡位置。

2. 发动机空转磨合(30 min)

按说明书规定顺序启动发动机。启动后，使发动机怠速运转 5 min，观察发动机运转是否正常，然后将转速逐渐提高到额定转速进行空运转。

在发动机空转磨合过程中，应仔细倾听发动机有无异常声音，检查发动机有无漏水、漏油和漏气现象。观察各仪表读数是否正常，如有故障应立即停车排除。

当确认发动机工作一切正常后，方可进行下一步的磨合。

3. 动力输出轴空转磨合

将发动机置于中油门位置，分别使动力输出轴处于独立及同步位置空运转各 5 min。同步磨合可结合拖拉机空驶磨合进行，或将后轮抬起离开地面进行，检查有无异常现象，磨合后须使动力输出轴处于空挡位置。

4. 悬挂机构的磨合

启动发动机，操纵液压位调节手柄，使悬挂机构提升、下降数次，观察液压系统有无顶、卡、吸空现象。然后挂上质量为 500 kg 左右的重块，在发动机标定转速下，操纵位调节手柄，使重块平稳下降和提升，其次数不少于 20 次，并能停留在行程的任何一个位置上。

5. 拖拉机的空驶磨合(3 h)

拖拉机按高、中、低挡次和时间进行空驶磨合(将分动箱滑动齿轮操纵杆放在结合位置)。在空驶磨合过程中，发动机转速控制在 1 800 r/min 左右，同时注意下列情况：

① 观察各仪表读数是否正常。

② 离合器接合是否平顺，分离是否彻底。

③ 主副变速器换挡是否轻便、灵活、有无自动脱挡现象。

④ 差速锁能否接合和分离。

⑤ 拖拉机的操纵性和制动性。

6. 拖拉机的负荷磨合

拖拉机的负荷磨合是带上一定负荷进行运转，负荷必须由小到大逐渐增加，速度由低到高逐挡进行。

拖拉机按表 8 - 3 的负荷、油门开度、挡次和时间进行负荷磨合(将分动箱滑动齿轮操纵杆放在结合位置)。

表 8 - 3　负荷磨合规范

负　荷	油门开度
拖车装 3 000 kg 质量	1/2
拖车装 6 000 kg 质量	全开
挂犁耕深 16～20 cm，耕宽 120 cm 以上	全开

7. 磨合后的技术保养

拖拉机经过磨合后，在传动系统、润滑系统和液压系统中将有一些金属屑末或脏物混在润滑油中，因此必须进行清洗并更换全部的润滑油和液压油。做完必要的技术保养后，才能交付使用。为此，要做好下述工作：

① 趁热放出发动机油底壳中的润滑油，清洗柴油滤清器、机油滤清器和空气滤清器，然后注入新的润滑油。

② 拧紧气缸盖螺母，检查和调整气门间隙。

③ 趁热放出变速器-后桥壳内及前桥壳和左右末端传动壳中的润滑油，并加入适量的轻柴油，用Ⅱ挡速度行驶 2～5 min，停车后立即将轻柴油放出，并按规定加入润滑油。

④ 趁热放出转向油箱和油缸中的液压油，然后注入新的液压油。

⑤ 更换冷却水。

⑥ 按润滑保养表对各润滑点加注润滑脂。

⑦ 检查前轮前束和离合器、制动器踏板的自由行程，必要时调整。

⑧ 检查并拧紧所有外部紧固螺栓和螺母。

附录A　SNH800/804/900/904/1000/1004型拖拉机技术规格

表A-1　整机参数

型　号		SNH800	SNH804	SNH900	SNH904	SNH1000	SNH1004
形　式		水旱两用中型轮式拖拉机					
动力输出轴功率/kW		≥52.5	≥52.5	≥59.5	≥59.5	≥66.0	≥66.0
最大牵引力/kN		21.4	33.0	23.0	34.0	23.0	35.0
最大牵引功率/kW		≥45.0	≥45.0	≥50.3	≥50.3	≥55.2	≥55.2
额定提升力/kN		20	20	20	20	20	20
轴距/mm		2 439	2 411	2 439	2 411	2 439	2 411
长/mm		3 914	3 914	3 914	3 914	3 914	3 914
宽/mm		2 012	2 012	2 012	2 012	2 012	2 012
高/mm	至驾驶室	2 481	2 481	2 531	2 531	2 531	2 531
	至排气管顶	2 450	2 450	2 520	2 520	2 520	2 520
前轮距/mm		1 407～2 175	1 425～2 133	1 407～2 175	1 425～2 133	1 407～2 175	1 425～2 133
后轮距/mm		1 534～2 135	1 534～2 135	1 534～2 135	1 534～2 135	1 534～2 135	1 534～2 135
结构质量/kg		3 260	3 590	3 400	3 730	3 400	3 730
配重	前配重	10片400 kg					
	后配重	6片300 kg					
离地间隙/mm		最低403 最高508	最低403 最高508	最低403 最高508	最低403 最高508	最低403 最高508	最低403 最高508

表A-2　传动系

型　号	SNH800	SNH804	SNH900	SNH904	SNH1000	SNH1004
形　式	4×2轮式	4×4轮式	4×2轮式	4×4轮式	4×2轮式	4×4轮式
离合器形式	干式、单片、双作用独立操纵					
变速器形式	12＋4　同步器换挡			12＋12　同步器换挡		
中央传动形式	螺旋圆锥齿轮副					
差速器形式	闭式					
最终传动形式	行星齿轮　末端传动					

表 A-3　行驶与转向系统

型　号	SNH800	SNH804	SNH900	SNH904	SNH1000	SNH1004
机架形式	无架式					
前轮前束/mm	0～5					
前轴形式	伸缩套管有级调节平衡臂式	双万向节、行星齿轮末端传动	伸缩套管有级调节平衡臂式	双万向节、行星齿轮末端传动	伸缩套管有级调节平衡臂式	双万向节、行星齿轮末端传动
前轮轮胎(标准配置)	7.5～16	11.2～24	7.5～16	13.6～24	7.5～16	13.6～24
轮胎气压/kPa	245	180	245	200	245	200
后轮轮胎(标准配置)	16.9～30	16.9～30	16.9～34	16.9～34	16.9～34	16.9～34
轮胎气压/kPa	160	160	160	160	160	160
前轮轮胎(选装配置)	7.5～16	13.6～24	10.00～16	14.9～24	10.00～16	14.9～24
轮胎气压/kPa	245	160	220	160	220	160
后轮轮胎(选装配置)	7.5～16	11.2～24	7.5～16	13.6～24	7.5～16	13.6～24
轮胎气压/kPa	160	160	160	160	160	160
转向形式	全液压转向					
最小转向半径(单边制动)/m	3.8	3.9	3.9	4.3	3.9	4.3

表 A-4　制动系

型　号	SNH800	SNH804	SNH900	SNH904	SNH1000	SNH1004
行车制动	液压助力式操纵、湿式					
驻车制动	机械式操纵、湿式					

表 A-5　液压悬挂机构

型　号	SNH800	SNH804	SNH900	SNH904	SNH1000	SNH1004
液压悬挂形式	半分置式液压提升系统					
系统压力/kPa	190					
液压泵形式	齿轮泵					
流量/($L \cdot min^{-1}$)	45					
液压输出最大功率/kW	7.20	7.20	8.04	8.04	8.82	8.82
转矩储备率/%	18		30		30	
提升器形式	力位综合、快速升降液压提升器					
最大提升力(加载点在悬挂轴后 610 mm 处)/kN	20					
悬挂系统类型	2 型、独立式					
转速/($r \cdot min^{-1}$)(柴油机转速为 2 500 r/min)	787					

表A-6　润滑油、燃油规格与容量

用油、水部位	规格和要求	容量/L	备　注
转向油箱	AMBRA MULTI G	2.5	
制动油箱	GB 11118—89抗磨液压油,L-HM32	0.4	
变速器,后桥	AMBRA MULTI G	47.5	挡位为12×12
		42.5	挡位为12×4
燃油箱	0#或—10#燃油	127.0	环境温度高于5 ℃用0#油; 温度高于—5 ℃用—10#油
油底壳	SAE15W40　(CD40柴油机机油)	13.0	SNH900/904—1000/1004
	SAE15W30　(CD30柴油机机油)		SNH1004/804
润滑脂	3号合成润滑脂		推荐使用锂基脂
前　桥	AMBRA MULTI G	7.0	
水箱容量	KVDO高级长效防沸防锈防冻冷却液	11.5	不带驾驶室和暖风
		17.5	带驾驶室和暖风

表A-7　冷冻液(防冻液)

项　目	JFL-318	JFL-336	JFL-345
乙二醇含量/%	33	50	56
比重(15.6 ℃)	1.05	1.074	1.082
沸点/℃	104.5±1	108.5±1	110.0±1
凝固点/℃	—18±1	—36±1	—45±1
最低适宜温度/℃	—10	—26	—35

表A-8　冷却水

水　质	最　小	最　大	
pH值	6.5	8.5	只有符合水质含量的冷却水才能与长效防冻液及防腐剂混合
氯离子含量/($mg \cdot L^{-1}$)	—	100	
碳酸盐含量/($mg \cdot L^{-1}$)	—	100	
阴离子总含量 /($mg \cdot L^{-1}$)	—	150	
使用冷冻剂时的总硬度/($mmol \cdot dm^{-3}$)	3	12	
碳酸盐硬度 /($mmol \cdot dm^{-3}$)	3	—	
使用防腐蚀剂时的总硬度/($mmol \cdot dm^{-3}$)	0	10	

附录B 拖拉机使用操作国际通用符号表

拖拉机操作、维修手册，仪表、控制开关等拖拉机部件上使用了各种各样的通用符号，为了方便大家使用，收录整理列表如下：

符号	名称	符号	名称	符号	名称	符号	名称
	预热启动开关		收音机		动力输出		位置控制
	交流发电机充电	KAM	保持记忆体	N	变速器空挡		牵引力控制
	燃油液位		转向信号		爬行挡		附件(辅助装置)插座
	自动燃油供应切断		转向信号-一个拖车		慢速或低速设定		机具插座
	发动机转速/(r·min^{-1})		转向信号-两个拖车		快速或高速设定		滑移量/%
	记录小时数		前风挡玻璃-洗涤/刮水		陆地行驶速度		挂钩升起(后端)
	发动机机油压力		后风挡玻璃-洗涤/刮水		差速锁		挂钩降下(后端)
	发动机冷却介质温度		加热器温度控制		后桥机油温度		挂钩高度限制(后端)
	冷却液液位		暖风装置风扇		变速器机油温度		挂钩高度限制(前端)
	拖拉机灯		空调		前轮驱动接合		挂钩已损坏
	前照灯远光		空气滤清器阻塞		前轮驱动脱开		液压系统及变速滤清器
	前照灯近光		停车制动		警告！		远控阀伸长
	工作灯		制动液液面		危险警告灯		远控阀收回
	车顶灯		挂车制动		有压力！小心打开		远控阀浮动
	喇叭		制动		可变控制器		故障！参考驾驶员手册
			警告！腐蚀性物质				故障！(代用符号)

参考文献

[1] 周立元.底盘拆装与维护[M].北京:高等教育出版社,2012.

[2] 刘朝红,徐国新.工程机械底盘构造与维修[M].北京:机械工业出版社,2011.

[3] 周建钊.底盘构造与原理[M].北京:国防工业出版社,2005.

[4] 蒋双庆.拖拉机汽车应用技术[M].北京:中国农业出版社,2002.

[5] 斯卡沃勒尔.汽车构造原理与维修应用:底盘和附件篇[M].北京:机械工业出版社,2005.

[6] 周松筠.拖拉机维修技术[M].北京:高等教育出版社,2003.

[7] 沈锦.汽车底盘构造与检修[M].北京:机械工业出版社,2006.

[8] 上海纽荷兰农业机械有限公司.SNH 系列拖拉机使用说明书[M].上海:上海纽荷兰农业机械有限公司,2008.

[9] 中国一拖集团.东方红系列拖拉机使用说明书[M].洛阳:一拖集团,2008.